高职高专"十三五"规划教材

工程数学

王　勇　邵文凯　主编

先元华　杜　娟　喻利娟　陈子春　任建英　副主编

U0228715

化学工业出版社

·北京·

内 容 简 介

本书以学生"能学""适用""够用"为原则，着眼于基本概念、基本理论和基本方法，强调直观性和知识应用，注重可读性，方便读者自学。

全书共 8 个项目 41 个模块，详细介绍了微分、积分、线性代数、概率统计、统计理论知识，对建筑、机械行业相关实用性知识采用了知识链接、复习题的方式阐述，以准确把握专业知识、行业岗位需求的知识点和要求。为方便教学，本书配有电子课件。

本书适合从事建筑、机械类的人员使用，可供高职高专建筑、机械类专业学生用作教材，也可作为职工大学、函授学院的公共课教材及企业职工培训教育的教材或参考资料。

图书在版编目（CIP）数据

工程数学/王勇，邵文凯主编 . —北京：化学工业
出版社 . 2016.2（2023.8重印）
高职高专"十三五"规划教材
ISBN 978-7-122-25911-0

Ⅰ. ①工⋯ Ⅱ. ①王⋯②邵⋯ Ⅲ. ①工程数学-
高等职业教育-教材 Ⅳ. ①TB11

中国版本图书馆 CIP 数据核字（2015）第 301077 号

责任编辑：旷英姿 　　　　　　　文字编辑：向　东
责任校对：边　涛 　　　　　　　装帧设计：王晓宇

出版发行：化学工业出版社（北京市东城区青年湖南街 13 号　邮政编码 100011）
印　　装：北京虎彩文化传播有限公司
787mm×1092mm　1/16　印张 15¼　字数 350 千字　2023 年 8 月北京第 1 版第 4 次印刷

购书咨询：010-64518888 　　　　　　　售后服务：010-64518899
网　　址：http://www.cip.com.cn
凡购买本书，如有缺损质量问题，本社销售中心负责调换。

定　　价：34.00 元

前言   FOREWORD

工程数学作为建筑类、机械类学科的一门工具课，随着行业的不断发展，已受到学生生源状况、专业技能培养、专业对数学广度和宽度等限制。据此，侧重高职建筑、机械等专业学生学习，紧扣专业教学目标、立足岗位职业能力要求，以学生"能学""适用""够用"为原则，编写了本教材。

全书共8个项目41个模块，详细介绍了微分、积分、线性代数、概率统计、统计理论知识，对建筑、机械行业相关实用性知识采用了知识链接、复习题的方式阐述，以准确把握专业知识、行业岗位需求的知识点和要求。

教材内容力求理论与实际相结合，注重技能培养，具有较强的可读性。与同类教材相比，主要创新点如下：

一是打破传统课程体系格局，建立起以建筑、机械行业工作过程中需求必备的知识与技能为依据的课程体系新格局，深入浅出，既能较好满足生产岗位所需能力培养的需求，又能满足生产岗位能力提升发展的需求；

二是以建筑、机械行业中主要的工程概算为线索，设计与实际生产相吻合的若干个任务内容，将工程数学知识与专业技能紧密地融为一体，使学生学以致用，体现较强的实用性；

三是用通俗易懂的文字直观地表述各项内容，无需专业基础也基本能读懂书中表达的意思，有利于自学；

四是较好地适用于目前高职高专专业分类与分层教学。

另外，本书配有电子课件，供教学使用。

本书由宜宾职业技术学院王勇、邵文凯担任主编。宜宾职业技术学院先元华、杜娟、喻利娟、任建英，西华大学陈子春担任副主编。参编人员有绵阳南山实验中学唐建伟、绵阳丰谷中学杨慎秋、宜宾职业技术学院黄余。具体编写分工如下：项目一由唐建伟、黄余编写；项目二由杜娟、先元华编写；项目三由王勇、喻利娟编写；项目四由陈子春、先元华编写；项目五由陈子春、杨慎秋编写；项目六、项目七由邵文凯、王勇编写；项目八由任建英、王勇编写。全书由王勇、邵文凯统稿。

由于编者水平有限，书中还存在许多不足，欢迎广大师生及其他读者批评指正。

本书适合从事建筑、机械类的人员使用，可供高职高专建筑、机械类专业学生当作教材，也可作为职工大学、函授学院的公共课教材及企业职工培训教育的教材或参考资料。

编者
2015 年 10 月

目 录　CONTENTS

项目一

预备知识

学习目标

一、 知识目标

（1） 能掌握常用几何体的面积、 体积的计算；

（2） 能掌握数列知识基础知识并能用其进行计算；

（3） 能掌握初等函数及其应用；

（4） 能掌握三角函数及应用．

二、 能力目标

（1） 会计算常用几何体的面积及其体积；

（2） 会使用数列的知识进行计算；

（3） 会用函数、 三角函数计算．

项目概述

本项目包括常用几何体面积、 体积计算， 数列的基础知识、 三角函数的基础内容．

几何体面积体积计算、 数列、 三角函数等数学知识， 在工程施工的工程设计、 成本预算、 结构分析、 预测结果等程序中的知识基础．

该部分内容也是学习后续数学知识和专业知识的基础和工具．

项目实施

模块1-1　　常用几何体的面积、体积的计算

一、 教学目的

（1）了解棱柱、棱锥的概念，掌握表面积、体积的计算方法；

（2）了解圆柱、圆锥的概念，掌握表面积、体积的计算方法；

（3）了解球的概念，掌握表面积、体积的计算方法．

二、 知识要求

（1）学生对常用几何体点、线、面的结构有较熟悉的认识；

（2）学生能够正确地计算常用几何体的表面积和体积；

（3）能够将几何体应用到实际中去解决问题．

三、 相关知识

1. 常用几何体的面积、 体积的计算

👆 **定义1**

有两个平面互相平行，其余每相邻两个面的交线都相互平行的多面体叫棱柱（如图 1-1 所示）．

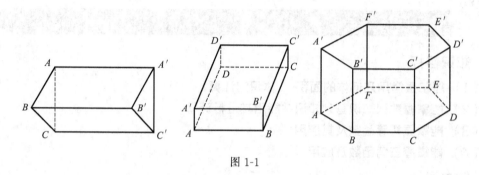

图 1-1

相互平行的两个面，叫棱柱的底面，其余各面叫棱柱的侧面，相邻两个侧面的公共边叫棱柱的侧棱，两个底面间的距离叫做棱柱的高．

侧棱与底面斜交的棱柱叫做斜棱柱，侧棱与底面垂直的棱柱叫做直棱柱，底面是正多边形的直棱柱叫做正棱柱．

棱柱的表面积：（1） $S_{全}=2S_{底}+S_{侧}$ ．

（2）直棱柱的侧面积 $S_{侧}=ch$ ，其中 c 是底面周长； h 是棱柱的高．

棱柱的体积： $V=Sh$ ，其中 S 是底面面积； h 是棱柱的高．

2. 棱锥

👆 **定义2**

有一个面是多边形，其余各面都是三角形，并且这些三角形有一个公共顶点的多面体叫做棱锥（如图 1-2 所示）．

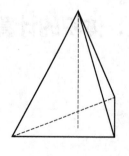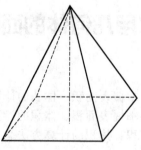

图 1-2

多边形叫做棱锥的底面(简称底),有公共顶点的三角形面叫做棱锥的侧面,各侧面的公共顶点叫做棱锥的顶点,顶点到底面的距离叫做棱锥的高.

底面是正多边形,其余各面是全等的等腰三角形的棱锥叫做正棱锥.

棱锥的表面积:

(1) $S_全=S_底+S_侧$.

(2) $S_全=\frac{1}{2}ch'+S_底$,c 是底面的周长;h' 是斜高;$S_底$ 是底面的面积.

棱锥的体积:$V=\frac{1}{3}S_底h$,h 是棱锥的高.

3. 圆柱

定义3

把一个长方形绕它的一条边旋转一周形成的图形就是圆柱. 圆柱上下两个面叫做底面,它们是面积相等的两个圆,圆柱两底面之间的距离叫做高. 周围的面叫做侧面,圆柱的侧面是曲面(如图 1-3 所示).

圆柱的表面积:$S_全=2\pi r(h+r)$,$S_侧=2\pi rh$.

圆柱的体积:$V=\pi r^2h$,其中 r 为底面半径;h 为圆柱的高.

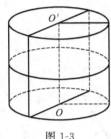

图 1-3

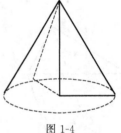

图 1-4

定义4

以直角三角形的一条直角边为旋转轴进行旋转一周所形成的几何体叫做圆锥. 旋转轴叫做圆锥的轴,另一条直角边旋转而成的圆面叫做底面,斜边旋转而成的曲面叫做侧面,无论旋转到什么位置,斜边都叫做侧面的母线,母线与轴的交点叫做顶点,顶点到底面的距离叫做圆锥的高(如图 1-4 所示).

圆锥的表面积:$S_侧=\pi rl$,$S_全=\pi r(l+r)$.

圆锥的体积:$V=\frac{1}{3}\pi r^2h$,其中 r 为底面半径;h 为圆柱的高;l 是母线.

定义5

将一个半圆绕直径旋转一周所得到几何体叫做球体 (如图 1-5 所示),所形成的曲面叫做球面. 半圆的圆心为球心,半圆的半径为球体的半径.

球体表面积:$S_侧=4\pi R^2$.

球体的体积:$V=\pi R^3$,其中 R 是球的半径.

【例1】 已知三棱柱 $ABC\text{-}A'B'C'$ 的底面为直角三角形 (如图 1-6 所示),两直角边

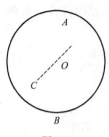

图 1-5

AC 和 BC 的长分别为 4cm 和 3cm，侧棱 AA' 的长为 10cm，求满足下列条件的三棱柱的体积：

（1）侧棱 AA' 垂直于底面；

（2）侧棱 AA' 与底面所成的角为 60°．

解 （1）因为侧棱 AA' 垂直于底面 ABC，所以三棱柱的高 h 等于侧棱 AA' 的长，而底面三角形 ABC 的面积 $S = \frac{1}{2}AC \times BC = 6(\text{cm}^2)$，于是三棱柱的体积 $V = Sh = 6 \times 10 = 60(\text{cm}^3)$．

（2）如图 1-6 所示，过 A 作平面 ABC 的垂线，垂足为 H，

$$V = S_{ABC} \times A'H = 6 \times 10 \times \sin 60° = 30\sqrt{3}\ (\text{cm}^3).$$

【例 2】 如图 1-7 所示，求该几何体的表面积．

解 该几何体是长为 4，宽为 3，高为 1 的长方体内部挖去一个底面半径为 1，高为 1 的圆柱后剩下的部分．

$$S_{\text{表}} = (4 \times 1 + 3 \times 4 + 3 \times 1) \times 2 + 2\pi \times 1 \times 1 - 2\pi \times 1^2 = 38.$$

【例 3】 正三棱锥 $P\text{-}ABC$ 中，点 O 是底面中心，$PO = 12\text{cm}$，斜高 $PD = 13\text{cm}$．求它的侧面积、体积（面积精确到 0.1cm^2，体积精确到 1cm^3）．

解 在正三棱锥 $P\text{-}ABC$（如图 1-8 所示）中，高 $PO = 12\text{cm}$，斜高 $PD = 13\text{cm}$，在直角三角形 POD 中，$OD = \sqrt{PD^2 - PO^2} = \sqrt{13^2 - 12^2} = 5\ (\text{cm})$，在底面正三角形 ABC 中，$CD = 3OD = 15\ (\text{cm})$．

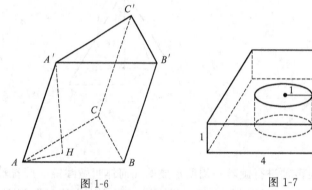

图 1-6   图 1-7

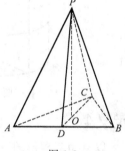

图 1-8

所以底面边长为 $AC = 10\sqrt{3}\text{cm}$.

所以侧面积与体积分别约为

$$S_{\text{侧}} = \frac{1}{2}AB \times PD \times 3 = \frac{1}{2} \times 10\sqrt{3} \times 13 \times 3 \approx 337.7\ (\text{cm}^2)$$

$$V_{\text{正棱锥}} = \frac{1}{3}S_{\text{底}}h = \frac{1}{3} \times \frac{1}{2} \times (10\sqrt{3})^2 \times \sin 60° \times 12 \approx 520\ (\text{cm}^3)$$

四、 模块小结

关键概念：棱柱；圆柱；球体；表面积；体积．

关键技能：会判断几何体中点、线、面的位置关系，会求基本几何体的表面积体积．

五、 思考与练习

（1）概念判断

① 有两个面平行，其余各面都是平行四边形的几何体是棱柱．

② 有一个面是多边形，其余各面都是三角形的几何体是棱锥．

③ 棱台是由平行于底面的平面截棱锥所得的平面与底面之间的部分．

④ 夹在圆柱的两个平行截面间的几何体还是圆柱．

⑤ 上下底面是两个平行的圆面的旋转体是圆台．

⑥ 用一个平面去截一个球，截面是一个圆面．

（2）一个金属屋分为上、下两部分，下部分是一个柱体，高为 2m，底面为正方形，边长为 5m，上部分是一个锥体，它的底面与柱体的底面相同，高为 3m，金属屋的体积、屋顶的侧面积各为多少（精确到 $0.01m^2$）？

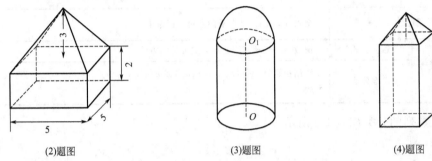

(2)题图   (3)题图   (4)题图

（3）垃圾桶直径为 0.6m 的半球与底面直径为 0.6m，高为 1m 的圆柱组合成的几何体，求垃圾桶的表面积（精确到 $0.01m^2$）．

（4）混凝土桥桩是由正四棱柱与正四棱锥组合而成的几何体，已知正四棱柱的底面边长为 5m，高为 10m，正四棱锥的高为 4m，求这根桥桩约需多少混凝土（精确到 0.01t）？（混凝土的密度为 $2.25t/m^3$）．

模块1-2 数列及其应用

一、 教学目的

（1）掌握数列的概念及通项公式；

（2）掌握数列通项公式的求法与技巧；

（3）掌握数列的前 n 项和公式及求法．

二、 知识要求

（1）学生对数列相关知识有较熟悉的认识；

（2）学生能够正确地计算常用数列的通项及求和；

（3）能够将数列应用到实际中去解决问题．

三、 相关知识

1. 数列的概念

定义1

按照一定顺序排列的一列数称为数列．数列中的每一个数叫做这个数列的项．排在第一位的数称为这个数列的第 1 项，通常也叫做首项．

定义2

如果数列 $\{a_n\}$ 的第 n 项与序号 n 之间的关系可以用一个式子来表示，那么这个公式叫做这个数列的通项公式.

定义3

在数列 $\{a_n\}$ 中，$S_n = a_1 + a_2 + \cdots + a_n$ 叫做数列的前 n 项和.

（1）数列的表示方法如表1-1所示.

表 1-1

列表法		列表格表达 n 与 $f(n)$ 的对应关系
图像法		把点 $(n, f(n))$ 画在平面直角坐标系中
公式法	通项公式	把数列的通项使用通项公式表达的方法
	递推公式	使用初始值 a_1 和 $a_{n+1} = f(a_n)$ 或 a_1，a_2 和 $a_{n+1} = f(a_n, a_{n-1})$ 等表达数列的方法

（2）数列的分类如表1-2所示.

表 1-2

分类原则	类型	满足条件	
按项数分类	有穷数列	项数有限	
	无穷数列	项数无限	
单调性	递增数列	$a_{n+1} \geqslant a_n$	其中 $n \in \mathbf{N}^*$
	递减数列	$a_{n+1} \leqslant a_n$	
	常数列	$a_{n+1} = a_n$	
周期性	摆动数列	从第二项起,有些项大于它的前一项,有些项小于它的前一项的数列	
	$\forall n \in \mathbf{N}^*$,存在正整数常数 k，$a_{n+k} = a_n$		

【例1】 判断下列各语句是否正确.

（1）数列 1，2，3，4，5，6 与数列 6，5，4，3，2，1 表示同一数列.（×）

（2）1，1，1，1，… 不能构成一个数列.（×）

（3）数列 1，0，1，0，1，0，… 的通项公式，只能是 $a_n = \dfrac{1 + (-1)^{n+1}}{2}$.（×）

（4）任何一个数列不是递增数列，就是递减数列.（×）

（5）已知 $S_n = 3^n + 1$，则 $a_n = 2 \times 3^{n-1}$.（×）

【例2】 根据下面各数列前几项的值，写出数列的一个通项公式.

（1）-1，7，-13，19，…

（2）$\dfrac{2}{3}$，$\dfrac{4}{15}$，$\dfrac{6}{35}$，$\dfrac{8}{63}$，$\dfrac{10}{99}$，…

（3）$\dfrac{1}{2}$，2，$\dfrac{9}{2}$，8，$\dfrac{25}{2}$，…

(4) 5，55，555，5555，….

解 （1）偶数项为正，奇数项为负，故通项公式必含有因式$(-1)^n$，观察各项的绝对值，后一项的绝对值总比它前一项的绝对值大 6，故数列的一个通项公式为 $a_n=(-1)^n(6n-5)$．

（2）这是一个分数数列，其分子构成偶数数列，而分母可分解为 1×3，3×5，5×7，7×9，9×11，…，每一项都是两个相邻奇数的乘积．知所求数列的一个通项公式为 $a_n=\dfrac{2n}{(2n-1)\times(2n+1)}$．

（3）数列的各项，有的是分数，有的是整数，可将数列的各项都统一成分数再观察．即 $\dfrac{1}{2}$，$\dfrac{4}{2}$，$\dfrac{9}{2}$，$\dfrac{16}{2}$，$\dfrac{25}{2}$，…，从而可得数列的一个通项公式为 $a_n=\dfrac{n^2}{2}$．

（4）将原数列改写为 $\dfrac{5}{9}\times9$，$\dfrac{5}{9}\times99$，$\dfrac{5}{9}\times999$，…，易知数列 9，99，999，…，通项为 10^n-1，故所求的数列的一个通项公式为 $a_n=\dfrac{5}{9}(10^n-1)$．

2. 等差数列

定义4

如果一个数列从第 2 项起，每一项与它的前一项的差等于同一个常数，那么这个数列就叫做等差数列，这个常数叫做等差数列的公差，公差通常用字母 d 表示．

数学语言表达式：$a_{n+1}-a_n=d$ $(n\in\mathbf{N}^*)$，d 为常数．

（1）若等差数列 $\{a_n\}$ 的首项是 a_1，公差是 d，则其通项公式为 $a_n=a_1+(n-1)d$．

若等差数列 $\{a_n\}$ 的第 m 项为 a_m，则其第 n 项 a_n 可以表示为 $a_n=a_m+(n-m)d$．

（2）等差数列的前 n 项和公式 $S_n=\dfrac{n(a_1+a_n)}{2}=na_1+\dfrac{n(n-1)}{2}d$（其中 $n\in\mathbf{N}^*$，a_1 为首项，d 为公差，a_n 为第 n 项）．

【例3】 在等差数列 $\{a_n\}$ 中，$a_1=1$，$a_3=-3$．

（1）求数列 $\{a_n\}$ 的通项公式；

（2）若数列 $\{a_n\}$ 的前 k 项和 $S_k=-35$，求 k 的值．

解 （1）设等差数列 $\{a_n\}$ 的公差为 d，则 $a_n=a_1+(n-1)d$．

由 $a_1=1$，$a_3=-3$，可得 $1+2d=-3$．

解得 $d=-2$．从而，$a_n=1+(n-1)\times(-2)=3-2n$．

（2）由（1）可知 $a_n=3-2n$．

所以 $S_n=\dfrac{n[1+(3-2n)]}{2}=2n-n^2$．

进而由 $S_k=-35$ 可得 $2k-k^2=-35$，

即 $k^2-2k-35=0$，解得 $k=7$ 或 -5．

又 $k \in \mathbf{N}^*$，故 $k=7$ 为所求.

3. 等比数列

👆 **定义5**

如果一个数列从第 2 项起，每一项与它的前一项的比等于同一个非零常数，那么这个数列叫做等比数列，这个常数叫做等比数列的公比，公比通常用字母 q（$q \neq 0$）表示.

即：$\dfrac{a_n}{a_{n-1}} = q$（$n \geq 2$），q 为常数.

（1）若等比数列 $\{a_n\}$ 的首项为 a_1，公比是 q，则其通项公式为 $a_n = a_1 q^{n-1}$.

（2）等比数列的前 n 项和公式：当 $q=1$ 时，$S_n = na_1$；当 $q \neq 1$ 时，$S_n = \dfrac{a_1(1-q^n)}{1-q} = \dfrac{a_1 - a_n q}{1-q}$.

【例 4】 判断正误.

（1）若一个数列从第 2 项起每一项与它的前一项的比都是常数，则这个数列是等比数列.（×）

（2）三个数 a，b，c 成等比数列的充要条件是 $b^2 = ac$.（×）

（3）若三个数成等比数列，那么这三个数可以设为 $\dfrac{a}{q}$，a，aq.（√）

（4）数列 $\{a_n\}$ 的通项公式是 $a_n = a^n$，则其前 n 项和为 $S_n = \dfrac{a(1-a^n)}{1-a}$.（×）

（5）设首项为 1，公比为 $\dfrac{2}{3}$ 的等比数列 $\{a_n\}$ 的前 n 项和为 S_n，则 $S_n = 3 - 2a_n$.（√）

【例 5】 已知 $\{a_n\}$ 为等比数列，$a_4 + a_7 = 2$，$a_5 a_6 = -8$，则 $a_1 + a_{10} = $（　　）.

A. 7 　　　　　　　　　　　 B. 5

C. -5 　　　　　　　　　　 D. -7

解 由已知得 $\begin{cases} a_4 + a_7 = 2 \\ a_5 a_6 = a_4 a_7 = -8 \end{cases}$ 　解得 $\begin{cases} a_4 = 4 \\ a_7 = -2 \end{cases}$ 　或 $\begin{cases} a_4 = -2 \\ a_7 = 4 \end{cases}$

当 $a_4 = 4$，$a_7 = -2$ 时，得 $a_1 = -8$，$a_{10} = 1$，从而 $a_1 + a_{10} = -7$；

当 $a_4 = -2$，$a_7 = 4$ 时，得 $a_{10} = -8$，$a_1 = 1$，从而 $a_1 + a_{10} = -7$.

四、模块小结

关键概念： 数列；等差数列；等比数列；通项公式；前 n 项和公式.

关键技能： 会写出数列的通项公式、前 n 项和公式，会数列的基本计算.

五、思考与练习

（1）已知等差数列 $\{a_n\}$ 满足 $a_2 + a_4 = 4$，$a_3 + a_5 = 10$，则它的前 10 项的和 $S_{10} = $（　　）.

A. 85　　　　　　 B. 135　　　　　 C. 95　　　　　　 D. 23

（2）在等比数列 $\{a_n\}$ 中，$a_3 = 7$，前 3 项之和 $S_3 = 21$，则公比 q 的值为（　　）.

A. 1   B. $-\dfrac{1}{2}$ C. 1 或 $-\dfrac{1}{2}$ D. -1 或 $\dfrac{1}{2}$

(3) 设 S_n 为等差数列 $\{a_n\}$ 的前 n 项和，$S_8=4a_3$，$a_7=-2$，则 $a_9=$（   ）.

A. -6 B. -4 C. -2 D. 2

(4) 已知等差数列 $\{a_n\}$ 中，$S_3=9$，$S_6=36$，则 $a_7+a_8+a_9=$ _____ .

(5) 在等比数列 $\{a_n\}$ 中，$a_1+a_2=30$，$a_3+a_4=60$，则 $a_7+a_8=$ _____ .

模块1-3   三角函数概念与计算

一、 教学目的

(1) 了解任意角、弧度制、任意角的三角函数的概念；

(2) 了解三角函数的相关公式，会相关的计算.

二、 知识要求

(1) 掌握三角函数相关的公式；

(2) 能求简单任意角的三角函数.

三、 相关知识

1. 任意角的概念

定义1

角可以看成平面内的一条射线绕着端点从一个位置旋转到另一个位置所成的图形.

2. 弧度制的定义和公式

定义2

把长度等于半径长的弧所对的圆心角叫做 1 弧度的角. 弧度记作 rad. 角度与弧度的互换公式如表 1-3 所示.

表 1-3

角 α 的弧度数公式	$|\alpha|=\dfrac{l}{r}$（弧长用 l 表示）	弧长公式	弧长 $l=|\alpha|r$
角度与弧度的换算	①$1°=\dfrac{\pi}{180}$rad ②$1\text{rad}=\left(\dfrac{180}{\pi}\right)°$	扇形面积公式	$S=\dfrac{1}{2}lr=\dfrac{1}{2}|\alpha|r^2$

3. 三角函数的概念

定义3

如图 1-9 所示，设 α 是任意大小的角，点 $P(x,y)$ 为角 α 的终边上的任意一点(不与原点重合)，点 P 到原点的距离为 $r=\sqrt{x^2+y^2}$，那么角 α 的正弦、余弦、正切分别定义为

$$\sin\alpha=\dfrac{y}{r}；\cos\alpha=\dfrac{x}{r}；\tan\alpha=\dfrac{y}{x}$$

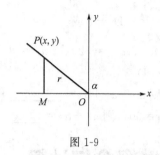

图 1-9

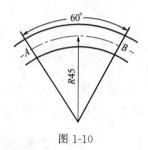

图 1-10

4. 同角三角函数的基本关系

$$\sin^2\alpha + \cos^2\alpha = 1$$

$$\tan\alpha = \frac{\sin\alpha}{\cos\alpha}$$

【例 1】 已知 $\sin\alpha = \dfrac{4}{5}$，且 α 是第二象限的角，求 $\cos\alpha$ 和 $\tan\alpha$.

解 由 $\sin^2\alpha + \cos^2\alpha = 1$，可得 $\cos\alpha = \pm\sqrt{1-\sin^2\alpha}$.

又因为 α 是第二象限的角，故 $\cos\alpha < 0$. 所以

$$\cos\alpha = -\sqrt{1-\sin^2\alpha} = -\sqrt{1-\left(\frac{4}{5}\right)^2} = -\frac{3}{5}$$

$$\tan\alpha = \frac{\sin\alpha}{\cos\alpha} = \frac{\frac{4}{5}}{-\frac{3}{5}} = -\frac{4}{3}$$

【例 2】 如图 1-10 所示，求公路弯道部分 AB 的长 l（精确到 0.1m，图中长度单位：m）.

解 $60°$ 角换算为 $\dfrac{\pi}{3}$ 弧度，因此

$$l = |\alpha|R = \frac{\pi}{3} \times 45 \approx 3.142 \times 15 \approx 47.1 \ (\text{m})$$

四、 模块小结

关键概念：任意角；弧度制；三角函数.

关键技能：会三角函数相关计算.

五、 思考与练习

（1）选择题

① 若 $\sin\alpha\tan\alpha < 0$，且 $\dfrac{\cos\alpha}{\tan\alpha} < 0$，则角 α 是（　　）.

A. 第一象限角　　　　　B. 第二象限角

C. 第三象限角　　　　　D. 第四象限角

② $\sin 2 \times \cos 3 \times \tan 4$ 的值（　　）.

A. 小于 0　　　　　　　　B. 大于 0

C. 等于 0　　　　　　　　D. 不存在

（2）判断正误

① 已知角 α 的终边经过点 P（-1，2），则 $\sin\alpha = \dfrac{2}{\sqrt{(-1)^2+2^2}} = \dfrac{2\sqrt{5}}{5}$．（　　　）

② 已知角 θ 的顶点与原点重合，始边与 x 轴的正半轴重合，终边在直线 $y=2x$ 上，则 $\cos\theta = \dfrac{\sqrt{5}}{5}$．（　　　）

（3）计算：$5\sin90° - 2\cos0° + \sqrt{3}\tan180° + \cos180°$

（4）计算：$\cos\dfrac{\pi}{2} - \tan\dfrac{\pi}{4} + \dfrac{1}{3}\tan^2\dfrac{\pi}{3} - \sin\dfrac{3\pi}{2} + \cos\pi$

（5）已知 $\sin\alpha = -\dfrac{3}{5}$，且 α 是第三象限的角，求 $\cos\alpha$ 和 $\tan\alpha$．

（6）某机械采用带传动，由发动机的主动轴带着工作机的从动轮转动．设主动轮 A 的直径为 100mm，从动轮 B 的直径为 280mm．问：主动轮 A 旋转 360°，从动轮 B 旋转的角是多少？（精确到 $1'$）

知识链接

建筑设计中的几何学

几何学（Geometry）这个词就来自古埃及的"测地术"，它是为在尼罗河水泛滥后丈量地界而产生的，自然界中常见的简单几何形状是圆、球、圆柱，如太阳、月亮、植物茎干、果实等，而几乎找不到矩形和立方体。矩形和立方体是人类的创造，而这正是和建筑活动有关的，因为方形可以不留间隙地四方连续地延展或划分，立方体可以平稳地堆垒和架设。金字塔在如此巨大的尺度下做到精确的正四棱锥，充分显示了古埃及人的几何能力。希腊人在发展欧几里得几何的同时，写下了建筑史上最辉煌的一页。希腊建筑的美在很大程度上取决于尺度和比例，"帕提农给我们带来确实的真理和高度数学规律的感受"（勒·柯布西埃）。几何学的产生则是和建筑活动密切相关的。

17 世纪科学革命所揭示的宇宙是一部数学化的机器。这一时期法国最重要的建筑理论家都是科学家，在笛卡儿理性主义精神的引导下，一切问题讨论的基础都以理性为原则，数学被认为是保证"准确性"和"客观性"的唯一方法。笛卡儿通过解析几何沟通了代数与几何，蒙日则将平面上的投影联系起来，在《画法几何》中第一次系统地阐述了平面图式空间形体方法，将画法几何提高到科学的水平。与传统的模拟视觉感受方式不同，画法几何切断了视觉与知识之间的直接联系，赋予建筑以不受个人主观认识影响的客观真实性，时至今日仍然是建筑学交流最重要的媒介。建筑的几何学价值首先表现在简洁美。几何学的理论基础在于格式塔心理学的视觉简化规律，简洁产生了重复性，重复演绎出高层建筑的节奏和韵律美，最终形成建筑和谐统一的审美感受；同时，简洁的形体易于协调，使不同的形体组合具有统一美感。新古典主义是对巴洛克、洛可可风格的夸张豪华、过度装饰的风格产生反感，受到意大利庞贝城出土的影响，开始企图恢复希腊与罗马的建筑特质，特别重视几何学的构成关系将几何形式带入建筑设计中，文艺复兴时期，人们普遍确信建筑学是一门科学，建筑的每一部分，无论是内部还是外部，都能够被整合到数学比例中。"比例"成为建筑几何学在文艺复兴时期的代名词，而像心形、圆形、穹顶则是文艺复兴时期建筑的基本形式，只要人们用几何化的形式来诠释宇宙和谐概念的话，就无法避免这些形式。在这一时期，建筑师追求绝对的、永恒的、秩序化的逻辑，形式的完美取代了功能的意义。例如，上海的东方明珠电视塔，就是几何学中的圆柱与球的结合，三根竖直的圆柱形通天巨柱，是一个球体完美的结合。东方明珠电视塔利用球和圆柱的巧妙结合，将数学的严谨与艺术的浪漫融为一体，创造了纯洁的、充满诗情画意的建筑形象。

项目二

极限与连续

学习目标

一、 知识目标

（1） 理解函数的几种特性及复合函数的概念；

（2） 理解函数极限、 无穷小与无穷大的概念；

（3） 理解函数连续性的概念.

二、 能力目标

（1） 熟练掌握极限的运算；

（2） 会利用函数的连续性求函数的极限.

项目概述

本项目将在回顾中学数学关于函数知识的基础上， 进一步讨论函数的概念、 性质、 复合， 以及函数的极限和连续性等问题. 在工程施工的工程设计、 成本预算、 结构分析、 预测结果等程序中的知识基础.

该部分内容也是学习后续数学知识和专业知识的基础和工具.

项目实施

模块2-1 初等函数

一、 教学目的

（1）熟悉函数的基本概念和基本性质；

（2）理解复合函数的概念；

（3）能够建立一些简单实际问题的数学模型.

二、 知识要求

（1）学生能熟练掌握复合函数的结构及分解；

（2）能够建立一些简单实际问题的数学模型.

三、 相关知识

1. 函数的概念

定义1

设 x、y 是某变化过程中的两个变量，D 是给定的一个数集，若对于集合 D 中的每一个 x 值，按某一对应法则 f，变量 y 都有唯一确定的值和它对应，那么称变量 y 是变量 x 的函数，记作 $y=f(x)$，$x \in D$.

式中变量 x 称为自变量，x 的取值范围 D 称函数的定义域；与 x 对应的 y 的取值范围称为函数 $y=f(x)$ 的值域.

说明：（1）函数的定义域和对应法则是确定函数的两个基本要素；

（2）函数是反映变量之间相互依存的一种数学模型.

【例1】 求函数 $y=\dfrac{1}{\ln(1-2x)}$ 的定义域.

解 要使函数 $y=\dfrac{1}{\ln(1-2x)}$ 有意义，必须满足

$$\ln(1-2x) \neq 0 \text{ 且 } 1-2x > 0,$$

即 $x \neq 0$ 且 $x < \dfrac{1}{2}$.

故函数 $y=\dfrac{1}{\ln(1-2x)}$ 的定义域为 $D=(-\infty, 0) \cup \left(0, \dfrac{1}{2}\right)$.

2. 函数的表示

常用的表示函数的方法有：列表法、图像法和解析法三种.

解析法用解析表达式表示一个函数就称为函数的解析法. 高等数学中讨论的函数，大多由解析法表示.

【例2】 （图像法）某气象站用自动温度记录仪记下一昼夜气温变化（图 2-1），由此图可知对于一昼夜内每一时刻 t，都有唯一确定的温度 T 与之对应.

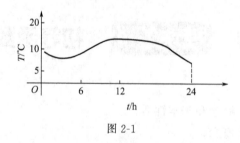

图 2-1

3. 几种常用函数

（1）隐函数.

在方程 $F(x, y) = 0$ 中，当 x 在某集合 D 内任意取定一个值时，相应地总有满足该

方程 $F(x，y)=0$ 的唯一的 y 值存在，则方程 $F(x，y)=0$ 在区间 D 内确定了一个函数．这个函数称为隐函数．例如方程 $e^x+xy-1=0$ 就确定了变量 y 与变量 x 之间的函数关系，它是一个隐函数．

注意：通常把形如 $y=f(x)$ 的函数，称为显函数．有些隐函数可以通过一定的运算，把它转化为显函数，例如 $e^x+xy-1=0$ 在 $x\neq0$ 时，可以化成显函数 $y=\dfrac{1-e^x}{x}$．但隐函数 $x^2-xy+e^y=1$ 却不可能化成显函数．

（2）分段函数．

在自变量的不同取值范围内，函数关系由不同的式子分段表达的函数称为分段函数，分段函数是高等数学中常见的一类函数，它是用几个关系式表示一个函数，而不是表示几个函数．对于定义域内的任意 x，分段函数 y 只能确定唯一的值．分段函数的定义域是各段关系式自变量取值集合的并集．

【例3】 单位阶跃函数是电学中一个常用函数，它可表为 $u(t)=\begin{cases}1 & t\geq0 \\ 0 & t<0\end{cases}$，其图像如图 2-2 所示．

（3）参数方程确定的函数．

由参数方程 $\begin{cases}x=\varphi(t) \\ y=\psi(t)\end{cases}$ $(t\in D)$ 来表示变量 x 与 y 之间的依赖关系的函数，称为用参数方程确定的函数．

例如，由参数方程 $\begin{cases}x=\cos t \\ y=\sin t\end{cases}$ $(0\leq t\leq\pi)$ 可以确定函数 $y=\sqrt{1-x^2}(x\in[-1,1])$．

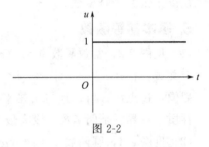

图 2-2

4. 函数的简单几何性质

（1）函数的奇偶性．

若函数 $f(x)$ 的定义域 D 关于原点对称，且对于任意的 $x\in D$ 都有 $f(-x)=-f(x)$，则称 $f(x)$ 为奇函数；若函数 $f(x)$ 的定义域 D 关于原点对称，且对于任意的 $x\in I$ 都有 $f(-x)=f(x)$，则称 $f(x)$ 为偶函数．

注：奇函数的图像关于原点对称，偶函数的图像关于 y 轴对称．

例如 $f(x)=x$ 为奇函数，$f(x)=|x|$ 为偶函数．

（2）函数的单调性．

若函数 $y=f(x)$ 在区间 D 内有定义，对任意 $x_1，x_2\in D$：当 $x_1<x_2$ 时，总有 $f(x_1)<f(x_2)$［或 $f(x_1)>f(x_2)$］，则称函数 $f(x)$ 在区间 D 内是单调递增（或递减）函数，D 叫做 $f(x)$ 的单调递增（或递减）区间．

（3）函数的周期性．

设 $y=f(x)$ 为 D 上的函数，若 $\exists T>0$，对 $\forall x\in D$，$f(x+T)=f(x)$ 恒成立，则称此函数为 D 上的周期函数，T 称为 $f(x)$ 的一个周期．

如在 $(-\infty，+\infty)$ 上，$f(x)=\cos x$ 是周期函数，其最小正周期为 2π．

（4）函数的有界性.

设函数 $y=f(x)$ 在某区间 D 内有定义，若 $\exists M>0$，对 $\forall x\in D$，恒有 $|f(x)|\leqslant M$，则称函数 $f(x)$ 在 D 内是有界的. 若不存在这样的正数 M，则称 $f(x)$ 在 D 内无界.

在定义域内有界的函数称为有界函数. 直观上看有界函数的图像介于直线 $y=-M$ 与 $y=M$ 之间.

例如，$f(x)=\sin x$ 在定义域 $D=(-\infty,+\infty)$ 内有界.

【例 4】 判断函数 $f(x)=\lg\dfrac{1-x}{1+x}$ 的奇偶性.

解 由 $\dfrac{1-x}{1+x}>0$ 得：$-1<x<1$.

所以函数定义域关于原点对称.

又 $$f(-x)=\lg\frac{1-(-x)}{1+(-x)}=\lg\frac{1+x}{1-x}=\lg\left(\frac{1-x}{1+x}\right)^{-1}=-f(x)$$

所以 $f(x)$ 为奇函数.

5. 基本初等函数

（1）见图 2-3，常数函数 $y=c$（c 为任意实数）.

定义域：$(-\infty,+\infty)$.

图像：过点 $(0,c)$，且与 x 轴平行或（重合）的直线.

性质：有界、是偶函数、没有最小正周期的周期函数.

（2）见图 2-4，幂函数 $y=x^\mu$（μ 为任意实数）.

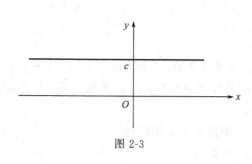

图 2-3

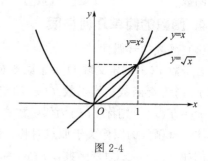

图 2-4

定义域：随 μ 取值而异.

性质：当 μ 是奇数时，$y=x^\mu$ 是奇函数；

当 μ 是偶数时，$y=x^\mu$ 是偶函数.

（3）见图 2-5，指数函数 $y=a^x$（$a>0$，$a\neq1$）.

定义域：$(-\infty,+\infty)$.

图像：过点 $(0,1)$，恒在 x 轴的上方.

性质：当 $0<a<1$ 时，$y=a^x$ 单调递减；当 $a>1$ 时，$y=a^x$ 单调递增.

(4) 见图 2-6, 对数函数 $y=\log_a x$ ($a>0$, $a\neq1$).

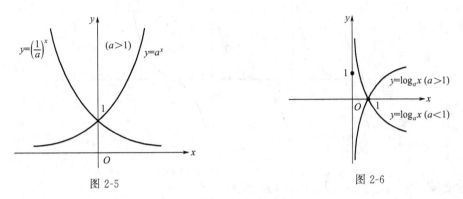

图 2-5   图 2-6

定义域: $(0, +\infty)$.

图像: 过点$(1,0)$, 恒在 y 轴的右方.

性质: 当 $0<a<1$ 时, $y=\log_a x$ 单调递减; 当 $a>1$ 时, $y=\log_a x$ 单调递增.

注意: 指数函数与对数函数互为反函数, 因此具有相同的单调性.

(5) 三角函数 $y=\sin x$, $y=\cos x$, $y=\tan x$, $y=\cot x$, $y=\sec x$, $y=\csc x$;

① 见图 2-7, 正弦函数 $y=\sin x$ 的定义域: $(-\infty, +\infty)$, 值域: $[-1, +1]$, 最小正周期为 2π.

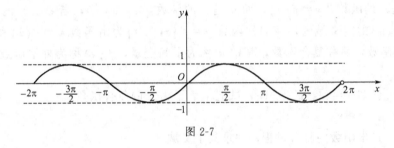

图 2-7

性质: 有界、奇函数、最小正周期为 2π.

② 见图 2-8, 余弦函数 $y=\cos x$ 的定义域: $(-\infty, +\infty)$, 值域: $[-1, +1]$.

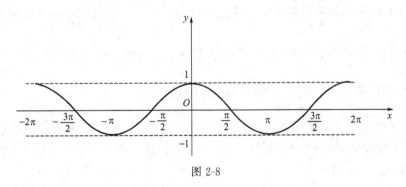

图 2-8

性质: 有界、偶函数、最小正周期为 2π.

③ 见图 2-9, 正切函数 $y=\tan x$.

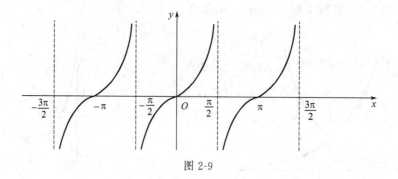

图 2-9

定义域：$\left\{x \mid x \in R, x \neq k\pi + \dfrac{\pi}{2}, k \in Z\right\}.$

性质：奇函数、单调递增、最小正周期为 π.

（6）反三角函数 $y = \arcsin x$，$y = \arccos x$，$y = \arctan x$，$y = \text{arccot} x$.

以上六类函数统称为基本初等函数.

6. 初等函数

（1）复合函数.

定义2

设 y 是 u 的函数：$y = f(u)$，而 u 是 x 的函数：$u = \varphi(x)$，若 $\varphi(x)$ 的函数值全部或部分在 $f(u)$ 的定义域内，我们称函数 $y = f[\varphi(x)]$ 为由函数 $y = f(u)$ 和 $u = \varphi(x)$ 复合而成的函数，简称复合函数，其中 u 称为中间变量，$f(u)$ 称为外层函数，$\varphi(x)$ 称为内层函数.

【例5】 已知 $y = e^u$，$u = \sin x$，试把 y 表示为 x 的复合函数.

解 $y = e^u = e^{\sin x}$.

【例6】 指出函数的复合过程，并求其定义域.

① $y = \left(\arcsin \dfrac{1}{x}\right)^2$；② $y = \sqrt{x^2 - 3x + 2}$.

解 ① $y = \left(\arcsin \dfrac{1}{x}\right)^2$ 是由 $y = u^2$，$u = \arcsin v$，$v = \dfrac{1}{x}$ 这三个函数复合成的. 要使 $y = \left(\arcsin \dfrac{1}{x}\right)^2$ 有意义，只须 $\arcsin \dfrac{1}{x}$ 有意义，应 $\left|\dfrac{1}{x}\right| \leqslant 1$，即 $|x| \geqslant 1$，因此 $y = \left(\arcsin \dfrac{1}{x}\right)^2$ 的定义域为 $(-\infty, -1] \cup [1, +\infty)$.

② $y = \sqrt{x^2 - 3x + 2}$ 是由 $y = \sqrt{u}$，$u = x^2 - 3x + 2$ 两个函数复合成的，要使 $y = \sqrt{x^2 - 3x + 2}$ 有意义，只须 $x^2 - 3x + 2 \geqslant 0$，解此不等式得 $y = \sqrt{x^2 - 3x + 2}$ 的定义域为 $(-\infty, 1] \cup [2, +\infty)$.

注意：

ⅰ. 并不是任何两个函数 $y = f(u)$，$u = \varphi(x)$ 都可以构成一个复合函数，关键在于外层函数 $y = f(u)$ 的定义域与内层函数 $u = \varphi(x)$ 的值域的交集是否为空集，若其交集不空，则这两个函数就可以复合，否则就不能复合．例如，$y=\sqrt{u}$ 及 $u=-2-x^2$ 就不能复合成一个复合函数．因为 $u=-2-x^2$ 的值域为，$(-\infty,-2]$，不包含在 $y=\sqrt{u}$ 的定义域 $[0,+\infty)$ 内，因而不能复合．

ⅱ．分析一个复合函数的复合过程，每个层次都应是基本初等函数或常数与基本初等函数的四则运算式（即简单函数）．

ⅲ．复合函数通常不一定是由纯粹的基本初等函数复合而成的，更多的是由基本初等函数经过四则运算构成的简单函数复合而成的，因此，当分解到常数与基本初等函数的四则运算式（简单函数）时，就不再分解了．

（2）初等函数．

定义3

由基本初等函数经过有限次四则运算和有限次的复合所构成的，并可用一个式子表示的函数，称为初等函数．

例如，$y=\sin^2 x$，$y=\sqrt{1-x^2}$，$y=\lg(1+\sqrt{1+x^2})$ 都是初等函数．

而 $y=\begin{cases} x^2 & x\geqslant 0 \\ 2x-1 & x<0 \end{cases}$ 不是初等函数．

四、 模块小结

关键概念：函数；复合函数；基本初等函数；初等函数．

关键技能：熟练掌握复合函数的结构及分解．

五、 思考与练习

（1）求下列函数的定义域．

① $y=\sqrt{1-x^2}$　　② $y=\arcsin x$　　③ $y=\sqrt{1-\ln x}$

（2）已知函数 $f(x)$ 的定义域是 $(0,2)$，求 $f(x-2)$ 的定义域．

（3）设函数 $f(x)=2x+1$，求 $f(x+1)$、$f[f(1)]$．

（4）指出下列复合函数的复合过程．

① $y=\lg(3-x)$　　② $y=\sqrt{x^2-1}$　　③ $y=\sin x^2$

（5）某商店将每件进价为 180 元的西服按每件 280 元销售时，每天只卖出 10 件，若每件售价降低 m 元，当 $m=20x$（$x\in N$）时，其日销售量就增加 $15x$ 件，试写出日利润 y 与 x 的函数关系．

模块2-2　函数的极限

一、 教学目的

（1）理解函数极限的概念；

（2）理解无穷小与无穷大的概念．

二、 知识要求

（1）能利用左、右极限判定分段函数在分段点处极限是否存在；

（2）熟练掌握求极限的方法．

三、 相关知识

1. 函数的极限

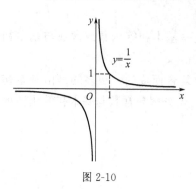

图 2-10

（1）当 $x \to \infty$ 时，函数 $f(x)$ 的极限．

例如：将一杯沸腾的开水放在一间室温恒为 $22\,℃$ 的房间里，水温将逐渐降低，随着时间 t 的推移，水温会越来越接近于室温 $22\,℃$．

【例 1】 考察当 $x \to \infty$ 时函数 $f(x) = \dfrac{1}{x}$ 的变化趋势．

由图 2-10 可以看出，曲线 $f(x) = \dfrac{1}{x}$ 沿 x 轴的正向和负向无限延伸时，都与 x 轴越来越接近．即当 x 的绝对值无限增大时，$f(x) = \dfrac{1}{x}$ 的值无限接近于零．

定义1

如果当 x 的绝对值无限增大（即 $x \to \infty$）时，函数 $f(x)$ 无限接近于一个确定的常数 A，那么称 A 为函数 $f(x)$ 当 $x \to \infty$ 时的极限，记为

$$\lim_{x \to \infty} f(x) = A \ \text{或} \ f(x) \to A \ （当 x \to \infty 时）.$$

由定义可知，当 $x \to \infty$ 时，函数 $f(x) = \dfrac{1}{x}$ 的极限为 0，可记为 $\lim\limits_{x \to \infty} \dfrac{1}{x} = 0$.

定义2

如果当 $x \to +\infty$（$x \to -\infty$）时，函数 $f(x)$ 无限接近于一个常数 A，则称 A 为函数 $f(x)$ 当 $x \to +\infty$（$x \to -\infty$）时的极限，记为

$$\lim_{x \to +\infty} f(x) = A \ \text{或} \ \lim_{x \to -\infty} f(x) = A$$

【例 2】 讨论当 $x \to \infty$ 时，函数 $f(x) = 2^x$ 有无极限．

解 函数图像如图 2-11 所示．

当 $x \to -\infty$ 时，$f(x) \to 0$；

而当 $x \to +\infty$ 时，$f(x) \to +\infty$，所以当 $x \to \infty$ 时，函数 $f(x) = 2^x$ 无极限．

注意：

i．在无穷极限的定义中，函数 $f(x)$ 无限接近于一个常数 A 是指 $|f(x) - A|$ 可以小到任意程度；

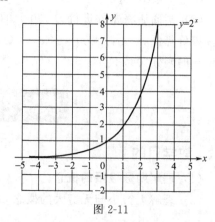

图 2-11

ⅱ．当 $x \to \infty$ 时，$f(x)$ 无限接近的常数 A 不存在，则 $f(x)$ 当 $x \to \infty$ 时的极限不存在；

ⅲ．$\lim\limits_{x \to \infty} f(x) = A$ 的充要条件是

$$\lim\limits_{x \to -\infty} f(x) = \lim\limits_{x \to +\infty} f(x) = A$$

（2）当 $n \to \infty$ 时数列 $\{x_n\}$ 的极限.

如果数列的通项公式为 $a_n = f(n)$，则它是自变量为正整数的函数 $x_n = f(n)$，这类函数称为整标函数，所以数列极限就是特殊的函数极限.

定义3

对于数列 $\{x_n\}$，若当 n 无限增大时（记为 $n \to \infty$），通项 x_n 无限趋近于一个确定的常数 A，则称 A 为数列 $\{x_n\}$ 的极限.

记为 $\lim\limits_{n \to \infty} x_n = A$ 或 $x_n \to A$ $(n \to \infty)$.

若 $n \to \infty$ 时，x_n 无限趋近的常数 A 不存在，则称数列 $\{x_n\}$ 的极限不存在，或称数列 $\{x_n\}$ 发散.

【例3】 观察下列数列的变化趋势，写出它们的极限.

① $x_n = \dfrac{1}{n}$

② $x_n = 2 + \dfrac{(-1)^n}{n}$

分析 ① 数列 1，$\dfrac{1}{2}$，$\dfrac{1}{3}$，$\cdots$，$\dfrac{1}{n}$，当 n 无限大时，一般项 $x_n = \dfrac{1}{n}$ 无限接近于 0，所以

$$\lim\limits_{n \to \infty} \dfrac{1}{n} = 0 \ \text{或} \ \dfrac{1}{n} \to 0 \ (n \to \infty)$$

② 当取 $n = 1$，2，3，4，$\cdots$ 时，数列 $x_n = 2 + \dfrac{(-1)^n}{n}$ 的各项依次为 1，$\dfrac{5}{2}$，$\dfrac{5}{3}$，$\dfrac{9}{4}$，$\cdots$，观察可知，当 n 无限增大时，$x_n = 2 + \dfrac{(-1)^n}{n}$ 无限接近于 2，所以由数列极限的定义得

$$\lim\limits_{n \to \infty} \left[2 + \dfrac{(-1)^n}{n} \right] = 2$$

（3）当 $x \to x_0$ 时，函数 $f(x)$ 的极限.

定义4

设函数 $y = f(x)$ 在点 x_0 的左、右近旁有定义[在点 x_0 处，函数 $f(x)$ 可以没有定义]，如果当 x 无限接近于 x_0 时，函数 $f(x)$ 无限接近于一个确定的常数 A，则称 A 为

函数 $f(x)$ 当 $x \to x_0$ 时的极限. 记为

$$\lim_{x \to x_0} f(x) = A \text{ 或 } f(x) \to A \ (x \to x_0).$$

【例4】 讨论:函数 $f(x) = \dfrac{x^2-1}{x-1}$,当 $x \to 1$ 时函数值的变化趋势如何?

分析 虽然函数 $f(x) = \dfrac{x^2-1}{x-1}$ 在 $x=1$ 处无定义,但这不是求 $x=1$ 时函数 $f(x)$ 的函数值,而是考察当 $x \to 1$(x 无限接近于 1,但 x 始终不取 1)时函数 $f(x)$ 的变化情况.

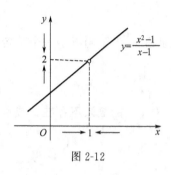

图 2-12

解 由图 2-12 可知当 $x \to 1$ 时,$f(x) = \dfrac{x^2-1}{x-1}$ 无限接近于 2,可记为 $\lim\limits_{x \to 1} \dfrac{x^2-1}{x-1} = 2$.

约定:

i. $x \to x_0^-$ 表示 x 从 x_0 的左侧无限趋向于 x_0;

ii. $x \to x_0^+$ 表示 x 从 x_0 的右侧无限趋向于 x_0;

iii. $x \to x_0$ 表示 x 从 x_0 的左、右两侧无限趋向于 x_0.

定义5

如果当 $x \to x_0^-$ 时,函数 $f(x)$ 无限接近于一个确定的常数 A,那么就称 A 为函数 $f(x)$ 当 $x \to x_0$ 时的左极限,记为

$$\lim_{x \to x_0^-} f(x) = A \text{ 或 } f(x_0 - 0) = A.$$

如果当 $x \to x_0^+$ 时,函数 $f(x)$ 无限接近于一个确定的常数 A,那么就称 A 为函数 $f(x)$ 当 $x \to x_0$ 时的右极限,记为

$$\lim_{x \to x_0^+} f(x) = A \text{ 或 } f(x_0 + 0) = A.$$

【例5】 讨论函数 $f(x) = \begin{cases} -1, & x < 0 \\ x, & x \geqslant 0 \end{cases}$ 当 $x \to x_0$ 时的极限.

分析 见图 2-13,这是一个分段函数,当 x 从左趋于 0 和从右趋于 0 时函数极限是不相同的. $\lim\limits_{x \to 0^+} f(x) = 1$,$\lim\limits_{x \to 0^-} f(x) = -1$

所以 $$\lim_{x \to 0^+} f(x) \neq \lim_{x \to 0^-} f(x).$$

定理1 $\lim\limits_{x \to x_0} f(x) = A$ 的充分必要条件为 $\lim\limits_{x \to x_0^+} f(x) = \lim\limits_{x \to x_0^-} f(x) = A$.

也就是说,当 $x \to x_0$ 时,$f(x)$ 的极限等于 A,则必有 $f(x)$ 的左右极限都等于 A. 反之,如果左右极限都等于 A,则 $f(x)$ 的极限等于 A.

【例6】 设函数 $f(x) = \begin{cases} x^2+1, & 0 \leqslant x \leqslant 1 \\ 2, & 1 < x < 2 \end{cases}$,求 $\lim\limits_{x \to 1^+} f(x)$ 和 $\lim\limits_{x \to 1^-} f(x)$ 并由此判断极限是否存在.

解 $\lim\limits_{x\to 1^+} f(x) = \lim\limits_{x\to 1^+} 2 = 2$; $\lim\limits_{x\to 1^-} f(x) = \lim\limits_{x\to 1^-} (x^2 + 1) = 2$,

即：$\lim\limits_{x\to 1^+} f(x) = \lim\limits_{x\to 1^-} f(x) = 2$，由极限存在的充要条件知：$\lim\limits_{x\to 1} f(x) = 2$.

说明：

i. 函数 $f(x)$ 的极限是自变量 x 按某种趋向变化时，函数 $f(x)$ 趋向于确定的常数，如果自变量 x 有不同的变化趋向时，那么函数 $f(x)$ 可能趋向于不同的常数.

ii. $\lim\limits_{x\to x_0} f(x)$ 是否存在和 $f(x)$ 在点 x_0 是否有定义无关.

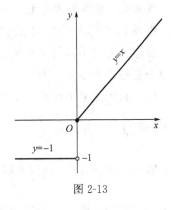

图 2-13

2. 无穷小与无穷大

（1）无穷小量.

定义6

如果当 $x\to x_0$（$x\to\infty$）时，函数 $f(x)$ 的极限为零，则称 $f(x)$ 是当 $x\to x_0$（$x\to\infty$）时的无穷小.

例如，由于 $\lim\limits_{x\to\infty}\dfrac{1}{x} = 0$，因此，函数 $f(x) = \dfrac{1}{x}$ 为当 $x\to\infty$ 时的无穷小，又 $\lim\limits_{x\to 1}\dfrac{1}{x} = 1$，所以当 $x\to 1$ 时，函数 $f(x) = \dfrac{1}{x}$ 就不是无穷小.

注意：

i. 说变量 $f(x)$ 是无穷小时，必须指明自变量 x 的变化趋向；

ii. 无穷小是变量，不能与很小的数混淆；

iii. 零是可以作为无穷小的唯一的数.

（2）无穷大量.

定义7

如果当 $x\to x_0$（$x\to\infty$）时，$f(x)$ 的绝对值无限增大，则称函数 $f(x)$ 为当 $x\to x_0$（$x\to\infty$）时的无穷大，则记作

$$\lim\limits_{x\to x_0} f(x) = \infty \ \left[\text{或} \lim\limits_{x\to\infty} f(x) = \infty\right]$$

例如 $\lim\limits_{x\to 0}\dfrac{1}{x} = \infty$.

在自变量的同一变化趋势过程中，无穷大的倒数为无穷小；恒不为零的无穷小的倒数为无穷大.

（3）无穷小的性质.

性质 1：有限个无穷小的代数和为无穷小；

性质 2：有界函数与无穷小的积为无穷小；

性质 3：有限个无穷小的积为无穷小．

注意：无穷小量与无穷大量的乘积就不一定是无穷小量；而无穷多个无穷小量的代数和也未必是无穷小量．

（4）利用无穷小的性质求极限．

【例 7】 求 $\lim\limits_{x \to 0} x \sin \dfrac{1}{x}$．

解 因为 $\left| \sin \dfrac{1}{x} \right| \leqslant 1$，所以 $\sin \dfrac{1}{x}$ 是有界变量；而当 $x \to 0$ 时，x 是无穷小量，所以 $x \sin \dfrac{1}{x}$ 是无穷小量，由无穷小量的性质 2 得 $\lim\limits_{x \to 0} x \sin \dfrac{1}{x} = 0$．

四、模块小结

关键概念：极限；左极限；右极限；无穷大；无穷小．

关键技能：熟练掌握求极限的方法．

五、思考与练习

（1）当 $x \to 0$ 时，下列哪些是无穷小？哪些是无穷大？

① $10000x$ ② $\dfrac{1}{10x}$ ③ $x^2 - 2x$ ④ $\ln x \ (x > 0)$

（2）观察下列函数的变化趋势，写出极限．

① $\lim\limits_{n \to \infty} \dfrac{n}{n+1}$ ② $\lim\limits_{x \to 1} (2x + 1)$

③ $\lim\limits_{x \to \infty} \left(2 - \dfrac{1}{x} \right)$ ④ $\lim\limits_{x \to \frac{\pi}{2}} \sin x$

（3）求下列数列的极限．

① $\lim\limits_{n \to \infty} \dfrac{2n - 1}{n + 1}$ ② $\lim\limits_{x \to 0} (x^2 + 1)$

③ $\lim\limits_{x \to +\infty} \left(\dfrac{1}{3} \right)^x$ ④ $\lim\limits_{n \to \infty} \left(2 - \dfrac{1}{n^2} \right)$

（4）设 $f(x) = \begin{cases} 3x - 1, & x > 1 \\ 2x, & x < 1 \end{cases}$

求：① $\lim\limits_{x \to 1} f(x)$；② $\lim\limits_{x \to 2} f(x)$．

（5）已知 $f(x) = \dfrac{|x|}{x}$ 求 $\lim\limits_{x \to 0^-} f(x)$；$\lim\limits_{x \to 0^+} f(x)$ 并判定 $\lim\limits_{x \to 0} f(x)$ 是否存在．

（6）讨论函数 $f(x) = \begin{cases} x, & x \geqslant 0, \\ -1, & x < 0, \end{cases}$ 当 $x \to 0$ 时的极限．

（7）讨论：当 $x \to 1$ 时 $f(x) = \begin{cases} x + 1, & x > 1 \\ x - 1, & x \leqslant 1 \end{cases}$ 的变化趋向．

模块2-3 函数极限的运算

一、 教学目的

(1) 掌握函数极限的四则运算法则；

(2) 掌握两个重要极限.

二、 知识要求

(1) 会简单应用无穷小的性质求极限；

(2) 熟练掌握求极限的方法，能用它们解决有关的极限问题.

三、 相关知识

1. 极限的四则运算法则

设在 x 的同一变化过程中 $\lim f(x) = A$，$\lim g(x) = B$，这里的 $\lim f(x)$ 和 $\lim g(x)$ 省略了自变量 x 的变化趋势（下同）.

法则1 两个函数的代数和的极限，等于这两个函数的极限的代数和，即

$$\lim[f(x) \pm g(x)] = \lim f(x) \pm \lim g(x) = A \pm B$$

法则2 两个函数的积的极限等于这两个函数的极限的积，即

$$\lim[f(x)g(x)] = \lim f(x) \lim g(x) = AB$$

特别地，若 $g(x) = c$（常数），则

$$\lim[f(x)g(x)] = \lim[cf(x)] = \lim c \lim f(x) = c \cdot A$$

即常数因子可以提到极限符号外面.

法则3 两个函数商的极限，若分子、分母的极限都存在，则当分母的极限不为零时，商的极限等于这两个函数的极限的商，即

$$\lim \frac{f(x)}{g(x)} = \frac{\lim f(x)}{\lim g(x)} = \frac{A}{B} (B \neq 0)$$

注：法则1和法则2可以推广到存在极限的有限个函数的情形.

(1) 直接用法则.

【例1】 求 $\lim\limits_{x \to 2}(x^2 - x + 1)$

解 $\lim\limits_{x \to 2}(x^2 - x + 1) = \lim\limits_{x \to 2} x^2 - \lim\limits_{x \to 2} x + \lim\limits_{x \to 2} 1 = (\lim\limits_{x \to 2} x)^2 - \lim\limits_{x \to 2} x + 1 = 2^2 - 2 + 1 = 3$

从例1可以看出，如果函数 $f(x)$ 为多项式，则有 $\lim\limits_{x \to x_0} f(x) = f(x_0)$. 即对于有理整函数(多项式)，求其极限时，只要把自变量 x_0 的值代入函数就可以了.

(2) 分子、分母均趋于 0 的情况.

【例2】 求 $\lim\limits_{x \to 2} \dfrac{x-2}{x^2-4}$

分析 当 $x \to 2$ 时，分子、分母极限均为零，不能直接用商的极限法则，但 $x \to 2$ 时 $x-2 \neq 0$，故可先分解因式，约去分子、分母中非零公因子，再用商的运算法则.

解
$$\lim\limits_{x \to 2} \frac{x-2}{x^2-4} = \lim\limits_{x \to 2} \frac{x-2}{(x+2)(x-2)} = \lim\limits_{x \to 2} \frac{1}{x+2} = \frac{1}{4}$$

（3）两个无穷大相减的情况.

【例3】 $\lim\limits_{x \to 1} \dfrac{2}{1-x^2} - \dfrac{1}{1-x}$

分析 当 $x \to 1$ 时，$\dfrac{2}{1-x^2}$，$\dfrac{1}{1-x}$ 的极限均不存在，此题属 "$\infty - \infty$" 型.

通常采用先通分再求极限处理.

解 原式 $= \lim\limits_{x \to 1} \dfrac{1+x+x^2-3}{1-x^3} = \lim\limits_{x \to 1} \dfrac{(x+2)(x-1)}{(1-x)(1+x+x^2)} = -\lim\limits_{x \to 1} \dfrac{x+2}{1+x+x^2} = -1$

（4）无理式的极限.

【例4】 求 $\lim\limits_{x \to 0} \dfrac{\sqrt{1+x}-1}{x}$

分析 此题属 "$\dfrac{0}{0}$" 型，商的法则不能用，可先对分子有理化，然后求极限.

解 $\lim\limits_{x \to 0} \dfrac{\sqrt{1+x}-1}{x} = \lim\limits_{x \to 0} \dfrac{(\sqrt{1+x}-1)(\sqrt{1+x}+1)}{x(\sqrt{1+x}+1)} = \lim\limits_{x \to 0} \dfrac{x}{x(\sqrt{1+x}+1)}$

$$= \lim\limits_{x \to 0} \frac{1}{\sqrt{1+x}+1} = \frac{1}{\sqrt{1+0}+1} = \frac{1}{2}$$

（5）当分子、分母均趋于无穷大的情况.

【例5】 求 $\lim\limits_{x \to \infty} \dfrac{3x^3+3}{x^3+4x-1}$

分析 由于当 $x \to \infty$ 时，分子和分母趋于无穷大，故不能直接用法则 3. 此时，我们用分子、分母中自变量的最高次幂 x^3 同除原式中的分子和分母，转化为无穷小的相关问题处理.

$$\lim\limits_{x \to \infty} \frac{3x^3+3}{x^3+4x-1} = \lim\limits_{x \to \infty} \frac{3+\dfrac{3}{x^3}}{1+\dfrac{4}{x^2}-\dfrac{1}{x^3}} = \frac{3}{1} = 3$$

上述方法称为无穷小分出法. 一般地，对于一个分式函数，当 $x \to \infty$ 时，分子和分母都趋于无穷大，求此分式函数的极限时，先用分子、分母中自变量最高次幂去除分子、分母，以分出无穷小，然后求其极限.

事实上，求有理函数在 $x \to \infty$ 时的极限，当 $a_0 \neq 0$，$b_0 \neq 0$ 时，有如下结果：

$$\lim_{x \to \infty} \frac{a_0 x^n + a_1 x^{n-1} + \cdots + a_n}{b_0 x^m + b_1 x^{m-1} + \cdots + b_m} = \begin{cases} 0, & \text{若 } m > n \\ \dfrac{a_0}{b_0}, & \text{若 } m = n \\ \infty, & \text{若 } m < n \end{cases}$$

【例 6】 求
$$\lim_{n \to \infty} \left(\frac{1}{n^2+1} + \frac{2}{n^2+1} + \cdots + \frac{n}{n^2+1} \right)$$

解
$$\lim_{n \to \infty} \left(\frac{1}{n^2+1} + \frac{2}{n^2+1} + \cdots + \frac{n}{n^2+1} \right)$$
$$= \lim_{n \to \infty} \frac{1}{n^2+1} (1 + 2 + \cdots + n) = \lim_{n \to \infty} \frac{n(n+1)}{2(n^2+1)} = \frac{1}{2}$$

对于无穷项和的极限，不能直接利用极限运算法则，此时需要先求出它们的和式，转化为一个代数式的极限问题．

【例 7】 已知 $f(x) = \begin{cases} x\sin\dfrac{1}{x} + a & x < 0 \\ 1 + x^2 & x > 0 \end{cases}$，求当 a 为何值时 $f(x)$ 在 $x=0$ 的极限存在．

解 因为 $\lim\limits_{x \to 0^+} f(x) = \lim\limits_{x \to 0^+} (1 + x^2) = 1$，$\lim\limits_{x \to 0^-} f(x) = \lim\limits_{n \to 0^-} \left(x\sin\dfrac{1}{x} + a \right) = a$，

如果 $f(x)$ 在 $x=0$ 的极限存在，则 $\lim\limits_{x \to 0^+} f(x) = \lim\limits_{x \to 0^-} f(x)$，所以 $a=1$．

注：对于求分段函数分段点处的极限，一般要先考察函数在此点的左右极限，只有左右极限存在且相等时极限才存在，否则，极限不存在．

2. 无穷小量的比较

定义1

设 α 和 β 都是 $x \to x_0$（或 $x \to \infty$）时的无穷小．

(1) 如果 $\lim \dfrac{\beta}{\alpha} = 0$，则称 β 是比 α 高阶的无穷小．

(2) 如果 $\lim \dfrac{\beta}{\alpha} = \infty$，则称 β 是比 α 低阶的无穷小．

(3) 如果 $\lim \dfrac{\beta}{\alpha} = c$（$c$ 是不为零的常数），则称 β 与 α 是同阶无穷小；特别是当 $c=1$ 时，则称 β 与 α 为等价无穷小，记作 $\alpha \sim \beta$．

【例 8】 当 $x \to 0$，比较无穷小量 $\sqrt{1+x} - 1$ 与 $\dfrac{x}{2}$ 的阶．

解 因为 $\lim\limits_{x \to 0} \dfrac{\sqrt{1+x}-1}{\dfrac{x}{2}} = \lim\limits_{x \to 0} \dfrac{2x}{x(\sqrt{1+x}+1)} = 1$，所以当 $x \to 0$ 时，$\sqrt{1+x} - 1 \sim \dfrac{x}{2}$．

定理 1 若 α，α'，β，β' 均为无穷小，当 $\alpha \sim \alpha'$，$\beta \sim \beta'$ 且 $\lim \dfrac{\beta'}{\alpha'}$ 存在，则有 $\lim \dfrac{\beta}{\alpha} = \lim \dfrac{\beta'}{\alpha'}$.

这个性质表明：求两个无穷小商的极限时，分子及分母中无穷小因式可分别用与它们等价无穷小来代替，利用这个性质可以简化求极限问题.

当 $x \to 0$ 时，常见的等价无穷小：

$\sin x \sim x$；$\tan x \sim x$；$\arcsin x \sim x$；$\arcsin x \sim x$；$\sqrt{1+x} - 1 \sim \dfrac{x}{2}$；$\ln(1+x) \sim x$；$e^x - 1 \sim x$

【例 9】 求 $\lim\limits_{x \to 0} \dfrac{\tan 3x^2}{x \sin x}$

解 因为 $x \to 0$ 时，$\tan 3x^2 \sim 3x^2$，$\sin x \sim x$，

所以 $$\lim_{x \to 0} \frac{\tan 3x^2}{x \sin x} = \lim_{x \to 0} \frac{3x^2}{x \cdot x} = 3$$

3. 两个重要极限

(1) $\lim\limits_{x \to 0} \dfrac{\sin x}{x} = 1$

其一般形式可写为 $\lim\limits_{x \to 0} \dfrac{\sin x}{x} = 1$

【例 10】 求 $\lim\limits_{x \to 0} \dfrac{\sin 3x}{x}$

解 $$\lim_{x \to 0} \frac{\sin 3x}{x} = \lim_{x \to 0} \frac{3 \sin 3x}{3x} = 3 \lim_{x \to 0} \frac{\sin 3x}{3x} = 3$$

(2) $\lim\limits_{x \to \infty} \left(1 + \dfrac{1}{x}\right)^x = e$

当 $x \to \infty$ 时，函数 $f(x) = \left(1 + \dfrac{1}{x}\right)^x$ 值的变化情况如表 2-1 所示.

表 2-1

x	10^2	10^3	10^4	10^5	10^6	$\cdots \to +\infty$
$\left(1+\dfrac{1}{x}\right)^x$	2.70481	2.71692	2.71815	2.71827	2.71828	$\cdots \to e$
x	-10^2	-10^3	-10^4	-10^5	-10^6	$\cdots \to -\infty$
$\left(1+\dfrac{1}{x}\right)^x$	2.73200	2.71964	2.71841	2.71830	2.71828	$\cdots \to e$

从表中不难看出，当 $x \to \infty$ 时，$f(x) = \left(1+\dfrac{1}{x}\right)^x \to \mathrm{e}$，即

$$\lim_{x \to \infty}\left(1+\frac{1}{x}\right)^x = \mathrm{e}$$

公式还可以写成
$$\lim_{x \to 0}(1+x)^{\frac{1}{x}} = \mathrm{e}$$

它的形式可以推广为
$$\lim_{x \to \infty}\left(1+\frac{1}{x}\right)^x = \mathrm{e}$$

【例 11】 求 $\lim\limits_{x \to 0}(1+2x)^{\frac{1}{x}}$

解
$$\lim_{x \to 0}(1+2x)^{\frac{1}{x}} = \lim_{x \to 0}\left[(1+2x)^{\frac{1}{2x}}\right]^2 = \mathrm{e}^2$$

【例 12】 求 $\lim\limits_{x \to \infty}\left(1-\dfrac{2}{x}\right)^x$

解 令 $t = \dfrac{-x}{2}$，则 $x = -2t$，因为 $x \to \infty$，故 $t \to \infty$，则：

$$\lim_{x \to \infty}\left(1-\frac{2}{x}\right)^x = \lim_{x \to \infty}\left(1+\frac{1}{t}\right)^{-2t} = \lim_{t \to \infty}\left(1+\frac{1}{t}\right)^{-2t} = \lim_{t \to \infty}\left[\left(1+\frac{1}{t}\right)^t\right]^{-2} = \mathrm{e}^{-2}$$

两个重要极限的求解过程可概括为：一变（变极限过程），二凑（凑极限形式），三个一致.

四、 模块小结

关键概念：极限的四则运算；两个重要极限.

关键技能：利用极限的四则运算及两个重要极限求函数的极限.

五、 思考与练习

(1) 填空题

① $\lim\limits_{x \to \infty} x \sin \dfrac{1}{x} = $ _____.

② $\lim\limits_{x \to 0} x^2 \sin \dfrac{1}{x} = $ _____.

③ 当 $x \to 0$ 时 ax^2 与 $\tan \dfrac{x^2}{4}$ 为等价无穷小，则 $a = $ _____.

④ 已知 $\lim\limits_{x \to \infty} \dfrac{(a-1)x+2}{x+1} = 0$，则 $a = $ _____.

(2) 计算下列极限.

① $\lim\limits_{x \to 2} \dfrac{2x+1}{x^2-3}$ ② $\lim\limits_{x \to 0} \dfrac{x}{x^2+2}$

③ $\lim\limits_{x \to \infty}\left(1+\dfrac{2}{x}\right)^x$ ④ $\lim\limits_{x \to 1} \dfrac{\sqrt{x}-1}{x-1}$

(3) 已知 $\lim\limits_{x \to 3} \dfrac{x^2 - 2x + k}{x - 3} = 4$，求 k.

(4) 已知 $\lim\limits_{x \to \infty} \left(\dfrac{x^3 + 1}{x^2 + 1} - ax - b \right) = 1$，求常数 a 和 b.

模块2-4 函数的连续性

一、 教学目的

(1) 理解函数连续的定义；

(2) 掌握分段函数在分段点处是否连续的判断方法.

二、 知识要求

(1) 会利用函数的连续性；

(2) 求函数的极限.

三、 相关知识

在自然界中有许多现象，如气温的变化. 植物的生长等都是连续地变化着的. 这种现象在函数关系上的反映，就是函数的连续性. 在几何上，连续变化的变量表示一条连续不断的曲线.

1. 函数的连续性

(1) 函数的增量.

定义1

设函数 $y = f(x)$ 在 x_0 及其左右附近有定义，若 x 从 x_0 变到 $x_0 + \Delta x$，则 y 从 $f(x_0)$ 变到 $f(x_0 + \Delta x)$，记 $\Delta x = x - x_0$，$\Delta y = f(x_0 + \Delta x) - f(x_0)$，称 Δx 为自变量的增量，称 Δy 为函数的增量.

(2) 函数 $y = f(x)$ 在点 x_0 处连续的定义.

先从直观上来理解函数的连续性的意义. 如图 2-14 (a) 所示，函数 $y = f(x)$ 的图像是一条连续不断的曲线. 对于其定义域内一点 x_0，如果自变量 x 在点 x_0 处取得极其微小的改变量 Δx 时，相应改变量 Δy 也有极其微小的改变，且当 Δx 趋于零时，Δy 也趋于零，则称函数 $y = f(x)$ 在点 x_0 处是连续的. 而如图 2-14 (b) 所示，函数的图像在点 x_0

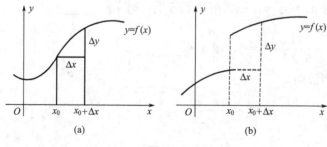

图 2-14

处间断了，在点 x_0 不满足以上条件，所以它在点 x_0 处不连续．

定义2

设函数 $y=f(x)$ 在点 x_0 及其左右附近有定义，如果自变量的增量 $\Delta x=x-x_0$ 趋于零时，对应的函数增量 $\Delta y=f(x)-f(x_0)$ 也趋于零，即 $\lim\limits_{\Delta x\to 0}\Delta y=0$，则称函数 $f(x)$ 在点 x_0 是连续的，点 x_0 称为 $f(x)$ 的连续点．

注意到 $\Delta x\to 0\Leftrightarrow x\to x_0$；$\Delta y\to 0\Leftrightarrow f(x)\to f(x_0)$．

定义3

设函数 $y=f(x)$ 点 x_0 及其左右附近有定义，如果当 $x\to x_0$ 时，$\lim\limits_{x\to x_0}f(x)$ 存在，且 $\lim\limits_{x\to x_0}f(x)=f(x_0)$，则称函数 $y=f(x)$ 在点 x_0 处连续．

若 $\lim\limits_{x\to x_0^-}f(x)=f(x_0)$，称函数 $f(x)$ 在点 x_0 处左连续；若 $\lim\limits_{x\to x_0^+}f(x)=f(x_0)$，称函数 $f(x)$ 在点 x_0 处右连续．

定理1 $f(x)$ 在点 x_0 处连续的充分必要条件为：$f(x)$ 在点 x_0 处左连续且右连续，即

$$\lim_{x\to x_0^-}f(x)=\lim_{x\to x_0^+}f(x)=f(x_0)$$

上述结论是讨论分段函数在分界点是否连续的依据．

【例1】 证明函数 $f(x)=2x^2+1$ 在点 $x=2$ 处连续．

证 因为 $f(x)$ 的定义域为 $(-\infty,+\infty)$，故 $f(x)$ 在点 $x=2$ 处及其近旁有定义，又因为，$\lim\limits_{x\to 2}f(x)=\lim\limits_{x\to 2}(2x^2+1)=9$，且 $f(2)=2\times 2^2+1=9$，所以，$f(x)=2x^2+1$ 在点 $x=2$ 处连续．

【例2】 讨论函数 $f(x)=\begin{cases}x+2,& x\geqslant 0\\ x-2,& x<0\end{cases}$ 在点 $x=0$ 的连续性．

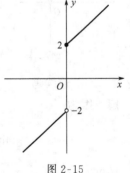

图 2-15

解 因为 $\lim\limits_{x\to 0^+}f(x)=\lim\limits_{x\to 0^+}(x+2)=2$，$\lim\limits_{x\to 0^-}f(x)=\lim\limits_{x\to 0^-}(x-2)=-2$，而 $f(0)=2$，所以 $f(x)$ 在点 $x=0$ 右连续，但不左连续，从而它在 $x=0$ 不连续（见图 2-15）．

（3）函数 $y=f(x)$ 在区间连续的定义．

定义4

如果函数 $y=f(x)$ 在区间 (a,b) 内每一点连续，则称函数 $f(x)$ 在区间 (a,b) 内连续，区间 (a,b) 则称为函数 $y=f(x)$ 的连续区间；又若函数 $y=f(x)$ 在区间 (a,b) 内连续，且 $\lim\limits_{x\to a^+}f(x)=f(a)$（右连续），$\lim\limits_{x\to b^-}f(x)=f(b)$（左连续），则函数 $y=f(x)$ 在闭区间 $[a,b]$ 上连续．

2. 函数的间断点

由函数连续的定义知，函数 $f(x)$ 在点 x_0 处连续必须满足三个条件：

(1) 在点 $x=x_0$ 处及其附近有定义；

(2) 极限 $\lim\limits_{x \to x_0} f(x)$ 存在；

(3) 极限 $\lim\limits_{x \to x_0} f(x)$ 存在，且 $\lim\limits_{x \to x_0} f(x)=f(x_0)$.

上述三个条件中只要有一个不满足，则称函数 $f(x)$ 在点 x_0 处不连续，则称点 x_0 为函数 $f(x)$ 的间断点.

$\lim\limits_{x \to x_0^+} f(x)$、$\lim\limits_{x \to x_0^-} f(x)$ 都存在的间断点称为第一类间断点.

(1) 当 $\lim\limits_{x \to x_0^-} f(x)$ 与 $\lim\limits_{x \to x_0^+} f(x)$ 都存在，但不相等时，称 x_0 为 $f(x)$ 的跳跃间断点；

(2) 当 $\lim\limits_{x \to x_0} f(x)$ 存在，但极限值不等于 $f(x_0)$ 时，称 x_0 为 $f(x)$ 的可去间断点.

$\lim\limits_{x \to x_0^+} f(x)$、$\lim\limits_{x \to x_0^-} f(x)$ 中至少有一个不存在的间断点称为第二类间断点.

【例3】 考察函数 $f(x)=\begin{cases} |x|, & x \neq 0 \\ 1, & x=0 \end{cases}$ 在点 $x=0$ 处的连续性.

解 因为函数在点 $x=0$ 处有定义，即 $f(0)=1$，且 $\lim\limits_{x \to 0} f(x)=\lim\limits_{x \to 0} |x|=0$，由于 $\lim\limits_{x \to 0} f(x) \neq f(0)$，故函数 $f(x)$ 在点 $x=0$ 处间断，如图 2-16 所示.

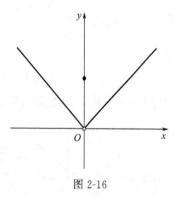

如果改变函数 $f(x)$ 在点 $x=0$ 处的函数值. 令 $f(0)=0$，那么函数 $f(x)$ 在点 $x=0$ 处连续.

因此，可称 $x=0$ 为函数 $f(x)$ 的可去间断点.

【例4】 某城市的出租汽车白天实行分段计费，即白天的收费 x（单位：元）与路程 y（单位：km）之间的关系为

$$y=f(x)=\begin{cases} 5+1.2x, & 0 < x < 6 \\ 12.2+2.1(x-6), & x \geqslant 6 \end{cases}$$

图 2-16

(1) 求 $\lim\limits_{x \to 6} f(x)$；(2) 求 $y=f(x)$ 在 $x=6$ 连续吗？在 $x=1$ 连续吗？

解 因为

$$\lim\limits_{x \to 6^-} f(x)=\lim\limits_{x \to 6^-}(5+1.2x)=12.2$$

$$\lim\limits_{x \to 6^+} f(x)=\lim\limits_{x \to 6^+}[12.2+2.1(x-6)]=12.2$$

所以 $\lim\limits_{x \to 6} f(x)=12.2$，又 $\lim\limits_{x \to 6} f(x)=f(6)=12.2$，所以函数 $f(x)$ 在 $x=6$ 处连续.

$x=1$ 是初等函数 $5+1.2x$ 定义区间上的点，所以函数 $f(x)$ 在 $x=1$ 处连续.

3. 初等函数的连续性

(1) 几条结论.

ⅰ. 连续函数经四则运算得到的函数仍是连续函数（作为商的函数除数不为零）.

ⅱ. 连续函数构成的复合函数仍是连续函数.

ⅲ. 基本初等函数在它们的定义域内都是连续的.

ⅳ. 一切初等函数在其定义区间内都是连续的.

(2) 利用函数的连续性求极限.

如果函数 $y=f[g(x)]$ 在 x_0 点连续，那么 $\lim\limits_{x\to x_0} f[g(x)]=f[\lim\limits_{x\to x_0} g(x)]$，即极限符号与函数符号可以互相交换位置.

【例 5】 求 $\lim\limits_{x\to 0}\ln(1+x)^{\frac{1}{x}}$

解 利用复合函数求极限的方法，有

$$\lim_{x\to 0}\ln(1+x)^{\frac{1}{x}}=\ln\lim_{x\to 0}(1+x)^{\frac{1}{x}}=\ln \mathrm{e}=1$$

4. 闭区间上连续函数的性质

定理 2 （有界定理）若 $f(x)$ 在闭区间 $[a,b]$ 上连续，则 $f(x)$ 在 $[a,b]$ 上有界.

定理 3 （最值定理）若 $f(x)$ 在闭区间 $[a,b]$ 上连续，则 $f(x)$ 在 $[a,b]$ 上必有最大值与最小值.

定理 4 （介值定理）设 $f(x)$ 是闭区间 $[a,b]$ 上的连续函数，且 $f(a)\neq f(b)$，则对介于 $f(a)$ 与 $f(b)$ 之间的任意一个数 c，则至少存在一点 $\xi\in(a,b)$，使得 $f(\xi)=c$.

定理 5 （零点定理）若函数 $f(x)$ 在闭区间 $[a,b]$ 上连续，且 $f(a)$ 与 $f(b)$ 异号，则在 (a,b) 内至少存在一点 ξ，使得 $f(\xi)=0$.

【例 6】 证明方程 $x+\mathrm{e}^x=0$ 在区间 $(-1,1)$ 内有唯一的根.

证 函数 $f(x)=x+\mathrm{e}^x$ 是初等函数，它在 $(-\infty,+\infty)$ 内连续，所以它在 $[-1,1]$ 连续，又 $f(-1)\times f(1)<0$ 则在 $(-1,1)$ 内至少存在一点 ξ，使得

$$f(\xi)=0 \text{ 即 } f(\xi)=\xi+\mathrm{e}^\xi=0$$

所以方程 $x+\mathrm{e}^x=0$ 在区间 $(-1,1)$ 内有唯一的根.

四、 模块小结

关键概念：左连续；右连续；间断点；连续.

关键技能：掌握分段函数在分段点处是否连续的判断方法，能用函数的连续性求函数的极限.

五、 思考与练习

（1）求下列函数的连续区间.

① $y=\sqrt{1-2x}$ ② $y=\dfrac{1}{x}+\ln(x+2)$ ③ $y=\dfrac{1}{x^2-3x}$

（2）求下列极限.

① $\lim\limits_{x\to 0}\dfrac{\sqrt{x+4}-2}{x}$ ② $\lim\limits_{x\to 0}\mathrm{e}^{\sin x}$

（3）判断下列函数在指定点处的间断点的类型.

① $y = \dfrac{x^2 - 1}{x^2 - 3x + 2}$ $x = 1$, $x = 2$ ② $y = \begin{cases} x - 1, & x \leqslant 1 \\ 3 - x, & x > 1 \end{cases}$ $x = 1$

(4) 求下列极限.

① $\lim\limits_{x \to 0} \sqrt{x^2 + 2x + 5}$ ② $\lim\limits_{x \to 0} \dfrac{\sqrt{3 - x} - \sqrt{1 + x}}{x^2 - 1}$

(5) 讨论函数 $f(x) = \begin{cases} \dfrac{x}{\sqrt{x + 1} - 1}, & x \neq 0 \\ 0, & x = 0 \end{cases}$ 在 $x = 0$ 处的连续性.

复习题

1. 填空题

(1) 已知 $f(3x - 2) = \log_2 \sqrt{x + 15}$, $f(1) = $ _____.

(2) 函数 $f(x) = \dfrac{1}{x}$, 则 $f[f(x)] = $ _____.

(3) 设 $y = \arcsin u$, $u = a^v$, $v = -\sqrt{x}$, 则复合函数是 $y = $ _____.

(4) $\lim\limits_{x \to 0} \dfrac{\sqrt{4 + x} - 2}{x} = $ _____.

(5) 要使 $f(x) = (\cos x)^{\frac{1}{x}}$ 在 $x = 0$ 处连续, 则应定义 $f(0) = $ _____.

(6) $f(x) = \dfrac{1}{x^2 - 1}$ 的间断点是 _____.

2. 选择题

(1) 函数 $f(x)$ 的定义域是 $[0, 1]$ 则 $f(\ln x)$ 的定义域是 (   ).

A. $[0, 1]$ B. $(-\infty, 1]$ C. $[1, +\infty)$ D. $[1, e]$

(2) 函数 $y = x \cos x + \sin x$ 是 (   ).

A. 偶函数   B. 奇函数   C. 非奇非偶函数   D. 奇偶函数

(3) 函数 $f(x)$ 在 x_0 连续是 $\lim\limits_{x \to x_0} f(x)$ 存在的 (   ).

A. 充分条件   B. 必要条件   C. 充要条件   D. 无关条件

(4) $x \to 0$ 时, 下列哪个变量为无穷小量? (   )

A. $\dfrac{1}{x} \sin x$ B. $\dfrac{1}{x} \cos x$ C. $x \sin \dfrac{1}{x}$ D. $1 - \sin x$

(5) $x = 2$ 是 $f(x) = \sin \dfrac{1}{x - 2}$ 的 (   ).

A. 连续点   B. 可去间断点   C. 跳跃间断点   D. 第二类间断点

(6) 设 $y = \begin{cases} x-1, & -1 < x \leqslant 0 \\ x, & 0 < x \leqslant 1 \end{cases}$ 则 $\lim\limits_{x \to 0} f(x) = ($ $)$.

A. -1 B. 1 C. 0 D. 不存在

3. 求下列极限.

(1) $\lim\limits_{x \to 2} \dfrac{x^3 - 3}{x - 3}$ (2) $\lim\limits_{x \to 0} (1 - 2x)^{\frac{1}{x}}$

(3) $\lim\limits_{x \to -\frac{\pi}{4}} \dfrac{\cos 2x}{\sin x + \cos x}$ (4) $\lim\limits_{x \to \infty} \dfrac{1 - 3x^2}{x^2 - 1}$

(5) $\lim\limits_{x \to +\infty} \left(\sqrt{x+2} - \sqrt{x+1} \right)$ (6) $\lim\limits_{x \to 0} x^2 \sin \dfrac{\pi}{x^2}$

4. 解答题

(1) $\lim\limits_{x \to 2} \dfrac{x^2 + ax + 6}{x - 2} = -1$，求 a 的值.

(2) 求函数 $f(x) = \begin{cases} -x, & x \leqslant 0 \\ 1 + x, & x > 0 \end{cases}$ 的连续区间.

(3) 已知 $\lim\limits_{x \to 0} \dfrac{x}{f(3x)} = 2$，求 $\lim\limits_{x \to 0} \dfrac{f(2x)}{x}$.

(4) $f(x) = \begin{cases} x \sin \dfrac{1}{x}, & x > 0 \\ a + x^2, & x \leqslant 0 \end{cases}$ 要使函数 $f(x)$ 在内连续，应当怎样选择 a？

知识链接

建筑形式的极限追求

对建筑形式的极限追求可以分为两大类，其一是走向极限的简化，回归到最原始的几何形体。早在 18 世纪，法国建筑师布列就认为单一的形体，特别是那些直接从自然界抽象出来的形体是最完美、最能打动人心的。勒柯布西埃也曾指出：现代建筑的重大问题必将在几何学的基础上加以解决。后期的现代主义大师贝聿铭和丹下健三的作品也表现出了鲜明的原始几何化的特征。从早期的肯尼迪图书馆到后期的华盛顿国家美术馆东馆、巴黎罗浮宫金字塔，以及在他设计的高层建筑，如香港中国银行大厦等一系列作品中，对于原始几何体的追求都近于偏执。当代建筑师安藤忠雄和马里奥博塔等也将几何的简化作为自己设计的基本语言：如安藤忠雄的作品小筱邸、水的教堂、水的剧场等都将建筑概括成纯粹的几何形体。多米尼克佩罗设计的柏林奥林匹克室内赛车场和游泳馆也以一圆一方两个纯净的几何体给人以强烈的视觉冲击。其二则是结合现代工业产品的特征刻意追求极限繁复的意向。在当代建筑中，建筑构件常常被夸张地显现或者被极限繁复地运用。在这种对构件的繁复运用和夸张表现中，业主和建筑师共同宣告着对技术的信仰。许多建筑师利用网架结构的特殊性创造了所谓的无尽空间网架体系，以构件织物般的重复展示了如同哥特式建筑浮雕般精细的极限效果。如约翰逊设计的加利福尼亚的水晶教堂、贝聿铭设计的纽约贾维兹国际会议中心等。圣地亚哥卡拉特拉瓦和尼古拉斯格雷姆肖等结构大师则将构件的繁复作为他们的主要形式手段，这种纯粹的结构重复甚至比许多建筑的处理手法更能打动人心，也更能让人感受到趋向极限的美感。

建筑空间的极限探寻

对空间极限的挑战也表现在两个方面，一方面是走向极限的个性化，试图创造出独一无二的精神空间。正如安藤忠雄曾指出的：罗马万神庙、卢斯的缪勒住宅、勒柯布西埃的萨伏伊别墅等都具有"纯粹空间"的概念特征。而安藤在自己的作品中也有意在缩小建筑词汇的范围，逐渐形成了建筑空间特有的单纯性。如其作品六甲教堂就充分显示出万神庙般简洁的意向。室内除一套沙发外再无他物，一切都简洁到极致。当代的极少主义设计作品对于空间的净化也是不遗余力。在他们的建筑作品中，室内天花和地面、墙体都尽可能地简化，甚至整个就是一种效果，材料的种类和色彩也有意被控制在极小的范围之内。这种极限纯化的结果是形成一种不可替代的独特空间。另一种探索则是走向极限的共性化，试图创造一种以不变应万变的永恒适用的空间，即所谓通用空间，以追求极限的适应性。这一追求是密斯最早提出了"万能空间"概念。当代一些建筑师则在新的技术条件下力图创造出了更加自由和更具适应性的空间：他们期望建筑物能随时间变化，各个部分易于单独更换和维修，从而达到永久适用的目标。罗杰斯与皮亚诺设计的蓬皮杜艺术中心以及罗杰斯的劳埃德大厦都贯彻着这种通用设计的思想。福斯特则在斯坦斯特德机场航空总站和塞恩斯伯里视觉艺术中心设计中把结构和设备管道藏在吊顶升起的楼板下或墙体中以使空间得以"均质化"，创造出极限的各向同性空间。

极限思想方法及其发展

极限的思想是近代数学的一种重要思想，数学分析就是以极限概念为基础、极限理论（包括级数）为主要工具来研究函数的一门学科。

所谓极限的思想，是指用极限概念分析问题和解决问题的一种数学思想。用极限思想解决问题的一般步骤可概括为：对于被考察的未知量，先设法构思一个与它有关的变量，确认这变量通过无限过程的结果就是所求的未知量；最后用极限计算来得到这结果。

极限思想是微积分的基本思想，数学分析中的一系列重要概念，如函数的连续性、导数以及定积分等都是借助于极限来定义的。如果要问："数学分析是一门什么学科？"那么可以概括地说："数学分析就是用极限思想来研究函数的一门学科"。

与一切科学的思想方法一样，极限思想也是社会实践的产物。极限的思想可以追溯到古代，刘徽的割圆术就是建立在直观基础上的一种原始的极限思想的应用；古希腊人的穷竭法也蕴含了极限思想，但由于希腊人"对无限的恐惧"，他们避免明显地"取极限"，而是借助于间接证法——归谬法来完成了有关的证明。

到了 16 世纪，荷兰数学家斯泰文在考察三角形重心的过程中改进了古希腊人的穷竭法，他借助几何直观、大胆地运用极限思想思考问题，放弃了归谬法的证明。如此，他就在无意中"指出了把极限方法发展成为一个实用概念的方向"。

极限思想的进一步发展是与微积分的建立紧密相联的。16 世纪的欧洲处于资本主义萌芽时期，生产力得到极大的发展，生产和技术中大量的问题，只用初等数学的方法已无法解决， 要求数学突破只研究常量的传统范围， 而提供能够用以描述和研究运动、 变化过程的新工具， 这是促进极限发展、 建立微积分的社会背景。

起初牛顿和莱布尼茨以无穷小概念为基础建立微积分， 后来因遇到了逻辑困难， 所以在他们的晚期都不同程度地接受了极限思想。 牛顿用路程的改变量 ΔS 与时间的改变量 Δt 之比 $\Delta S/\Delta t$ 表示运动物体的平均速度， 让 Δt 无限趋近于零， 得到物体的瞬时速度， 并由此引出导数概念和微分学理论。 他意识到极限概念的重要性， 试图以极限概念作为微积分的基础， 他说:"两个量和量之比， 如果在有限时间内不断趋于相等， 且在这一时间终止前互相靠近， 使得其差小于任意给定的差， 则最终就成为相等"。 但牛顿的极限观念也是建立在几何直观上的， 因而他无法得出极限的严格表述。 牛顿所运用的极限概念， 只是接近于下列直观性的语言描述:"如果当 n 无限增大时， a_n 无限地接近于常数 A， 那么就说 a_n 以 A 为极限"。

这种描述性语言， 人们容易接受， 现代一些初等的微积分读物中还经常采用这种定义。 但是， 这种定义没有定量地给出两个"无限过程" 之间的联系， 不能作为科学论证的逻辑基础。

正因为当时缺乏严格的极限定义， 微积分理论才受到人们的怀疑与攻击， 例如， 在瞬时速度概念中， 究竟 Δt 是否等于零? 如果说是零， 怎么能用它去作除法呢? 如果它不是零， 又怎么能把包含着它的那些项去掉呢? 这就是数学史上所说的无穷小悖论。 英国哲学家、 大主教贝克莱对微积分的攻击最为激烈， 他说微积分的推导是"分明的诡辩"。

贝克莱之所以激烈地攻击微积分， 一方面是为宗教服务; 另一方面也由于当时的微积分缺乏牢固的理论基础， 连牛顿自己也无法摆脱极限概念中的混乱。 这个事实表明， 弄清极限概念， 建立严格的微积分理论基础， 不但是数学本身所需要的， 而且有着认识论上的重大意义。

极限思想方法是数学分析乃至全部高等数学必不可少的一种重要方法， 也是数学分析与初等数学的本质区别之处。 数学分析之所以能解决许多初等数学无法解决的问题（ 例如求瞬时速度、 曲线弧长、 曲边形面积、 曲面体体积等问题 ）， 正是因为它采用了极限的思想方法。

有时我们要确定某一个量， 首先确定的不是这个量的本身而是它的近似值， 而且所确定的近似值也不仅仅是一个而是一连串越来越准确的近似值; 然后通过考察这一连串近似值的趋向， 把那个量的准确值确定下来。 这就是运用了极限的思想方法。

项目三

微分

 学习目标

一、知识目标

（1）能理解导数和微分的概念，明白导数和微分的几何意义；

（2）能掌握基本初等函数的求导公式和四则运算法则；

（3）能掌握复合函数、反函数和隐函数等函数的求导方法；

（4）能理解极值的概念，并且熟练掌握判定极值和最值的方法；

（5）能了解拉格朗日中值定理的内容和几何意义；

（6）能掌握导数在计算爆破施工炸药包的埋深、研究梁的抗弯截面模量以及最大利润的计算中的应用．

二、能力目标

（1）会用导数的定义求函数的导数；

（2）会熟练运用求导的基本公式和运算法则；

（3）会求复合函数的导数；

（4）会求函数的极值和最值．

 项目概述

　　微分学是微积分学的主要内容之一，它包含导数和微分两个基本概念，其中导数是描述函数相对于自变量的变化而变化的快慢程度，也就是因变量关于自变量的变化率，微分是反映当自变量有一个微小改变量时，函数相应改变量的大小．导数是连接初等数学和高等数学的纽带，微分对后面积分学内容的学习有过渡的作用．本项目主要介绍导数和微分的基本概念、计算方法以及它们的简单应用．

 项目实施

 模块3-1 导数的概念

一、教学目的

（1）理解导数的概念，以及导数的几何意义，会求曲线的切线方程；

（2）熟练掌握导数的表示方法，以及由导数的定义求函数导数的方法；

（3）掌握函数可导性与连续性的关系．

二、知识要求

（1）极限的概念；

（2）斜率和瞬时速度；

（3）连续的概念．

三、相关知识

1. 引例

现在以下面两个问题为背景引入导数的概念．

（1）切线的斜率问题　求曲线 C：$y = f(x)$ 在点 $M(x_0, y_0)$ 处的切线的斜率．

如图 3-1 所示，在曲线 C：$y = f(x)$ 上另取一点 $N(x, y)$，这里 $x = x_0 + \Delta x$，$y = f(x_0 + \Delta x)$，连接 M 和 N 得割线 MN，当点 N 沿曲线 C 无限地趋于点 M 时，割线 MN 绕点 M 旋转而趋于极限位置 MT，直线 MT 就称为曲线 C 在点 M 处的切线．割线 MN 的斜率为

$$\tan\varphi = \frac{y - y_0}{x - x_0} = \frac{f(x_0 + \Delta x) - f(x_0)}{x - x_0}$$

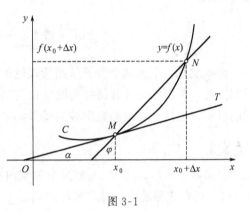

图 3-1

其中 φ 为割线 MN 的倾角．当点 N 沿曲线 C 无限地趋于点 M 时，有 $x \to x_0$．如果当 $x \to x_0$ 时，极限

$$\lim_{x \to x_0} \frac{f(x_0 + \Delta x) - f(x_0)}{x - x_0}$$

存在，则此极限值就是曲线 C 在点 M (x_0, y_0) 的切线的斜率．

设 α 是切线 MT 的倾角，则

$$\tan\alpha = \lim_{x \to x_0} \frac{f(x_0 + \Delta x) - f(x_0)}{x - x_0}$$

（2）变速直线运动瞬时速度问题　设一个变速直线运动的动点所行路程 S 与时间 t 关系是 $S = S(t)$，求动点在 t_0 时刻的瞬时速度．

如图 3-2 所示，考虑比值

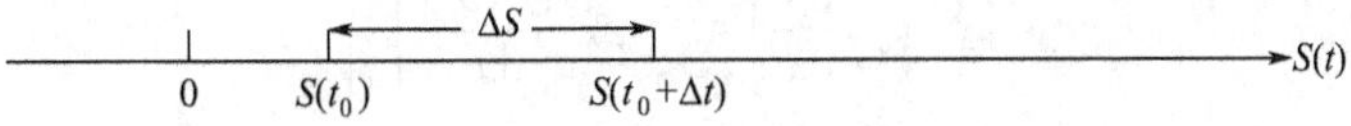

图 3-2

$$\frac{S - S_0}{t - t_0} = \frac{S(t_0 + \Delta t) - S(t_0)}{t - t_0}$$

这个比值可认为是动点在时间间隔 $t - t_0$ 内的平均速度．如果时间间隔较短，这个比值在实践中也可用来说明动点在 t_0 时刻的瞬时速度．但这样做是不精确的，更精确地应

当这样：令 $t-t_0 \to 0$，如果 $\lim\limits_{t \to t_0} \dfrac{S(t_0+\Delta t)-S(t_0)}{t-t_0}$ 存在，设为 $v(t_0)$，即

$$v(t_0)=\lim\limits_{t \to t_0} \frac{S(t_0+\Delta t)-S(t_0)}{t-t_0}$$

这时就把这个极限值 $v(t_0)$ 称为动点在 t_0 时刻的瞬时速度．

2. 导数的定义

从上面所讨论的两个问题看出，切线的斜率和变速直线运动的瞬时速度都归结为如下的极限：

$$\lim\limits_{x \to x_0} \frac{f(x_0+\Delta x)-f(x_0)}{x-x_0}$$

令 $\Delta x=x-x_0$，则 $\Delta y=f(x_0+\Delta x)-f(x_0)$，且 $x \to x_0$ 相当于 $\Delta x \to 0$，于是上述极限成为

$$\lim\limits_{\Delta x} \frac{\Delta y}{\Delta x} \text{或} \lim\limits_{\Delta x \to 0} \frac{f(x_0+\Delta x)-f(x_0)}{\Delta x}$$

由此发现，上面两个例子虽然所表达的实际意义并不相同，但是所得到的数学模型却是相同的，都归结为计算函数的改变量与自变量的改变量之比，当自变量的改变量趋于零时的极限，把这种特定的极限称为函数的导数．

定义1

设函数 $y=f(x)$ 在点 x_0 的某个邻域内有定义，当自变量 x 在 x_0 处取得增量 Δx（点 $x_0+\Delta x$ 仍在该邻域内）时，相应的函数 $y=f(x)$ 取得增量 $\Delta y=f(x_0+\Delta x)-f(x_0)$．如果当 $\Delta x \to 0$ 时，极限

$$\lim\limits_{\Delta x} \frac{\Delta y}{\Delta x}=\lim\limits_{\Delta x \to 0} \frac{f(x_0+\Delta x)-f(x_0)}{\Delta x}$$

存在，则称函数 $y=f(x)$ 在点 x_0 处可导，并称这个极限为函数 $y=f(x)$ 在点 x_0 处的导数，记为 $f'(x_0)$，即

$$f'(x_0)=\lim\limits_{\Delta x \to 0} \frac{\Delta y}{\Delta x}=\lim\limits_{\Delta x \to 0} \frac{f(x_0+\Delta x)-f(x_0)}{\Delta x}$$

也可记为

$$y'|_{x=x_0}, \left.\frac{\mathrm{d}y}{\mathrm{d}x}\right|_{x=x_0} \text{或} \left.\frac{\mathrm{d}f(x)}{\mathrm{d}x}\right|_{x=x_0}$$

函数 $y=f(x)$ 在点 x_0 处可导有时也说成 $y=f(x)$ 在点 x_0 处具有导数或导数存在．

导数的定义式也可取不同的形式，常见的有

$$f'(x_0)=\lim\limits_{h \to 0} \frac{f(x_0+h)-f(x_0)}{h}, f(x_0)=\lim\limits_{x \to x_0} \frac{f(x)-f(x_0)}{x-x_0}$$

如果极限 $\lim\limits_{\Delta x \to 0} \dfrac{f(x_0 + \Delta x) - f(x_0)}{\Delta x}$ 不存在，就称函数 $y = f(x)$ 在点 x_0 处不可导.

在实际中，需要讨论各种具有不同意义的变量的变化"快慢"问题，在数学上就是所谓函数的变化率问题. 导数概念就是函数变化率这一概念的精确描述.

如果极限 $\lim\limits_{\Delta x \to 0^-} \dfrac{f(x_0 + \Delta x) - f(x_0)}{\Delta x}$ 存在，则称此极限值为函数 $y = f(x)$ 在 x_0 处的左导数，记为 $f'_-(x_0)$；如果极限 $\lim\limits_{\Delta x \to 0^+} \dfrac{f(x_0 + \Delta x) - f(x_0)}{\Delta x}$ 存在，则称此极限值为函数 $y = f(x)$ 在 x_0 的右导数，记为 $f'_+(x_0)$.

函数 $y = f(x)$ 在 x_0 处可导的充分必要条件是函数 $y = f(x)$ 在点 x_0 处的左导数 $f'_-(x_0)$ 和右导数 $f'_+(x_0)$ 都存在且相等，即

$$f'(x_0) = A \Leftrightarrow f'_-(x_0) = f'_+(x_0) = A$$

如果函数 $y = f(x)$ 在开区间 I 内的每一点处都可导，就称函数 $f(x)$ 在开区间 I 内可导. 这时，对于任意的 $x \in I$，都对应着唯一确定的导数值 $f'(x)$，这样就构成了一个新的函数，这个函数叫做函数 $y = f(x)$ 的导函数，简称导数，记为 $f'(x)$，y'，$\dfrac{\mathrm{d}y}{\mathrm{d}x}$ 或 $\dfrac{\mathrm{d}f(x)}{\mathrm{d}x}$，即

$$y' = f'(x) = \lim\limits_{\Delta x \to 0} \frac{\Delta y}{\Delta x} = \lim\limits_{\Delta x \to 0} \frac{f(x + \Delta x) - f(x)}{\Delta x}, (x \in I)$$

函数 $f(x)$ 在点 x_0 处的导数就是导函数 $f'(x)$ 在点 x_0 处的函数值 $f'(x_0)$，即

$$f'(x_0) = f'(x)\big|_{x = x_0}$$

如果函数 $f(x)$ 在开区间 (a, b) 内可导，且右导数 $f'_+(a)$ 和左导数 $f'_-(b)$ 都存在，就说 $f(x)$ 有闭区间 $[a, b]$ 上可导.

【例1】 求函数 $f(x) = C$（C 为常数）的导数.

解
$$f'(x) = \lim\limits_{h \to 0} \frac{f(x + h) - f(x)}{h} = \lim\limits_{h \to 0} \frac{C - C}{h} = 0$$

即
$$C' = 0$$

【例2】 求 $f(x) = \dfrac{1}{x}$ 的导数.

解
$$f'(x) = \lim\limits_{h \to 0} \frac{f(x + h) - f(x)}{h} = \lim\limits_{h \to 0} \frac{\dfrac{1}{x + h} - \dfrac{1}{x}}{h}$$

$$= \lim\limits_{h \to 0} \frac{-h}{h(x + h)x} = -\lim\limits_{h \to 0} \frac{1}{(x + h)x} = -\frac{1}{x^2}$$

【例3】 求 $f(x)=\sqrt{x}$ 的导数. 8 3 39 B 3 3

解
$$f'(x)=\lim_{h\to 0}\frac{f(x+h)-f(x)}{h}=\lim_{h\to 0}\frac{\sqrt{x+h}-\sqrt{x}}{h}$$

$$=\lim_{h\to 0}\frac{h}{h(\sqrt{x+h}+\sqrt{x})}=\lim_{h\to 0}\frac{1}{\sqrt{x+h}+\sqrt{x}}=\frac{1}{2\sqrt{x}}$$

【例4】 求函数 $f(x)=x^n$（n 为正整数）的导数.

解
$$\Delta y=f(x+\Delta x)-f(x)=(x+\Delta x)^n-x^n$$

$$=x^n+nx^{n-1}\Delta x+\frac{n(n-1)}{2!}x^{n-2}(\Delta x)^2+\cdots+(\Delta x)^n-x^n$$

$$=nx^{n-1}\Delta x+\frac{n(n-1)}{2!}x^{n-2}(\Delta x)^2+\cdots+(\Delta x)^n$$

$$\frac{\Delta y}{\Delta x}=nx^{n-1}+\frac{n(n-1)}{2!}x^{n-2}\Delta x+\cdots+(\Delta x)^{n-1}$$

所以有 $\lim\limits_{\Delta x\to 0}\dfrac{\Delta y}{\Delta x}=nx^{n-1}$，即 $(x^n)'=nx^{n-1}$

一般地，有 $(x^\mu)'=\mu x^{\mu-1}$（μ 为任意实数）

【例5】 求函数 $f(x)=\sin x$ 的导数.

解
$$f'(x)=\lim_{h\to 0}\frac{f(x+h)-f(x)}{h}=\lim_{h\to 0}\frac{\sin(x+h)-\sin x}{h}$$

$$=\lim_{h\to 0}\frac{1}{h}\times 2\cos(x+\frac{h}{2})\sin\frac{h}{2}$$

$$=\lim_{h\to 0}\cos(x+\frac{h}{2})\times\frac{\sin\frac{h}{2}}{\frac{h}{2}}=\cos x$$

即
$$(\sin x)'=\cos x$$

用类似的方法，可求得 $(\cos x)'=-\sin x$.

【例6】 求函数 $f(x)=a^x(a>0,a\neq 1)$的导数.

解
$$f'(x)=\lim_{h\to 0}\frac{f(x+h)-f(x)}{h}=\lim_{h\to 0}\frac{a^{x+h}-a^x}{h}$$

$$=a^x\lim_{h\to 0}\frac{a^h-1}{h}\underline{\underline{\diamondsuit\ a^h-1=t}}a^x\lim_{t\to 0}\frac{t}{\log_a(1+t)}$$

$$=a^x\frac{1}{\log_a \mathrm{e}}=a^x\ln a$$

即 $(a^x)'=a^x\ln a$. 特别地，有 $(\mathrm{e}^x)'=\mathrm{e}^x$.

【例7】 求函数 $f'(x)=\log_a x$ （$a>0$, $a\neq 1$）的导数.

解
$$f'(x)=\lim_{h\to 0}\frac{f(x+h)-f(x)}{h}=\lim_{h\to 0}\frac{\log_a(x+h)-\log_a x}{h}$$

$$=\lim_{h\to 0}\frac{1}{h}\log_a\left(\frac{x+h}{x}\right)=\frac{1}{x}\lim_{h\to 0}\frac{x}{h}\log_a\left(1+\frac{h}{x}\right)=\frac{1}{x}\lim_{h\to 0}\log_a\left(1+\frac{h}{x}\right)^{\frac{x}{h}}$$

$$=\frac{1}{x}\log_a e=\frac{1}{x\ln a}$$

即 $(\log_a x)'=\dfrac{1}{x\ln a}$特别地,有 $(\ln x)'=\dfrac{1}{x}$.

【例8】 求函数 $f(x)=|x|$ 在 $x=0$ 处的导数.

解
$$f'_-(0)=\lim_{h\to 0^-}\frac{f(0+h)-f(0)}{h}=\lim_{h\to 0^-}\frac{|h|}{h}=-1$$

$$f'_+(0)=\lim_{h\to 0^+}\frac{f(0+h)-f(0)}{h}=\lim_{h\to 0^+}\frac{|h|}{h}=1$$

因为 $f'_-(0)\neq f'_+(0)$,所以函数 $f(x)=|x|$ 在 $x=0$ 处不可导.如图 3-3 所示.

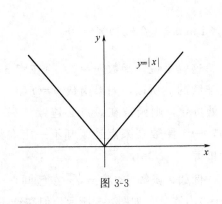

图 3-3

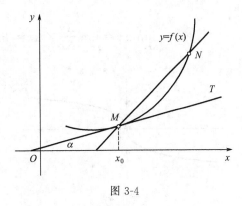

图 3-4

3. 导数的几何意义

如图 3-4 所示,函数 $y=f(x)$ 在点 x_0 处的导数 $f'(x_0)$ 在几何上表示曲线 $y=f(x)$ 在点 $M(x_0,f(x_0))$ 处的切线的斜率,即

$$f'(x_0)=\tan\alpha$$

其中 α 是切线的倾角.

由直线的点斜式方程,可知曲线 $y=f(x)$ 在点 $M(x_0,y_0)$ 处的切线方程为

$$y-y_0=f'(x_0)(x-x_0)$$

过切点 $M(x_0,y_0)$ 且与切线垂直的直线叫做曲线 $y=f(x)$ 在点 M 处的法线.如果 $f'(x_0)\neq 0$,法线的斜率为 $-\dfrac{1}{f'(x_0)}$,从而法线方程为

$$y-y_0=-\frac{1}{f'(x_0)}(x-x_0)$$

【例9】 求等边双曲线 $y=\dfrac{1}{x}$ 在点 $\left(\dfrac{1}{2},2\right)$ 处的切线的斜率,并写出在该点处的切线方

程和法线方程.

解 $y' = -\dfrac{1}{x^2}$，所求切线及法线的斜率分别为

$$k_1 = \left(-\dfrac{1}{x^2}\right)\Big|_{x=\frac{1}{2}} = -4, \ k_2 = -\dfrac{1}{k_1} = \dfrac{1}{4}$$

所求切线方程为 $y - 2 = -4\left(x - \dfrac{1}{2}\right)$，即 $4x + y - 4 = 0$.

所求法线方程为 $y - 2 = \dfrac{1}{4}\left(x - \dfrac{1}{2}\right)$，即 $2x - 8y + 15 = 0$.

4. 函数的可导性与连续性的关系

设函数 $y = f(x)$ 在点 x_0 处可导，即 $\lim\limits_{\Delta x \to 0}\dfrac{\Delta y}{\Delta x} = f'(x_0)$ 存在. 则

$$\lim_{\Delta x \to 0}\Delta y = \lim_{\Delta x \to 0}\dfrac{\Delta y}{\Delta x} \times \Delta x = \lim_{\Delta x \to 0}\dfrac{\Delta y}{\Delta x} \times \lim_{\Delta x \to 0}\Delta x = f'(x_0) \times 0 = 0$$

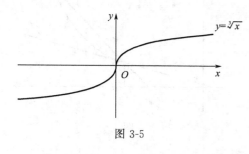

图 3-5

这就是说，函数 $y = f(x)$ 在点 x_0 处是连续的. 所以，如果函数 $y = f(x)$ 在点 x 处可导，则函数在该点必连续. 另一方面，一个函数在某点连续却不一定在该点处可导.

例如，函数 $f(x) = \sqrt[3]{x}$ 在区间 $(-\infty, +\infty)$ 内连续，如图 3-5 所示，但在点 $x = 0$ 处不可导. 这是因为函数在点 $x = 0$ 处导数为无穷大，即

$$f'(0) = \lim_{h \to 0}\dfrac{f(0+h) - f(0)}{h} = \lim_{h \to 0}\dfrac{\sqrt[3]{h} - 0}{h} = +\infty$$

利用定义求函数的导数，在取极限这一步往往计算难度较大. 以后求导数，主要是利用基本初等函数的求导公式和相关的求导法则进行，而利用定义求导数则主要是作为推导一些基本求导公式的工具.

5. 基本初等函数的导数公式

(1) $(C)' = 0$

(2) $(x^\mu)' = \mu x^{\mu-1}$

(3) $(a^x)' = a^x \ln a$

(4) $(e^x)' = e^x$

(5) $(\log_a x)' = \dfrac{1}{x \ln a}$

(6) $(\ln x)' = \dfrac{1}{x}$

(7) $(\sin x)' = \cos x$

(8) $(\cos x)' = -\sin x$

(9) $(\tan x)' = \sec^2 x$

(10) $(\cot x)' = -\csc^2 x$

(11) $(\sec x)' = \sec x \tan x$

(12) $(\csc x)' = -\csc x \cot x$

(13) $(\arcsin x)' = \dfrac{1}{\sqrt{1-x^2}}$

(14) $(\arccos x)' = -\dfrac{1}{\sqrt{1-x^2}}$

(15) $(\arctan x)' = \dfrac{1}{1+x^2}$ (16) $(\text{arccot} x)' = -\dfrac{1}{1+x^2}$

四、 模块小结

关键概念：导数；左导数；右导数；切线斜率.

关键技能：用导数的定义求函数 $f(x)$ 在点 x 处的导数，导数的几何意义是曲线 $y = f(x)$ 在点 x 处切线的斜率，由此可以求出曲线在某点的切线方程. 函数 $y = f(x)$ 在点 x 处可导，则一定在点 x 处连续，反之不成立.

五、 思考与练习

(1) 设 $f(x) = 9x^2$，用导数的定义求 $f'(-1)$.

(2) 证明 $(\cos x)' = -\sin x$.

(3) 求函数 $y = x^2$ 在点 $x = 2$ 处的导数，并求曲线在点 $(2, 4)$ 的切线方程.

(4) 求下列函数的导数

① $y = x^3$ ② $y = \sqrt[3]{x^2}$ ③ $y = \dfrac{1}{x^2}$

模块3-2 函数的和、差、积、商的求导法则

一、 教学目的

(1) 掌握函数的和、差、积、商的求导法则；

(2) 熟练运用求导法则求函数的导数.

二、 知识要求

(1) 极限的概念；

(2) 可导函数的概念；

(3) 基本初等函数的求导公式.

三、 相关知识

定理 1　如果函数 $u = u(x)$ 及 $v = v(x)$ 在区间 I 上是可导函数，那么函数 $u(x) \pm v(x)$，$u(x)v(x)$，$\dfrac{u(x)}{v(x)} [v(x) \neq 0]$ 都在点区间 I 上也是可导函数，并且

(1) $[u(x) \pm v(x)]' = u'(x) \pm v'(x)$

(2) $[u(x)v(x)]' = u'(x)v(x) + u(x)v'(x)$

(3) $\left[\dfrac{u(x)}{v(x)}\right]' = \dfrac{u'(x)v(x) - u(x)v'(x)}{v^2(x)}$

证明　(1) 任意的 $x \in I$，有

$$[u(x) \pm v(x)]' = \lim_{\Delta x \to 0} \frac{[u(x + \Delta x) \pm v(x + \Delta x)] - [u(x) \pm v(x)]}{\Delta x}$$

$$= \lim_{\Delta x \to 0} \left[\frac{u(x + \Delta x) - u(x)}{\Delta x} \pm \frac{v(x + \Delta x) - v(x)}{\Delta x} \right]$$

$$= \lim_{\Delta x \to 0} \frac{u(x+\Delta x)-u(x)}{\Delta x} \pm \lim_{\Delta x \to 0} \frac{v(x+\Delta x)-v(x)}{\Delta x}$$

$$= u'(x) \pm v'(x)$$

法则(1) 可简单地表示为：$(u \pm v)' = u' \pm v'$

(2) 任意的 $x \in I$，有

$$[u(x)v(x)]' = \lim_{\Delta x \to 0} \frac{u(x+\Delta x)v(x+\Delta x)-u(x)v(x)}{\Delta x}$$

$$= \lim_{\Delta x \to 0} \frac{1}{\Delta x} [u(x+\Delta x)v(x+\Delta x)-u(x)v(x+\Delta x)$$

$$+ u(x)v(x+\Delta x)-u(x)v(x)]$$

$$= \lim_{\Delta x \to 0} \left[\frac{u(x+\Delta x)-u(x)}{\Delta x} v(x+\Delta x) \right.$$

$$\left. + u(x) \frac{v(x+\Delta x)-v(x)}{\Delta x} \right]$$

$$= \lim_{\Delta x \to 0} \frac{u(x+\Delta x)-u(x)}{\Delta x} \times \lim_{\Delta x \to 0} v(x+\Delta x) +$$

$$u(x) \lim_{\Delta x \to 0} \frac{v(x+\Delta x)-v(x)}{\Delta x}$$

$$= u'(x)v(x)+u(x)v'(x)$$

其中 $\lim_{\Delta x \to 0} v(x+\Delta x)=v(x)$ 是由于 $v(x)$ 在区间 I 上可导，则在点 x 处可导，故 $v(x)$ 在点 x 处连续.

法则(2) 可简单地表示为：$(uv)' = u'v + uv'$

在法则(2)中，如果 $v=C$（C 为常数），则有

$$(Cu)' = Cu'$$

(3) 任意的 $x \in I$，有

$$\left[\frac{u(x)}{v(x)} \right]' = \lim_{\Delta x \to 0} \frac{\dfrac{u(x+\Delta x)}{v(x+\Delta x)}-\dfrac{u(x)}{v(x)}}{\Delta x} = \lim_{\Delta x \to 0} \frac{u(x+\Delta x)v(x)-u(x)v(x+\Delta x)}{v(x+\Delta x)v(x)\Delta x}$$

$$= \lim_{\Delta x \to 0} \frac{[u(x+\Delta x)-u(x)]v(x)-u(x)[v(x+\Delta x)-v(x)]}{v(x+\Delta x)v(x)\Delta x}$$

$$= \lim_{\Delta x \to 0} \frac{\dfrac{u(x+\Delta x)-u(x)}{\Delta x}v(x)-u(x)\dfrac{v(x+\Delta x)-v(x)}{\Delta x}}{v(x+\Delta x)v(x)}$$

$$= \frac{u'(x)v(x)-u(x)v'(x)}{v^2(x)}$$

法则(3) 可简单地表示为：$\left(\dfrac{u}{v}\right)' = \dfrac{u'v-uv'}{v^2}$

定理1中的法则(1)、(2)可推广到任意有限个可导函数的情形. 例如，设 $u=u(x)$、

$v=v(x)$、$w=w(x)$均可导，则有

$$(u+v-w)'=u'+v'-w'$$

$$(uvw)'=u'vw+uv'w+uvw'$$

【例1】 已知 $y=2x^3-5x^2+3x-7$，求 y'.

解
$$\begin{aligned}
y' &= (2x^3-5x^2+3x-7)' \\
&= (2x^3)'-(5x^2)'+(3x)'-(7)' \\
&= 2(x^3)'-(5x^2)'+(3x)' \\
&= 2\times 3x^2-5\times 2x+3=6x^2-10x+3
\end{aligned}$$

【例2】 已知 $f(x)=x^3+4\cos x-\sin\dfrac{\pi}{2}$，求 $f'(x)$ 及 $f'(\dfrac{\pi}{2})$.

解
$$f'(x)=(x^3)'+(4\cos x)'-(\sin\frac{\pi}{2})'=3x^2-4\sin x$$

所以
$$f'(\frac{\pi}{2})=\frac{3}{4}\pi^2-4$$

【例3】 已知 $y=e^x(\sin x+\cos x)$，求 y'.

解
$$\begin{aligned}
y' &= (e^x)'(\sin x+\cos x)+e^x(\sin x+\cos x)' \\
&= e^x(\sin x+\cos x)+e^x(\cos x-\sin x) \\
&= 2e^x\cos x
\end{aligned}$$

【例4】 已知 $y=\tan x$，求 y'.

解
$$y'=(\tan x)'=(\frac{\sin x}{\cos x})'=\frac{(\sin x)'\cos x-\sin x(\cos x)'}{\cos^2 x}$$

$$=\frac{\cos^2 x+\sin^2 x}{\cos^2 x}=\frac{1}{\cos^2 x}=\sec^2 x$$

即
$$(\tan x)'=\sec^2 x$$

【例5】 已知 $y=\sec x$，求 y'.

解
$$y'=(\sec x)'=(\frac{1}{\cos x})'=\frac{(1)'\cos x-1\times(\cos x)'}{\cos^2 x}$$

$$=\frac{\sin x}{\cos^2 x}=\sec x\tan x$$

即
$$(\sec x)'=\sec x\tan x$$

用类似方法，还可求得余切函数及余割函数的导数公式：

$$(\cot x)'=-\csc^2 x$$

$$(\csc x)'=-\csc x\cot x$$

四、 模块小结

关键概念：和、差、积、商的求导法则.

关键技能：利用导数的定义及导数的求导法则求基本初等函数的导数.

五、 思考与练习

（1）求下列函数在指定点的导数.

① 设 $f(x) = 4x^3 + 2x^2 + 5$，求 $f'(1)$；

② 设 $f(x) = \dfrac{x}{\cos x}$，求 $f'(0)$.

（2）求下列函数的导数.

① $y = 3x^3 + 2x^2 - 5$　　② $y = 3\sin x + 2\cos x$　　③ $y = \sqrt{x} - \dfrac{1}{x}$

④ $y = x\cos x$　　⑤ $y = \dfrac{x}{1 - \cos x}$　　⑥ $y = \sin x \ln x$

模块3-3　几种函数的求导方法

一、 教学目的

（1）掌握反函数的求导法则；

（2）熟练掌握复合函数的求导法则，以及隐函数的求导法；

（3）掌握对数取导法，以及参数方程求导法.

二、 知识要求

（1）和、差、积、商的求导法则；

（2）反函数、复合函数、隐函数以及参数方程的概念；

（3）基本初等函数的求导公式.

三、 相关知识

1. 反函数的求导法则

定理 1　如果单调函数 $x = f(y)$ 在某区间 I 内可导且 $f'(y) \neq 0$，那么它的反函数 $y = f^{-1}(x)$ 在对应区间 $D = \{x \mid x = f(y), y \in I\}$ 内也可导，并且

$$[f^{-1}(x)]' = \frac{1}{f'(y)}, \quad \text{或} \quad \frac{\mathrm{d}y}{\mathrm{d}x} = \frac{1}{\dfrac{\mathrm{d}x}{\mathrm{d}y}}$$

可简单地说成：反函数的导数等于原函数导数的倒数.

【例 1】 设 $x = \sin y$，$y \in \left[-\dfrac{\pi}{2}, \dfrac{\pi}{2}\right]$，则求它的反函数 $y = \arcsin x$ 的导数.

解　函数 $x = \sin y$ 在开区间 $\left(-\dfrac{\pi}{2}, \dfrac{\pi}{2}\right)$ 内单调、可导，且 $(\sin y)' = \cos y > 0$.

因此，由反函数的求导法则，在对应区间 $D = (-1, 1)$ 内有

$$(\arcsin x)' = \frac{1}{(\sin y)'} = \frac{1}{\cos y} = \frac{1}{\sqrt{1 - \sin^2 y}} = \frac{1}{\sqrt{1 - x^2}}$$

类似地有：
$$(\arccos x)' = -\frac{1}{\sqrt{1-x^2}}$$

【例 2】 设 $x = \tan y$，$y \in \left(-\frac{\pi}{2}, \frac{\pi}{2}\right)$，则求它的反函数 $y = \arctan x$ 的导数．

解 函数 $x = \tan y$ 在开区间 $\left(-\frac{\pi}{2}, \frac{\pi}{2}\right)$ 内单调、可导，且 $(\tan y)' = \sec^2 y \neq 0$，因此，由反函数的求导法则，在对应区间 $D = (-\infty, +\infty)$ 内有

$$(\arctan x)' = \frac{1}{(\tan y)'} = \frac{1}{\sec^2 y} = \frac{1}{1+\tan^2 y} = \frac{1}{1+x^2}$$

类似地有：
$$(\text{arccot} x)' = -\frac{1}{1+x^2}$$

【例 3】 设 $x = a^y (a > 0, a \neq 1)$，则求它的反函数 $y = \log_a x$ 的导数．

解 函数 $x = a^y$ 在区间 $(-\infty, +\infty)$ 内单调、可导，且 $(a^y)' = a^y \ln a \neq 0$，因此，由反函数的求导法则，在对应区间 $D = (0, +\infty)$ 内有

$$(\log_a x)' = \frac{1}{(a^y)'} = \frac{1}{a^y \ln a} = \frac{1}{x \ln a}$$

2. 复合函数的求导法则

定理 2 如果 $u = g(x)$ 在点 x 处可导，函数 $y = f(u)$ 在对应点 $u = g(x)$ 可导，则复合函数 $y = f[g(x)]$ 在点 x 处可导，且其导数为

$$\frac{dy}{dx} = \frac{dy}{du} \times \frac{du}{dx} \text{ 或 } y' = f'(u)g'(x)$$

复合函数的求导法则又称为链锁法则．它可以推广到多个函数复合的情形．例如，设 $y = f(u)$，$u = \varphi(v)$，$v = \psi(x)$，则

$$\frac{dy}{dx} = \frac{dy}{du} \times \frac{du}{dx} = \frac{dy}{du} \times \frac{du}{dv} \times \frac{dv}{dx}$$

【例 4】 已知函数 $y = \sin 2x$，求 $\frac{dy}{dx}$．

解 因为 $y = \sin 2x$ 由 $y = \sin u$ 和 $u = 2x$ 复合而成，则

$$\frac{dy}{dx} = \frac{dy}{du} \times \frac{du}{dx} = 2\cos u = 2\cos 2x$$

【例 5】 已知 $y = \cos^2 x$，求 y'．

解 因为 $y = \cos^2 x$ 由 $y = u^2$ 和 $u = \cos x$ 复合而成，则

$$\frac{dy}{dx} = \frac{dy}{du} \times \frac{du}{dx} = 2u(-\sin x) = -2\cos x \sin x = -2\sin 2x$$

对复合函数的导数比较熟练后，就不必再写出中间变量.

【例 6】 已知 $y = \ln\sin x$，求 $\dfrac{\mathrm{d}y}{\mathrm{d}x}$.

解 $$\frac{\mathrm{d}y}{\mathrm{d}x} = (\ln\sin x)' = \frac{1}{\sin x}(\sin x)' = \frac{1}{\sin x}\cos x = \cot x$$

【例 7】 已知 $y = \sqrt[3]{1-2x^2}$，求 $\dfrac{\mathrm{d}y}{\mathrm{d}x}$.

解 $$\frac{\mathrm{d}y}{\mathrm{d}x} = \left[(1-2x^2)^{\frac{1}{3}}\right]' = \frac{1}{3}(1-2x^2)^{-\frac{2}{3}} \times (1-2x^2)' = \frac{-4x}{3\sqrt[3]{(1-2x^2)^2}}$$

【例 8】 已知 $y = \ln\cos 2x$，求 y'.

解 $$y' = (\ln\cos 2x)' = \frac{1}{\cos 2x}(\cos 2x)' = \frac{-\sin 2x}{\cos 2x}(2x)' = -2\tan 2x$$

【例 9】 已知 $y = \ln\cos(\mathrm{e}^x)$，求 $\dfrac{\mathrm{d}y}{\mathrm{d}x}$.

解 $$\frac{\mathrm{d}y}{\mathrm{d}x} = \left[\ln\cos(\mathrm{e}^x)\right]' = \frac{1}{\cos(\mathrm{e}^x)}\left[\cos(\mathrm{e}^x)\right]'$$

$$= \frac{1}{\cos(\mathrm{e}^x)}\left[-\sin(\mathrm{e}^x)\right](\mathrm{e}^x)' = -\mathrm{e}^x\tan(\mathrm{e}^x)$$

【例 10】 已知 $y = \mathrm{e}^{\sin\frac{1}{x}}$，求 $\dfrac{\mathrm{d}y}{\mathrm{d}x}$.

解 $$\frac{\mathrm{d}y}{\mathrm{d}x} = (\mathrm{e}^{\sin\frac{1}{x}})' = \mathrm{e}^{\sin\frac{1}{x}}\left(\sin\frac{1}{x}\right)' = \mathrm{e}^{\sin\frac{1}{x}}\cos\frac{1}{x}\left(\frac{1}{x}\right)' = -\frac{1}{x^2}\mathrm{e}^{\sin\frac{1}{x}}\cos\frac{1}{x}$$

【例 11】 设 $x > 0$，证明幂函数的导数公式：$(x^\mu)' = \mu x^{\mu-1}$.

解 因为 $x^\mu = (\mathrm{e}^{\ln x})^\mu = \mathrm{e}^{\mu\ln x}$，所以

$$(x^\mu)' = (\mathrm{e}^{\mu\ln x})' = \mathrm{e}^{\mu\ln x}(\mu\ln x)' = \mathrm{e}^{\mu\ln x}\mu x^{-1} = \mu x^{\mu-1}$$

由方程 $F(x, y) = 0$ 所确定的 y 与 x 的函数关系，称为由方程 $F(x, y) = 0$ 所确定的隐函数，其中因变量 y 不一定能用自变量 x 表示出来，例如：$\mathrm{e}^y - 2xy + 1 = 0$ 不能写成 $y = f(x)$（显函数）的形式.

3. 隐函数求导法

求隐函数 $F(x, y) = 0$ 的导数 y'，从方程 $F(x, y) = 0$ 出发，将方程 $F(x, y) = 0$ 左右两端同时对 x 求导，遇到 y 时，就视 y 为 x 的函数；遇到 y 的式子时，就看成是 x 的复合函数，x 是自变量，y 视为中间变量，然后从所得的等式中解出 y'，即得到隐函数的导数.

【例 12】 求由方程 $\mathrm{e}^y + xy - \mathrm{e} = 0$ 所确定的隐函数 y 的导数.

解 对方程两边的每一项对 x 求导数得

$$(e^y)' + (xy)' - (e)' = (0)'$$

即
$$e^y y' + yx' + xy' = 0$$

从而
$$y' = -\frac{y}{x+e^y}(x+e^y \neq 0)$$

【例13】 求由方程 $y^5 + 2y - x - 3x^7 = 0$ 所确定的隐函数 $y = f(x)$ 在 $x = 0$ 处的导数 $y'|_{x=0}$.

解 对方程两边分别对 x 求导数得

$$5y^4 y' + 2y' - 1 - 21x^6 = 0$$

由此得
$$y' = \frac{1+21x^6}{5y^4+2}$$

因为当 $x=0$ 时，从原方程得 $y=0$，所以

$$y'|_{x=0} = \frac{1+21x^6}{5y^4+2}\Big|_{x=0} = \frac{1}{2}$$

【例14】 求椭圆 $\dfrac{x^2}{16} + \dfrac{y^2}{9} = 1$ 在 $(2, \dfrac{3}{2}\sqrt{3})$ 处的切线方程.

解 对椭圆方程的两边分别对 x 求导，得

$$\frac{x}{8} + \frac{2}{9}yy' = 0$$

从而
$$y' = -\frac{9x}{16y}$$

当 $x=2$ 时，$y = \dfrac{3}{2}\sqrt{3}$，代入上式得所求切线的斜率

$$k = y'|_{x=2} = -\frac{\sqrt{3}}{4}$$

所求的切线方程为
$$y - \frac{3}{2}\sqrt{3} = -\frac{\sqrt{3}}{4}(x-2)$$

即
$$\sqrt{3}x + 4y - 8\sqrt{3} = 0$$

对数求导法：这种方法是先在 $y=f(x)$ 的两边取对数，再求出 y 的导数.

设 $y=f(x)$，两边取对数，得

$$\ln y = \ln f(x)$$

两边对 x 求导，得

$$\frac{1}{y}y' = \left[\ln f(x)\right]'$$

从而
$$y = f(x) [\ln f(x)]'$$

对数求导法适用于求幂指函数 $y = [u(x)]^{v(x)}$ 的导数及多因子之积和商的导数.

【例 15】 求 $y = x^{\sin x} (x > 0)$ 的导数.

解 两边取对数，得

$$\ln y = \sin x \ln x$$

上式两边对 x 求导，得

$$\frac{1}{y} y' = \cos x \ln x + \sin x \frac{1}{x}$$

于是
$$y' = y(\cos x \ln x + \sin x \frac{1}{x}) = x^{\sin x} (\cos x \ln x + \frac{\sin x}{x})$$

【例 16】 求函数 $y = \sqrt{\frac{(x-1)(x-2)}{(x-3)(x-4)}}$ 的导数（其中 $x > 4$）.

解 先在两边取对数，得

$$\ln y = \frac{1}{2} [\ln(x-1)\ln(x-2) - \ln(x-3) - \ln(x-4)]$$

上式两边对 x 求导，得

$$\frac{1}{y} y' = \frac{1}{2} (\frac{1}{x-1} + \frac{1}{x-2} - \frac{1}{x-3} - \frac{1}{x-4})$$

于是
$$y' = \frac{y}{2} (\frac{1}{x-1} + \frac{1}{x-2} - \frac{1}{x-3} - \frac{1}{x-4})$$
$$= \frac{1}{2} (\frac{1}{x-1} + \frac{1}{x-2} - \frac{1}{x-3} - \frac{1}{x-4}) \sqrt{\frac{(x-1)(x-2)}{(x-3)(x-4)}}$$

4. 参数方程求导法

设 y 与 x 的函数关系是由参数方程 $\begin{cases} x = \varphi(t) \\ y = \psi(t) \end{cases}$ 确定的. 则称此函数关系所表达的函数为由参数方程所确定的函数.

在实际问题中，需要计算由参数方程所确定的函数的导数. 但从参数方程中消去参数 t 有时会有困难. 因此，我们希望有一种方法能直接由参数方程算出它所确定的函数的导数.

设 $x = \varphi(t)$ 具有单调连续反函数 $t = \varphi'(x)$，且此反函数能与函数 $y = \psi(t)$ 构成复合函数 $y = \psi[\varphi'(x)]$，若 $x = \varphi(t)$ 和 $y = \psi(t)$ 都可导，则

$$\frac{dy}{dx} = \frac{dy}{dt} \frac{dt}{dx} = \frac{dy}{dt} \frac{1}{\frac{dx}{dt}} = \frac{\psi'(t)}{\varphi'(t)}, \quad 即 \quad \frac{dy}{dx} = \frac{\psi'(t)}{\varphi'(t)} 或 \frac{dy}{dx} = \frac{\frac{dy}{dt}}{\frac{dx}{dt}}$$

【例 17】 求椭圆 $\begin{cases} x = a\cos t \\ y = b\sin t \end{cases}$ 在相应于 $t = \dfrac{\pi}{4}$ 点处的切线方程.

解 因为 $\dfrac{\mathrm{d}y}{\mathrm{d}x} = \dfrac{(b\sin t)'}{(a\cos t)'} = \dfrac{b\cos t}{-a\sin t} = -\dfrac{b}{a}\cot t$，则

所求切线的斜率为 $\dfrac{\mathrm{d}y}{\mathrm{d}x}\Big|_{t=\frac{\pi}{4}} = -\dfrac{b}{a}$

切点的坐标为 $x_0 = a\cos\dfrac{\pi}{4} = \dfrac{\sqrt{2}}{2}a$，$y_0 = b\sin\dfrac{\pi}{4} = \dfrac{\sqrt{2}}{2}b$

从而，切线方程为

$$y - \frac{\sqrt{2}}{2}b = -\frac{b}{a}\left(x - \frac{\sqrt{2}}{2}a\right)$$

即 $$bx + ay - \sqrt{2}\,ab = 0$$

四、 模块小结

关键概念：反函数；复合函数；隐函数；参数方程.

关键技能：掌握反函数、复合函数、隐函数以及由参数方程所确定函数的求导方法.

五、 思考与练习

（1）求下列函数的导数.

① $y = (2x+3)^2$　　　　　　　　② $y = \sin^2 x$

③ $y = \sqrt{4-x^2}$　　　　　　　　④ $y = \cos(2x-4)$

（2）求由下列方程所确定的隐函数的导数.

① $y^3 - 2\mathrm{e}^{y^2} + xy = 0$　　　　　　② $\mathrm{e}^y + xy + 2 = 0$

（3）用对数求导法求下列函数的导数.

① $y = \left(1 + \dfrac{1}{x}\right)^x$　　　　　　　　② $y = (1+x^2)^{\tan x}$

（4）求参数方程 $\begin{cases} x = \sin^2 t \\ y = \cos^2 t \end{cases}$ 所确定的函数 $y = f(x)$ 的导数.

模块3-4　高阶导数

一、 教学目的

（1）理解高阶导数的概念，以及高阶导数的求法；

（2）熟练掌握二阶导数的求法.

二、 知识要求

（1）导数的概念；

（2）导函数的概念．

三、 相关知识

一般地，函数 $y=f(x)$ 的导数 $y'=f'(x)$ 仍然是 x 的函数．我们把 $y'=f(x)$ 的导数叫做函数 $y=f(x)$ 的二阶导数，记作 y''、$f''(x)$ 或 $\dfrac{\mathrm{d}^2 y}{\mathrm{d}x^2}$

即
$$y''=(y')',\ f''(x)=[f'(x)]',\ \dfrac{\mathrm{d}^2 y}{\mathrm{d}x^2}=\dfrac{\mathrm{d}}{\mathrm{d}x}\left(\dfrac{\mathrm{d}y}{\mathrm{d}x}\right)$$

相应地，把 $y=f(x)$ 的导数 $f'(x)$ 叫做函数 $y=f(x)$ 的一阶导数，类似地，二阶导数的导数叫做三阶导数，三阶导数的导数叫做四阶导数，$\cdots$，一般地，$(n-1)$ 阶导数的导数叫做 n 阶导数，分别记作

$$y''',\ y^{(4)},\ \cdots,\ y^{(n)} \text{ 或 } \dfrac{\mathrm{d}^3 y}{\mathrm{d}x^3},\ \dfrac{\mathrm{d}^4 y}{\mathrm{d}x^4},\ \cdots,\ \dfrac{\mathrm{d}^n y}{\mathrm{d}x^n}$$

函数 $f(x)$ 具有 n 阶导数，也常说成函数 $f(x)$ 为 n 阶可导．如果函数 $f(x)$ 在点 x 处具有 n 阶导数，那么函数 $f(x)$ 在点 x 的某一邻域内必定具有一切低于 n 阶的导数．二阶及二阶以上的导数统称高阶导数．

【例 1】 求函数 $y=ax+b$ 的二阶导数．

解
$$y'=a,y''=0$$

【例 2】 求函数 $y=\sin(2x+1)$ 的二阶导数．

解
$$y'=[\sin(2x+1)]'=2\cos(2x+1)$$
$$y''=[2\cos(2x+1)]'=-4\sin(2x+1)$$

【例 3】 求函数 $y=\mathrm{e}^x$ 的 n 阶导数．

解 $y=\mathrm{e}^x,y''=\mathrm{e}^x,y'''=\mathrm{e}^x,y^{(4)}=\mathrm{e}^x$

一般地，可得

$$y^{(n)}=\mathrm{e}^x$$

即
$$(\mathrm{e}^x)^{(n)}=\mathrm{e}^x$$

【例 4】 求正弦函数 $y=\sin x$ 的 n 阶导数．

解
$$y'=\cos x=\sin\left(x+\dfrac{\pi}{2}\right)$$

$$y''=\cos\left(x+\dfrac{\pi}{2}\right)=\sin\left(x+\dfrac{\pi}{2}+\dfrac{\pi}{2}\right)=\sin\left(x+2\times\dfrac{\pi}{2}\right)$$

$$y'''=\cos\left(x+2\times\dfrac{\pi}{2}\right)=\sin\left(x+2\times\dfrac{\pi}{2}+\dfrac{\pi}{2}\right)=\sin\left(x+3\times\dfrac{\pi}{2}\right)$$

$$y^{(4)}=\cos\left(x+3\times\dfrac{\pi}{2}\right)=\sin\left(x+4\times\dfrac{\pi}{2}\right)$$

一般地，可得

$$y^{(n)} = \sin\left(x + n \times \frac{\pi}{2}\right)$$

即

$$\sin^{(n)} x = \sin\left(x + n \times \frac{\pi}{2}\right)$$

用类似方法，可得

$$\cos^{(n)} x = \cos\left(x + n \times \frac{\pi}{2}\right)$$

【例 5】 求函数 $y = \ln(1+x)$ 的 n 阶导数.

解

$$y = \ln(1+x), \ y' = \frac{1}{1+x}, \ y'' = -\frac{1}{(1+x)^2}, \ y''' = \frac{1 \times 2}{(1+x)^3},$$

$$y^{(4)} = -\frac{1 \times 2 \times 3}{(1+x)^4}, \ \cdots$$

一般地，有

$$y^{(n)} = (-1)^{n-1} \frac{(n-1)!}{(1+x)^n}$$

即

$$[\ln(1+x)]^{(n)} = (-1)^{n-1} \frac{(n-1)!}{(1+x)^n}$$

四、模块小结

关键概念：高阶导数.

关键技能：掌握函数高阶导数的求法.

五、思考与练习

(1) 求下列函数的高阶导数.

① $y = (3x+1)^3$，求 $y''(2)$

② $y = \ln(x^2+1)$，求 $y''(1)$

③ $y = \ln x$，求 $y^{(n)}$

(2) 求下列函数的二阶导数.

① $y = \ln x + 2x$

② $y = (x+1)e^x$

③ $y = e^x + \ln x + 2$

④ $y = x^2 \sin 3x$

 ## 模块3-5　函数的微分

一、教学目的

(1) 理解微分的概念，以及微分的几何意义；

(2) 熟练掌握微分的计算方法；

(3) 掌握微分在近似计算中的应用.

二、知识要求

(1) 极限、无穷小量及导数的概念；

(2) 求导的基本公式和运算法则.

三、 相关知识

1. 引例

一块正方形金属薄片受温度变化的影响，其边长由 x_0 变到 $x_0+\Delta x$，如图 3-6 所示，问此薄片的面积改变了多少？

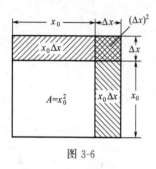

图 3-6

设此正方形的边长为 x，面积为 $A(x)$，则 $A(x)$ 是 x 的函数：$A(x)=x^2$. 金属薄片的面积改变量为

$$\Delta A=(x_0+\Delta x)^2-(x_0)^2=2x_0\Delta x+(\Delta x)^2$$

ΔA 由两部分组成，第一部分 $2x_0\Delta x$ 是 Δx 的线性函数，它的系数 $2x_0$ 是函数 $A(x)=x^2$ 在 x_0 处的导数，即 $2x_0=A'(x_0)$；第二部分 $(\Delta x)^2$ 当 $\Delta x\to0$ 时是 Δx 的高阶无穷小，即 $(\Delta x)^2=o(\Delta x)$，这样 $\Delta A=A'(x_0)\Delta x+o(\Delta x)$，当 $|\Delta x|$ 很小时，$\Delta A\approx A'(x_0)\Delta x$.

2. 微分的概念

定义1

设函数 $y=f(x)$ 在区间 D 内有定义，x_0 及 $x_0+\Delta x$ 在区间 D 内，如果函数的增量 $\Delta y=f(x_0+\Delta x)-f(x_0)$，可表示为

$$y=A\Delta x+o(\Delta x)$$

其中 A 是不依赖于 Δx 的常数，那么称函数 $y=f(x)$ 在点 x_0 是可微的，而 $A\Delta x$ 叫做函数 $y=f(x)$ 在点 x_0 对应于自变量增量 Δx 的微分，记作 $\mathrm{d}y$，即

$$\mathrm{d}y=A\Delta x$$

注意：函数 $f(x)$ 在点 x_0 可微的充分必要条件是函数 $f(x)$ 在点 x_0 可导，且当函数 $f(x)$ 在点 x_0 可微时，其微分一定是 $\mathrm{d}y=f'(x_0)\Delta x$.

证明 设函数 $f(x)$ 在点 x_0 可微，则按定义有 $\Delta y=f'(x_0)\Delta x+o(\Delta x)$，上式两边除以 Δx，得

$$\frac{\Delta y}{\Delta x}=f'(x_0)+\frac{o(\Delta x)}{\Delta x}$$

于是，当 $\Delta x\to0$ 时，由上式就得到

$$A=\lim_{\Delta x\to0}\frac{\Delta y}{\Delta x}=f'(x_0)$$

因此，如果函数 $f(x)$ 在点 x_0 可微，则 $f(x)$ 在点 x_0 也一定可导，且 $A=f'(x_0)$.

反之，如果 $f(x)$ 在点 x_0 可导，即

$$\lim_{\Delta x\to0}\frac{\Delta y}{\Delta x}=f'(x_0)$$

存在，根据极限与无穷小的关系，上式可写成

$$\frac{\Delta y}{\Delta x}=f'(x_0)+\alpha$$

其中 $\alpha \to 0$(当 $\Delta x \to 0$)，且 $A=f(x_0)$ 是常数，$\alpha \Delta x=o(\Delta x)$，由此有

$$y=f'(x_0)\Delta x+o(\Delta x)$$

且因 $f'(x_0)$ 不依赖于 Δx，故上式相当于

$$y=A\Delta x+o(\Delta x)$$

所以如果函数 $f(x)$ 在点 x_0 可导，则 $f(x)$ 在点 x_0 也一定可微.

在 $f'(x_0)\neq 0$ 的条件下，以微分 $dy=f'(x_0)\Delta x$ 近似代替增量 $\Delta y=f(x_0+\Delta x)-f(x_0)$ 时，其误差为 $o(\Delta x)$，因此，在 $|\Delta x|$ 很小时，有近似等式

$$y\approx dy$$

函数 $y=f(x)$ 在区间内任意点 x 的可微，称函数可微，记作 dy 或 $df(x)$，即

$$dy=f'(x)\Delta x$$

因为当 $y=x$ 时，$dy=dx=(x)'\Delta x=\Delta x$，所以通常把自变量 x 的增量 Δx 称为自变量的微分，记作 dx，即 $dx=\Delta x$. 于是函数 $y=f(x)$ 的微分又可记作

$$dy=f'(x)dx$$

从而有

$$\frac{dy}{dx}=f'(x).$$

这就是说，函数的微分 dy 与自变量的微分 dx 之商等于该函数的导数. 因此，导数也叫做"微商".

【例1】 求函数 $y=x^3$ 当 $x=2$，$\Delta x=0.02$ 时的微分.

解 先求函数在点 x 的微分

$$dy=(x^3)'\Delta x=3x^2\Delta x$$

再求函数当 $x=2$，$\Delta x=0.02$ 时的微分

$$dy=3\times 2^2\times 0.02=0.24$$

3. 微分的几何意义

如图 3-7 所示，对曲线 $y=f(x)$ 上的点 $M(x_0, y_0)$，当变量 x 有增量 Δx 时，可得曲线上另一点 $N(x_0+\Delta x, y_0+\Delta y)$，并有 $MQ=\Delta x$，$NQ=\Delta y$. 过点 M 作曲线的切线 MT，它的倾斜角为 α，则

$$dy=MQ\tan\alpha=f'(x_0)\Delta x$$

当 y 是曲线 $y=f(x)$ 上的点的纵坐标的增量时，dy 就是曲线过点 M 的切线的纵坐标的相应增量，这就是微分的几何意义.

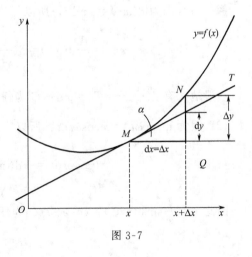

图 3-7

4. 微分的计算

从函数的微分的表达式

$$\mathrm{d}y = f'(x)\mathrm{d}x$$

可以看出，要计算函数的微分，只要计算函数的导数，再乘以自变量的微分．求导的基本公式与运算法则完全适用于微分，因此，不再罗列微分公式和微分运算法则．

【例2】 已知 $y = \sin(2x+1)$，求 $\mathrm{d}y$．

解 把 $2x+1$ 看成中间变量 u，则

$$\mathrm{d}y = \mathrm{d}(\sin u) = \cos u\, \mathrm{d}u = \cos(2x+1)\mathrm{d}(2x+1)$$

$$\cos(2x+1) \times 2\mathrm{d}x = 2\cos(2x+1)\mathrm{d}x$$

在求复合函数的导数时，可以不写出中间变量．

【例3】 已知 $y = \ln(1+\mathrm{e}^{x^2})$，求 $\mathrm{d}y$．

解

$$\mathrm{d}y = \mathrm{d}\ln(1+\mathrm{e}^{x^2}) = \frac{1}{1+\mathrm{e}^{x^2}}\mathrm{d}(1+\mathrm{e}^{x^2})$$

$$= \frac{1}{1+\mathrm{e}^{x^2}}\mathrm{e}^{x^2}\mathrm{d}(x^2) = \frac{1}{1+\mathrm{e}^{x^2}}\mathrm{e}^{x^2} \times 2x\mathrm{d}x = \frac{2x\mathrm{e}^{x^2}}{1+\mathrm{e}^{x^2}}\mathrm{d}x$$

【例4】 已知 $y = \mathrm{e}^{1-3x}\cos x$，求 $\mathrm{d}y$．

解 应用积的微分法则，得

$$\mathrm{d}y = \mathrm{d}(\mathrm{e}^{1-3x}\cos x) = \cos x\, \mathrm{d}(\mathrm{e}^{1-3x}) + \mathrm{e}^{1-3x}\mathrm{d}(\cos x)$$

$$= (\cos x)\mathrm{e}^{1-3x}(-3\mathrm{d}x) + \mathrm{e}^{1-3x}(-\sin x\, \mathrm{d}x)$$

$$= -\mathrm{e}^{1-3x}(3\cos x + \sin x)\mathrm{d}x$$

【例5】 在括号中填入适当的函数，使等式成立．

(1) $\mathrm{d}(\quad) = x\mathrm{d}x$

(2) $\mathrm{d}(\quad) = \cos \omega t\, \mathrm{d}t$

解 (1) 因为 $\mathrm{d}(x^2) = 2x\mathrm{d}x$，所以

$$x\mathrm{d}x = \frac{1}{2}\mathrm{d}(x^2) = \mathrm{d}(\frac{1}{2}x^2)，\text{即}\ \mathrm{d}(\frac{1}{2}x^2) = x\mathrm{d}x$$

一般地，有 $\mathrm{d}(\frac{1}{2}x^2 + C) = x\mathrm{d}x$（$C$ 为任意常数）．

(2) 因为 $\mathrm{d}(\sin \omega t) = \omega\cos \omega t\, \mathrm{d}t$，所以

$$\cos \omega t\, \mathrm{d}t = \frac{1}{\omega}\mathrm{d}(\sin \omega t) = \mathrm{d}(\frac{1}{\omega}\sin \omega t)$$

因此 $\mathrm{d}(\frac{1}{\omega}\sin \omega t + C) = \cos \omega t\, \mathrm{d}t$（$C$ 为任意常数）．

5. 微分在近似计算中的应用

在工程问题中，经常会遇到一些复杂的计算公式．如果直接用这些公式进行计算，那是很费力的．利用微分往往可以把一些复杂的计算公式改用简单的近似公式来代替．

如果函数 $y = f(x)$ 在点 x_0 处的导数 $f'(x) \neq 0$，且 Δx 很小时，有

$$y \approx \mathrm{d}y = f'(x_0) \Delta x$$

$$y = f(x_0 + \Delta x) - f(x_0) \approx \mathrm{d}y = f'(x_0) \Delta x$$

$$f(x_0 + \Delta x) \approx f(x_0) + f'(x_0) \Delta x$$

若令 $x = x_0 + \Delta x$，即 $\Delta x = x - x_0$，那么又有

$$f(x) \approx f(x_0) + f'(x_0)(x - x_0)$$

特别当 $x_0 = 0$ 时，有

$$f(x) \approx f(0) + f'(0)x$$

这些都是近似计算公式．

【例 6】 有一批半径为 1cm 的球，为了提高球面的光洁度，要镀上一层铜，厚度定为 0.01cm．估计一下每只球需用铜多少克(铜的密度是 8.9g/cm³)．

解 已知球体体积为 $V = \dfrac{4}{3}\pi R^3$，$R_0 = 1\text{cm}$，$\Delta R = 0.01\text{cm}$．

镀层的体积为

$$V = V(R_0 + \Delta R) - V(R_0) \approx V'(R_0)\Delta R = 4\pi R_0^2$$

$$\Delta R = 4 \times 3.14 \times 1^2 \times 0.01 = 0.13 (\text{cm}^3)$$

于是镀每只球需用的铜约为

$$0.13 \times 8.9 = 1.16 (\text{g})$$

【例 7】 利用微分计算 $\sin 30°30'$ 的近似值．

解 已知
$$30°30' = \frac{\pi}{6} + \frac{\pi}{360}, \quad x_0 = \frac{\pi}{6}, \quad \Delta x = \frac{\pi}{360}$$

$$\sin 30°30' = \sin(x_0 + \Delta x) \approx \sin x_0 + \Delta x \cos x_0$$

$$= \sin\frac{\pi}{6} + \cos\frac{\pi}{6} \times \frac{\pi}{360} = \frac{1}{2} + \frac{\sqrt{3}}{2} \times \frac{\pi}{360} = 0.5076$$

即
$$\sin 30°30' \approx 0.5076$$

常用的近似公式(假定 $|x|$ 是较小的数值)：

(1) $\sqrt[n]{1+x} \approx 1 + \dfrac{1}{n}x$；

(2) $\sin x \approx x$（x 用弧度作单位来表达）；

(3) $\tan x \approx x$（x 用弧度作单位来表达）；

(4) $\mathrm{e}^{x}\approx 1+x$；

(5) $\ln(1+x)\approx x$.

【例8】 计算 $\sqrt{1.05}$ 的近似值.

解 已知 $\sqrt[n]{1+x}\approx 1+\dfrac{1}{n}x$，所以

$$\sqrt{1.05}=\sqrt{1+0.05}\approx 1+\frac{1}{2}\times 0.05=1.025$$

直接开方的结果是 $\sqrt{1.05}=1.02470$.

四、 模块小结

关键概念：微分；无穷小；微商.

关键技能：理解微分的概念以及微分的几何意义；掌握微分公式与微分法则；掌握微分在近似计算中的应用.

五、 思考与练习

(1) 求下列函数的微分.

① $y=5\cos x$ ② $y=x\sin 3x$

③ $y=\dfrac{1}{2}\ln x$ ④ $y=\sin^{2}7x$

(2) 在括号内填入适当函数(不加任何常数)，使等式成立.

① $\mathrm{d}\ (\quad)=\dfrac{1}{\sqrt{x}}\mathrm{d}x$ ② $\mathrm{d}(\quad)=\mathrm{e}^{-2x}\mathrm{d}x$

 模块3-6 **极值与最值**

一、 教学目的

(1) 掌握函数单调性的判定方法；

(2) 理解极值的概念，并且熟练掌握判定极值的方法；

(3) 掌握闭区间上连续函数最值的求法，以及最值在实际生活中的应用.

二、 知识要求

(1) 函数的单调性；

(2) 函数导数为零的点和导数不存在的点；

(3) 函数的一阶导数和二阶导数.

三、 相关知识

1. 函数单调性

如果函数 $y=f(x)$ 在 $[a,b]$ 上单调增加(单调减少)，那么它的图形是一条沿 x 轴正向上升(下降)的曲线. 这时曲线的各点处的切线斜率是非负的(是非正的)，即 $y'=f'(x)\geqslant$

$0[y'=f'(x)\leqslant 0]$. 由此可见，函数的单调性与导数的符号有着密切的关系.

反过来，能否用导数的符号来判定函数的单调性呢？

定理 1 （函数单调性的判定法）设函数 $y=f(x)$ 在 $[a,b]$ 上连续，在 (a,b) 内可导.

（1）如果在 (a,b) 内 $f'(x)>0$，那么函数 $y=f(x)$ 在 $[a,b]$ 上单调增加；

（2）如果在 (a,b) 内 $f'(x)<0$，那么函数 $y=f(x)$ 在 $[a,b]$ 上单调减少.

2. 函数的极值

定义1

设函数 $f(x)$ 在区间 (a,b) 内有定义，$x_0\in(a,b)$. 如果对 x_0 附近内的任意一点 x_0，有 $f(x)<f(x_0)$，则称 $f(x_0)$ 是函数 $f(x)$ 的一个极大值；如果对 x_0 附近内的任意一点 x_0，有 $f(x)>f(x_0)$，则称 $f(x_0)$ 是函数 $f(x)$ 的一个极小值.

函数的极大值与极小值统称为函数的极值，使函数取得极值的点称为极值点.

函数的极大值和极小值概念是局部性的. 如果 $f(x_0)$ 是函数 $f(x)$ 的一个极大值，那只是就 x_0 附近的一个局部范围来说，$f(x_0)$ 是 $f(x)$ 的一个最大值；如果就 $f(x)$ 的整个定义域来说，$f(x_0)$ 不一定是最大值. 关于极小值也类似.

定理 2 （极值存在的必要条件）设函数 $f(x)$ 在点 x_0 处可导，且在 x_0 处取得极值，那么函数 $f(x)$ 在 x_0 处的导数为零，即 $f'(x_0)=0$.

注意：（1）使导数为零的点[即方程 $f'(x)=0$ 的实根]叫函数 $f(x)$ 的驻点. 定理2就是说：可导函数 $f(x)$ 的极值点必定是函数的驻点. 但反过来，函数 $f(x)$ 的驻点却不一定是极值点. 例如，函数 $f(x)=x^3$ 在 $x=0$ 处的导数等于零，显然，$x=0$ 不是 $f(x)=x^3$ 的极值点.

（2）定理的条件之一是函数在点 x_0 处可导，而导数不存在（但连续）的点也有可能是极值点. 例如，函数 $f(x)=|x|$ 在点 $x=0$ 处不可导，但是函数在该点取得极小值.

怎样判定函数在驻点或不可导点处究竟是否取得极值？如果是的话，究竟取极大值还是极小值呢？下面给出两个判定极值的充分条件.

定理 3 （第一种充分条件）设函数 $f(x)$ 在区间 (a,b) 内连续，$x_0\in(a,b)$，且在区间 (a,x_0) 和 (x_0,b) 内可导.

（1）如果在 (a,x_0) 内 $f'(x)>0$，在 (x_0,b) 内 $f'(x)<0$，那么函数 $f(x)$ 在 x_0 处取得极大值；

（2）如果在 (a,x_0) 内 $f'(x)<0$，在 (x_0,b) 内 $f'(x)>0$，那么函数 $f(x)$ 在 x_0 处取得极小值；

（3）如果在 (a,x_0) 及 (x_0,b) 内 $f'(x)$ 的符号相同，那么函数 $f(x)$ 在 x_0 处没有极值.

定理3也可简单地说：当 x 在 x_0 的邻近渐增地经过 x_0 时，如果 $f'(x)$ 的符号由负变正，那么 $f(x)$ 在 x_0 处取得极小值；如果 $f'(x)$ 的符号由正变负，那么 $f(x)$ 在 x_0 处取得极大值；如果 $f'(x)$ 的符号并不改变，那么 $f(x)$ 在 x_0 处没有极值.

确定极值点和极值的步骤：

（1）求出导数 $f'(x)$；

（2）求出 $f(x)$ 的全部驻点和导数不存在的点；

（3）列表判断[考察 $f'(x)$ 的符号在每个驻点和导数不存在的点的左右邻近的情况，以便确定该点是否是极值点，如果是极值点，还要按定理 3 确定对应的函数值是极大值还是极小值]；

（4）确定出函数的所有极值点和极值．

【例 1】 求函数 $f(x)=(x-4)\sqrt[3]{(x+1)^2}$ 的极值．

解 （1） $f(x)$ 在 $(-\infty,+\infty)$ 内连续，除 $x=-1$ 外处处可导，且 $f'(x)=\dfrac{5(x-1)}{3\sqrt[3]{x+1}}$；8 3 3 8 9 C 3 6

（2）令 $f'(x)=0$，得驻点 $x=1$，$x=-1$ 为 $f(x)$ 的不可导点；8 3 3 8 9 C 3 6

（3）列表判断（见表 3-1）；

表 3-1

x	$(-\infty,-1)$	-1	$(-1,1)$	1	$(1,+\infty)$
$f'(x)$	$+$	不可导	$-$	0	$+$
$f(x)$	↗	0	↘	$-3\sqrt[3]{4}$	↗

（4）极大值为 $f(-1)=0$，极小值为 $f(1)=-3\sqrt[3]{4}$．

定理 4 （第二种充分条件）设函数 $f(x)$ 在点 x_0 处有二阶导数，且 $f'(x_0)=0$，$f''(x_0)\neq 0$，那么

（1）当 $f''(x_0)<0$ 时，函数 $f(x)$ 在 x_0 处取得极大值；

（2）当 $f''(x_0)>0$ 时，函数 $f(x)$ 在 x_0 处取得极小值．

定理 4 表明，如果函数 $f(x)$ 在驻点 x_0 处的二阶导数 $f''(x_0)\neq 0$，那么该点 x_0 一定是极值点，并且可以按二阶导数 $f''(x_0)$ 的符号来判定 $f(x_0)$ 是极大值还是极小值．但如果 $f''(x_0)=0$，定理 4 就不能应用．例如，函数 $f(x)=-x^4$，有 $f'(x)=4x^3$，$f'(0)=0$；$f''(x)=12x^2$，$f''(0)=0$，但 $f(0)$ 是极小值；而函数 $g(x)=x^3$，有 $g'(x)=3x^2$，$g'(0)=0$；$g''(x)=6x$，$g''(0)=0$，但 $g(0)$ 不是极值．

【例 2】 求函数 $f(x)=(x^2-1)^3+1$ 的极值．

解 （1） $f'(x)=6x(x^2-1)^2$．

（2）令 $f'(x)=0$，求得驻点 $x_1=-1$，$x_2=0$，$x_3=1$．

（3） $f''(x)=6(x^2-1)(5x^2-1)$．

（4）因 $f''(0)=6>0$，所以 $f(x)$ 在 $x=0$ 处取得极小值，极小值为 $f(0)=0$．

（5）因 $f''(-1)=f''(1)=0$，用定理 4 无法判别．因为在 -1 的左右邻域内 $f'(x)<0$，所以 $f(x)$ 在 -1 处没有极值；同理，$f(x)$ 在 1 处也没有极值．

3. 最大值和最小值问题

在工农业生产、工程技术及科学实验中，常常会遇到这样一类问题：在一定条件下，怎样使"产品最多""用料最省""成本最低""效率最高"等，这类问题在数学上有时可归结为求某一函数（通常称为目标函数）的最大值或最小值问题．

工程数学

设函数 $f(x)$ 在闭区间 $[a,b]$ 上连续，则函数的最大值和最小值一定存在．函数的最大值和最小值有可能在区间的端点取得，如果最大值不在区间的端点取得，则必在开区间 (a,b) 内取得，在这种情况下，最大值一定是函数的极大值．因此，函数在闭区间 $[a,b]$ 上的最大值一定是函数的所有极大值和函数在区间端点的函数值中最大者．同理，函数在闭区间 $[a,b]$ 上的最小值一定是函数的所有极小值和函数在区间端点的函数值中最小者．因此，求连续函数在闭区间 $[a,b]$ 上最值的步骤：

（1）求出函数 $f(x)$ 在 (a,b) 内的驻点和不可导点；

（2）求出上述各点及两个端点的函数值；

（3）比较这些函数值的大小，其中最大的即是函数 $f(x)$ 在 $[a,b]$ 上的最大值，最小的即是函数 $f(x)$ 在 $[a,b]$ 上的最小值．

【例3】 求函数 $f(x)=\sqrt{4-x^2}$ 在区间 $[-1,2]$ 上的最值．

解 因为 $f'(x)=\dfrac{-2x}{2\sqrt{4-x^2}}=\dfrac{-x}{\sqrt{4-x^2}}$，令 $f'(x)=0$ 得 $x=0$，又

$$f(-1)=\sqrt{3},\ f(0)=2,\ f(2)=0$$

所以函数 $f(x)=\sqrt{4-x^2}$ 在区间 $[-1,2]$ 上的最大值为 $f(0)=2$，最小值为 $f(2)=0$．

【例4】 如图 3-8 所示，工厂铁路线上 AB 段的距离为 100km．工厂 C 距 A 处为 20km，AC 垂直于 AB．为了运输需要，要在 AB 线上选定一点 D 向工厂修筑一条公路．已知铁路每公里货运的运费与公路上每公里货运的运费之比为 $3:5$．为了使货物从供应站 B 运到工厂 C 的运费最省，问 D 点应选在何处？

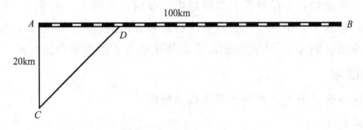

图 3-8

解 设 $AD=x\ (\text{km})$，则 $DB=100-x$，$CD=\sqrt{20^2+x^2}=\sqrt{400+x^2}$．
设从 B 点到 C 点需要的总运费为 y，那么

$$y=5kCD+3kDB（k\ \text{是某个正数}）$$

即 $y=5k\sqrt{400+x^2}+3k(100-x),\ 0\leqslant x\leqslant 100$

现在，问题就归结为：x 在 $[0,100]$ 内取何值时目标函数 y 的值最小．
先求 y 对 x 的导数：

$$y'=k\left(\frac{5x}{\sqrt{400+x^2}}-3\right)$$

解方程 $y'=0$，得 $x=15(\mathrm{km})$.

由于 $y\big|_{x=0}=400k$，$y\big|_{x=15}=380k$，$y\big|_{x=100}=500k\sqrt{1+\dfrac{1}{5^2}}$，其中以 $y\big|_{x=15}=380k$ 为最小，因此当 $AD=x=15\mathrm{km}$ 时，总运费为最省.

注意： 如果函数 $f(x)$ 在一个区间（有限或无限，开或闭）内可导且只有一个驻点 x_0，并且这个驻点 x_0 是函数 $f(x)$ 的极值点，那么，当 $f(x_0)$ 是极大值时，$f(x_0)$ 就是 $f(x)$ 在该区间上的最大值（图 3-9）；当 $f(x_0)$ 是极小值时，$f(x_0)$ 就是 $f(x)$ 在该区间上的最小值（图 3-10）.

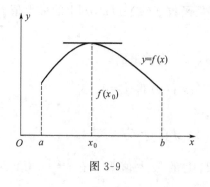

图 3-9

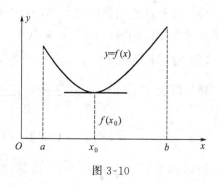

图 3-10

应当指出，实际问题中，往往根据问题的性质就可以断定函数 $f(x)$ 确有最大值或最小值，而且一定在定义区间内部取得. 这时如果 $f(x)$ 在定义区间内部只有一个驻点 x_0，那么不必讨论 $f(x_0)$ 是否是极值，就可以断定 $f(x_0)$ 是最大值或最小值.

四、 模块小结

关键概念： 单调性；一阶导数；二阶导数；极值；最值.

关键技能： 掌握函数单调性的判定方法；理解极值的概念；掌握判定极值的方法；掌握求连续函数在闭区间 $[a,b]$ 上最值的方法以及最值在实际生活中的应用.

五、 思考与练习

（1）利用第一充分条件，判断下列函数的极值.

① $y=x^3-2x^2+4$ ② $y=\sqrt{3x-x^2}$

③ $y=x-\ln(1+x)$ ④ $y=x+\sqrt{1-x}$

（2）利用第二充分条件，判断下列函数的极值.

① $y=4x^3-3x^2-6x+3$ ② $y=(x^2-1)^3+1$

（3）求下列函数的最值.

① $y=3x^3-2x^2$，$-1\leqslant x\leqslant 4$ ② $y=x^4-8x^2+2$，$-1\leqslant x\leqslant 3$

（4）某车间靠墙壁要盖一间长方形小屋，现有存砖只够砌 $20\mathrm{m}$ 长的墙壁，问应围成怎样的长方形才能使这间小屋的面积最大？

（5）已知制作一个背包的成本为 40 元，如果每一个背包的售价为 x 元，售出的背包数由 $n=\dfrac{a}{x-40}+b(80-x)$ 给出，其中 a,b 为正常数，求带来最大利润的售价.

一、 教学目的

(1) 了解罗尔定理；

(2) 重点掌握拉格朗日中值定理以及其几何意义；

(3) 了解拉格朗日中值定理的两个推论．

二、 知识要求

(1) 连续的概念和导数的概念；

(2) 构造辅助函数方法．

三、 相关知识

定理 1 （罗尔定理）如果函数 $y=f(x)$ 在闭区间 $[a,b]$ 上连续，在开区间 (a,b) 内可导，且有 $f(a)=f(b)$，那么在 (a,b) 内至少在一点 ξ，使得 $f'(\xi)=0$．

罗尔定理的几何意义：设有一曲线的两个端点的高度相等，且曲线上除两个端点外，每一点都有不垂直于 x 轴的切线，则曲线上至少有一点的切线平行于 x 轴，如图 3-11 所示．

定理 2 （拉格朗日中值定理）如果函数 $f(x)$ 在闭区间 $[a,b]$ 上连续，在开区间 (a,b) 内可导，那么在 (a,b) 内至少有一点 $\xi(a<\xi<b)$，使得

$$f'(\xi)=\frac{f(b)-f(a)}{b-a}$$

证明　作辅助函数 $\varphi(x)$

令

$$\varphi(x)=f(x)-\frac{f(b)-f(a)}{b-a}x$$

则 $\varphi(x)$ 在闭区间 $[a,b]$ 上连续，在开区间 (a,b) 内可导，且有 $\varphi(a)=\varphi(b)=\dfrac{f(a)b-f(b)a}{b-a}$

于是，有罗尔定理可知，在 (a,b) 内至少存在一点 $\xi(a<\xi<b)$，使得

$$\varphi'(\xi)=f'(\xi)-\frac{f(b)-f(a)}{b-a}=0$$

即

$$f'(\xi)=\frac{f(b)-f(a)}{b-a}\quad(a<\xi<b)$$

$f'(\xi)=\dfrac{f(b)-f(a)}{b-a}$　$(a<\xi<b)$ 也可写成 $f(b)-f(a)=f'(\xi)(b-a)$．

拉格朗日中值定理的几何意义：如果曲线 $y=f(x)$ 在除端点外的每一点都有不垂直于 x 轴的切线，则曲线上至少存在点 ξ，该点的切线平行于两端点的连线 AB，

如图 3-12 所示.

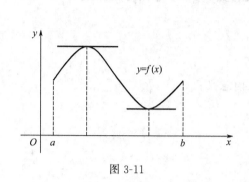

图 3-11

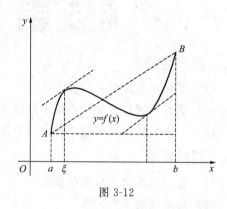

图 3-12

由拉格朗日中值定理容易得到如下两个推论:

推论 1　如果函数 $f(x)$ 在区间 I 上的导数恒为零,那么 $f(x)$ 在区间 I 上是一个常数.

证明　在区间 I 上任取两点 x_1,$x_2(x_1<x_2)$,应用拉格朗日中值定理,就得

$$f(x_2)-f(x_1)=f'(\xi)(x_2-x_1)(x_1<\xi<x_2)$$

由假设,$f'(\xi)=0$,所以 $f(x_2)-f(x_1)=0$,即 $f(x_2)=f(x_1)$.

因为 x_1,x_2 是 I 上任意两点,所以上面的推论表明:如果 $f(x)$ 在 I 上的函数值总是相等的,这就是说,$f(x)$ 在区间 I 上是一个常数.

推论 2　如果函数 $f(x)$ 和 $g(x)$ 在区间 I 上恒有 $f'(x)=g'(x)$,那么在区间 I 上 $f(x)$ 与 $g(x)$ 相差一个常数,即 $f(x)=g(x)+c$(其中 c 为常数).

证明:构造辅助函数 $F(x)=f(x)-g(x)$,所以 $F'(x)=f'(x)-g'(x)=0$,

由推论 1 知,在区间 I 上 $F(x)$ 是一个常数即恒有 $F(x)=c$,

所以 $f(x)-g(x)=c$,故 $f(x)=g(x)+c$.

【例 1】　证明 $\dfrac{x}{1+x}<\ln(1+x)<x(x>0)$

证明　设函数 $f(x)=\ln(x+1)$,$x>0$,则 $f'(x)=\dfrac{1}{x+1}$,由拉格朗日中值定理存在 $\xi\in(0,x)$,使得

$$\ln(x+1)-\ln 1=x\frac{1}{1+\xi}$$

因为
$$\frac{1}{1+x}<\frac{1}{1+\xi}<1$$

所以
$$\frac{x}{1+x}<\ln(1+x)<x$$

四、模块小结

关键概念:罗尔定理;拉格朗日中值定理;连续;可导.

关键技能：了解罗尔定理；重点掌握拉格朗日中值定理以及其几何意义；了解拉格朗日中值定理的两个推论.

五、 思考与练习

(1) 函数 $f(x)=2x^2-x+1$ 在区间 $[-1,3]$ 上满足拉格朗日中值定理的 $\xi=$（　　）.

A. $-\dfrac{3}{4}$　　　　　B. 0　　　　　C. $\dfrac{3}{4}$　　　　　D. 1

(2) 如果函数 $f(x)$ 在闭区间 $[a,b]$ 上连续，在开区间 (a,b) 内可导，且有 $f(a)=f(b)$，那么曲线 $y=f(x)$ 在 (a,b) 内平行于 x 轴的切线（　　）.

A. 仅有一条　　B. 至少一条　　C. 不一定存在　　D. 不存在

模块3-8　导数的应用

一、 教学目的

(1) 掌握使爆破漏斗体积最大的埋藏深度的计算方法；

(2) 会计算使抗弯截面模量最大的横梁截面的宽与高.

二、 知识要求

(1) 导数在最值问题中的应用；

(2) 求导的基本公式和运算法则.

三、 相关知识

1. 计算爆破施工炸药包的埋深

导数知识运用到水利工程和建筑工程施工爆破漏斗的设计、布置. 所谓爆破漏斗，是指在有限介质的爆破，当药包的爆破作用具有使部分介质抛向临空的能量时，往往形成一个倒立的圆锥的爆破坑，形如漏斗，称为爆破漏斗（如图 3-13 所示）. 爆破漏斗的几何特征参数有：最小抵抗线 W，爆破作用半径 R，漏斗底半径 r，可见漏斗深度 P 和抛掷距离 L 等. 爆破漏斗的几何特征反映了药包重量和埋藏深度的关系.

【例 1】 建筑工程采石或取土，常用炸药进行爆破. 实践表明，爆破部分呈倒立圆锥形状，如图 3-14 所示，圆锥的母线长度，即爆破作用半径为 R，圆锥的底面半径，即漏斗底半径为 r，试求炸药包埋藏多深可使爆破体积最大？

解 由题意知，爆破体积 V 为

$$V=\frac{1}{3}\pi h r^2$$

r 与 h 有如下关系

$$r^2=(R^2-h^2)，0<h<R$$

则

$$W=\frac{1}{3}\pi(R^2h-h^3)$$

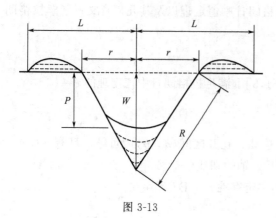

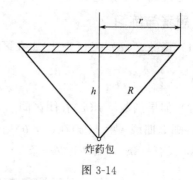

图 3-13   图 3-14

由 $W' = \frac{1}{3}\pi(R^2 - 3h^2) = 0$，得驻点 $h = R\sqrt{\frac{1}{3}}$. 根据最大爆破体积一定存在，而且在

$(0，R)$内部取得；现在函数 $W' = 0$ 在$(0，R)$内只有一个驻点 $h = R\sqrt{\frac{1}{3}}$，所以当 $h =$

$R\sqrt{\frac{1}{3}}$ 时，爆破体积 V 最大，这时 $r = R\sqrt{\frac{2}{3}}$.

2. 研究梁的抗弯截面模量

导数知识应用于梁的弯曲强度的计算、研究. 所谓梁的抗弯截面模量，是反映梁的弯曲强度的一个指标，其值取决于梁截面的形状和尺寸，其值越大梁的强度就越好. 从弯曲强度方面考虑，最合理的截面形状是能用最少的材料获得最大的抗弯截面模量. 在截面面积相同的条件下，矩形截面比方形截面好，方形截面比圆形截面好.

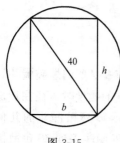

图 3-15

【例 2】 已知矩形截面横梁的抗弯截面模量与它的宽和高的平方之积成正比. 如图 3-15 所示，现在要将一根直径为 40cm 的圆木锯成抗弯截面模量最大的矩形横梁，问矩形横梁截面的宽 b 和高 h 应是多少？

解 由力学分析知道：矩形断面横梁的抗弯截面模量 W 为

$$W = \frac{1}{6}bh^2$$

b 与 h 有如下关系

$$h^2 = (40^2 - b^2)，0 < b < 40$$

则

$$W = \frac{1}{6}(40^2 b - b^3)$$

由 $W' = \frac{1}{6}(40^2 - 3b^2) = 0$，得驻点 $b = 40\sqrt{\frac{1}{3}}$. 根据梁的最大抗弯截面模量一定存

在，而且在$(0，d)$内部取得；现在函数 $W' = 0$ 在$(0，d)$内只有一个驻点 $b = 40\sqrt{\frac{1}{3}}$，所

以当 $b=40\sqrt{\dfrac{1}{3}}$ 时，抗弯截面模量 W 最大，这时 $h=40\sqrt{\dfrac{2}{3}}$.

3. 研究最大利润

【例3】 假设某工厂生产某件产品 x（千件）的成本是 $C(x)=x^3-6x^2+15x$，售出该产品 x 千件的收入是 $R(x)=9x$，问是否存在一个取得最大利润的生产水平？如果存在，求出这个生产水平.

解 由题意知，售出 x 千件产品利润是 $L(x)=C(x)-R(x)$，即

$$L(x)=-x^3+6x^2-6x$$

如果 $L(x)$ 取得最大值，那么它一定在使得 $L'(x)=0$ 的生产水平处获得.

令 $L'(x)=C'(x)-R'(x)=0$，得

$$x^2-4x+2=0$$

解得 $\qquad\qquad x_1=2-\sqrt{2},\ x_2=2+\sqrt{2}$

又 $L''(x)=-6x+12$，$L''(2-\sqrt{2})>0$，$L''(2+\sqrt{2})<0$，所以在 $x_2=2+\sqrt{2}$ 处达到最大利润.

在经济学中，称 $C'(x)$ 为边际成本，$R'(x)=0$ 为边际收入，$L'(x)$ 为边际利润. 从上述结果得出，在最大利润的生产水平上，$C'(x)=R'(x)$，即边际成本等于边际收入.

四、 模块小结

关键概念：爆破漏斗；抗弯截面模量；最大利润.

关键技能：掌握使爆破漏斗体积最大的埋藏深度的计算方法；会计算使抗弯截面模量最大的横梁截面的宽与高.

五、 思考与练习

（1）如图 3-15 所示，将一根直径为 d 的圆木锯成截面为矩形横梁，问矩形横梁截面的宽 b 和高 h 应该如何选择才能使梁的抗弯截面模量最大？

（2）某产品的需求函数为 $P=40-4Q$，总成本函数为 $C(Q)=2Q^2+4Q+10$，求厂方取得最大利润时产品的产出量和单价.

复习题

1. 求下列函数在给定点处的导数值.

（1）已知 $f(x)=x^2+\cos^2 x$，求 $f'(0)$；

（2）已知 $f(x)=\dfrac{3}{5-x}+\dfrac{x^2}{5}$，求 $f'(0)$.

2. 求下列函数的导数.

（1）$y=\tan x+\log_2 x$　　　　　　　　（2）$y=(x^2-2)\sin x$

（3）$y=x\mathrm{e}^x-\mathrm{e}^x$　　　　　　　　　　（4）$y=\dfrac{2-\ln x}{2+\ln x}$

3. 过点 $M(1，1)$ 作抛物线 $y = 3 - x^2$ 的切线，求切线方程.

4. 求下列函数的导数.

(1) $y = \ln(\tan x)$ (2) $y = \sin e^x$

(3) $y = \dfrac{1 + \cos x}{1 - \cos x}$ (4) $y = x \ln x - x (x - 1)$

5. 求下列函数的导数.

(1) $y = 3^{2x}$ (2) $y = \sin 6x$

(3) $y = \sin^2 x$ (4) $y = (2x - 3)^5$

(5) $y = (\ln x)^2$ (6) $y = e^{\sin x}$

(7) $y = \ln(\ln x)$ (8) $y = \ln(x^2 + 1)$

(9) $y = \arctan \sqrt{x}$ (10) $y = \arctan \dfrac{1 - x}{1 + x}$

6. 求由方程所确定的隐函数 y 对 x 的导数.

(1) $x^2 + 4xy - 6y^3 = 8$ (2) $e^y - y \sin x = e$

7. 求由参数方程 $\begin{cases} x = \arctan t, \\ y = \ln(1 + t^2) \end{cases}$ 所确定函数的导数 $\dfrac{\mathrm{d}y}{\mathrm{d}x}$.

8. 求下列函数的极值.

(1) $f(x) = x^3 - 3x$ (2) $y = x - \ln(1 + x)$

(3) $y = x + \sqrt{1 - x}$ (4) $y = x^2 e^{-x}$

9. 求下列函数在指定区间的最大值和最小值.

(1) $f(x) = x^3 - 3x,\ x \in [0, 2]$ (2) $f(x) = x + \sqrt{1 - x},\ x \in [-5, 1]$

(3) $f(x) = \ln(1 + x^2),\ x \in [-1, 2]$ (4) $f(x) = \cos x + \sin x,\ x \in \left[-\dfrac{\pi}{2}, \dfrac{\pi}{2}\right]$

10. 某超市年销售某商品 5000 台，每次进货费用 40 元，每台单价和库存保管费率分别为 200 元和 20%，求最优批量使总费用最小.

知识链接

拉格朗日中值定理的应用

定理（拉格朗日中值定理）如果函数 $f(x)$ 在闭区间 $[a, b]$ 上连续，在开区间 (a, b) 内可导，那么在 (a, b) 内至少有一点 ξ（$a < \xi < b$），使得

$$f(\xi) = \frac{f(b) - f(a)}{b - a}$$

推论 1 如果函数 $f(x)$ 在区间 I 上的导数恒为零，那么 $f(x)$ 在区间 I 上是一个常数.

推论2　如果函数 $f(x)$ 和 $g(x)$ 在区间 I 上恒有 $f'(x)=g'(x)$，那么在区间 I 上 $f(x)$ 与 $g(x)$ 相差一个常数，即 $f(x)=g(x)+c$（其中 c 为常数）.

1. 拉格朗日中值定理在求极限中应用

对于函数极限表达式当中出现拉格朗日中值定理中的 $f(b)-f(a)$ 或 $\dfrac{f(b)-f(a)}{b-a}$ 形式出现时，先用拉格朗日中值定理将极限进行转化，然后再求解，可达到化繁为简的效果.

【例1】　求极限 $\lim\limits_{x\to+\infty}(\cos\sqrt{x+1}-\cos\sqrt{x})$

解　令 $f(t)=\cos\sqrt{t}$，当 $t>0$ 时，显然有 $f(t)$ 在 $[x,x+1]$ 上满足拉格朗日中值定理，得

$$\cos\sqrt{x+1}-\cos\sqrt{x}=(-\sin\sqrt{\xi})\frac{1}{2\sqrt{\xi}},\ x<\xi<x+1$$

所以　$\lim\limits_{x\to+\infty}(\cos\sqrt{x+1}-\cos\sqrt{x})=\lim\limits_{\xi\to+\infty}(-\sin\sqrt{\xi})\dfrac{1}{2\sqrt{\xi}}=0$

【例2】　求极限 $\lim\limits_{x\to+\infty}x^2[\ln\arctan(x+1)-\ln\arctan x]$

解　令 $f(t)=\ln\arctan t$，当 $t>0$ 时，显然有 $f(t)$ 在 $[x,x+1]$ 上满足拉格朗日中值定理，得

$$\ln\arctan(x+1)-\ln\arctan x=\frac{1}{\arctan\xi}\times\frac{1}{1+\xi^2},\ x<\xi<x+1$$

所以　$\lim\limits_{x\to+\infty}x^2[\ln\arctan(x+1)-\ln\arctan x]$

$$=\lim\limits_{x\to+\infty}\frac{1}{\arctan\xi}\times\frac{x^2}{1+\xi^2}=\frac{2}{\pi}$$

其中 $\dfrac{x^2}{1+x^2}>\dfrac{x^2}{1+\xi^2}>\dfrac{x^2}{1+(1+x)^2}$，而 $\lim\limits_{x\to+\infty}\dfrac{x^2}{1+x^2}=\lim\limits_{x\to+\infty}\dfrac{x^2}{1+(1+x)^2}=1$，由夹逼定理得：$\lim\limits_{x\to+\infty}\dfrac{x^2}{1+\xi^2}=1$

同理得：　$\lim\limits_{x\to+\infty}\dfrac{1}{\arctan\xi}=\dfrac{2}{\pi}$

2. 拉格朗日中值定理在证明不等式中的应用

【例3】　证明 $|\sin x-\sin y|\leqslant|x-y|$

证明　令 $f(x)=\sin x$，则 $f'(x)=\cos x$，由拉格朗日中值定理得

$$\sin x-\sin y=\cos\xi(x-y),\ x<\xi<y$$

两边同时去绝对值得

$$|\sin x-\sin y|=|\cos\xi(x-y)|\leqslant|\cos\xi|\times|x-y|$$

又因为　　　　　　　　　　　$|\cos\xi|\leqslant1$

所以　　　　　　　　　　$|\sin x-\sin y|\leqslant|x-y|$

【例4】　证明 $\dfrac{b-a}{b}<\ln\dfrac{b}{a}<\dfrac{b-a}{a}$（$0<a<b$）

证明 设函数 $f(x) = \ln x$ ($x > 0$)，则 $f'(x) = \dfrac{1}{x}$. 由拉格朗日中值定理存在 $\xi \in (a, b)$，使得

$$\ln \frac{b}{a} = \ln b - \ln a = \frac{1}{\xi}(b - a)$$

因为

$$\frac{1}{b} < \frac{1}{\xi} < \frac{1}{a}$$

所以

$$\frac{1}{b}(b - a) < \ln \frac{b}{a} < \frac{1}{a}(b - a)$$

即

$$\frac{b - a}{b} < \ln \frac{b}{a} < \frac{b - a}{a}.$$

3. 拉格朗日定理在证明函数连续中的应用

【例5】 证明：若函数 $f(x)$ 在区间 (a, b) 内有有界的导函数 $f'(x)$，则 $f(x)$ 在 (a, b) 中一致连续.

证明 由题可知，当 $x \in (a, b)$ 时，存在 m 使得 $|f'(x)| \leq m$，对任意的 $x_1, x_2 \in (a, b)$，$f(x)$ 满足拉格朗日中值定理，故存在 $\xi \in (x_1, x_2)$，有

$$f(x_2) - f(x_1) = f'(\xi)(x_2 - x_1)$$

对于 $\forall \xi > 0$，取 $\delta = \dfrac{\xi}{m}$，则当 $x_1, x_2 \in (a, b)$ 时，且 $|x_2 - x_1| < \delta$，则有

$$|f(x_2) - f(x_1)| = |f'(\xi)(x_2 - x_1)| \leq m|x_2 - x_1| < \xi$$

由一致连续的定义可知，$f(x)$ 在 (a, b) 中一致连续.

项目四

一元函数积分

学习目标

一、 知识目标

(1) 掌握原函数、 不定积分的基本概念;

(2) 掌握基本的不定积分公式以及不定积分的换元法、 分部积分法;

(3) 掌握定积分与积分上限函数的概念;

(4) 掌握牛顿-莱布尼茨公式以及定积分的积分方法;

(5) 掌握广义积分的概念与计算方法;

(6) 掌握定积分元素法.

二、 能力目标

(1) 会正确使用换元法与分部积分法计算不定积分与定积分;

(2) 会计算广义积分;

(3) 会正确使用定积分元素法解决一些实际问题.

项目概述

积分是科学技术以及自然科学各个分支中最重要的数学工具, 在几何、 物理、 经济等领域具有广泛应用.

本项目主要包括不定积分、 定积分、 广义积分的概念与计算方法以及定积分元素法在一些实际问题中的应用. 该部分内容也是学习二重积分等后续数学知识和其他专业知识的基础和工具.

项目实施

模块4-1 不定积分的概念与性质

一、 教学目的

(1) 理解原函数、不定积分的概念与性质;

（2）掌握基本不定积分分式；

（3）掌握不定积分的一些直接计算方法．

二、 知识要求

（1）学生对原函数、不定积分的概念与性质有较熟悉的认识；

（2）学生能够正确地熟记基本积分公式；

（3）学生能够正确利用直接积分法计算一些简单函数的不定积分．

三、 相关知识

1. 原函数与不定积分

在物理学中，质点沿直线运动时，通常会考虑两个方面的问题：一是已知路程函数求质点的运动速度，这是导数（或微分）问题；二是已知运动速度求质点的路程函数，这是积分问题．从数学角度来看，它的实质是：已知函数 $f(x)$，求一个函数 $F(x)$ 使得 $F'(x)=f(x)$，这样的 $F(x)$ 称为 $f(x)$ 的一个原函数．原函数的一般定义如下：

定义1

设 $f(x)$ 是定义在区间 I（有限或无穷）上的已知函数，如果存在可导函数 $F(x)$，使得对区间 I 上任意一点 x，恒有

$$F'(x)=f(x) \text{ 或 } dF(x)=f(x)dx$$

则称函数 $F(x)$ 是 $f(x)$ 在区间 I 上的一个原函数．

例如，设 $f(x)=\sin x$，因为在 $(-\infty,+\infty)$ 上，$(-\cos x)'=\sin x$，所以 $F(x)=-\cos x$ 是 $f(x)$ 的一个原函数．易知 $1-\cos x$、$\pi-\cos x$ 等也是 $f(x)$ 的原函数．

显然，如果 $f(x)$ 存在一个原函数 $F(x)$，则对任意常数 C，$F(x)+C$ 仍是 $F(x)$ 的原函数，并且容易证明 $F(x)+C$（C 是任意常数）包含了 $f(x)$ 的全体原函数．

定义2

在区间 I 上，函数 $f(x)$ 的全体原函数称为 $f(x)$ 在区间 I 上的不定积分，记作

$$\int f(x)dx$$

其中记号 "$\int$" 称为积分号，$f(x)$ 称为被积函数，$f(x)dx$ 称为被积表达式，x 称为积分变量．

根据不定积分定义，如果 $F(x)$ 是 $f(x)$ 在区间 I 上的一个原函数，那么 $F(x)+C$ 就是 $f(x)$ 在区间 I 上的不定积分，即

$$\int f(x)dx=F(x)+C$$

【例1】 求不定积分 $\int x^2 dx$

解 因为 $\left(\frac{1}{3}x^3\right)'=x^2$，所以 $\frac{1}{3}x^3$ 是 x^2 的一个原函数，从而有

$$\int x^2 \mathrm{d}x = \frac{1}{3}x^3 + C$$

【例2】 求不定积分 $\int \frac{1}{x} \mathrm{d}x$

解 当 $x > 0$ 时，因 $(\ln x)' = \frac{1}{x}$，所以 $\ln x$ 是 $\frac{1}{x}$ 在 $(0, +\infty)$ 内的一个原函数，因此在 $(0, +\infty)$ 内有

$$\int \frac{1}{x} \mathrm{d}x = \ln x + C$$

当 $x < 0$ 时，因 $[\ln(-x)]' = \frac{1}{-x}(-1) = \frac{1}{x}$，所以 $\ln(-x)$ 是 $\frac{1}{x}$ 在 $(-\infty, 0)$ 内的一个原函数，因此在 $(-\infty, 0)$ 内有

$$\int \frac{1}{x} \mathrm{d}x = \ln(-x) + C$$

把上述两个结果合并起来，则对任意的 $x \neq 0$ 有

$$\int \frac{1}{x} \mathrm{d}x = \ln|x| + C$$

2. 不定积分的性质

由不定积分定义，若 $F(x)$ 是 $f(x)$ 的一个原函数，即 $F'(x) = f(x)$ 或 $\mathrm{d}F(x) = f(x)\mathrm{d}x$，则 $\left[\int f(x)\mathrm{d}x\right]' = [F(x) + C]' = F'(x) = f(x)$，故有

性质1 $\left[\int f(x)\mathrm{d}x\right]' = f(x)$ 或 $\mathrm{d}\left[\int f(x)\mathrm{d}x\right] = f(x)\mathrm{d}x$

由于 $f(x)$ 是 $f'(x)$ 的一个原函数，所以又有

性质2 $\int f'(x)\mathrm{d}x = f(x) + C$ 或 $\int \mathrm{d}f(x) = f(x) + C$

说明：由性质1和性质2可以看到**微分运算与积分运算是"互逆的"**. 两个运算合在一起时，"$\mathrm{d}\int$"完全抵消，"$\int\mathrm{d}$"抵消后相差一个任意常数.

性质3 被积函数中的非零常数因子可以提到积分号外面，即

$$\int kf(x)\mathrm{d}x = k\int f(x)\mathrm{d}x \, (k \neq 0 \text{ 是常数})$$

证明 由于 $\left[k\int f(x)\mathrm{d}x\right]' = k\left[\int f(x)\mathrm{d}x\right]' = kf(x)$，因此 $k\int f(x)\mathrm{d}x$ 是 $kf(x)$ 的一个原函数. 又积分号含有任意常数，因此 $k\int f(x)\mathrm{d}x$ 是 $kf(x)$ 的不定积分.

性质4 两个函数代数和的不定积分等于每个函数不定积分的代数和，即

$$\int [f(x) \pm g(x)] dx = \int f(x) dx \pm \int g(x) dx$$

性质 4 类似性质 3 可证.

性质 4 还可以推广到有限多个函数的代数和的情形:

$$\int [f_1(x) \pm f_2(x) \pm \cdots \pm f_n(x)] dx = \int f_1(x) dx \pm \int f_2(x) dx \pm \cdots \pm \int f_n(x) dx$$

3. 基本积分公式

由性质 1 和性质 2 知不定积分与微分互为"逆运算",因此只要将基本初等函数的微分公式倒推,就可以得到相应的基本积分公式. 例如,对于微分公式

$$d \arctan x = \frac{1}{1+x^2} dx$$

两边作积分运算就有 $\int d \arctan x = \int \frac{1}{1+x^2} dx$

由此即得积分公式 $\int \frac{1}{1+x^2} dx = \arctan x + C$

因此由基本初等函数的微分公式可以得到以下基本积分公式表:

(1) $\int k \, dx = kx + C$(k 为常数)
(2) $\int x^\mu \, dx = \frac{x^{\mu+1}}{\mu+1} + C$($\mu \neq -1$)

(3) $\int \frac{dx}{x} = \ln|x| + C$
(4) $\int a^x \, dx = \frac{a^x}{\ln a} + C$

(5) $\int e^x \, dx = e^x + C$
(6) $\int \sin x \, dx = -\cos x + C$

(7) $\int \cos x \, dx = \sin x + C$
(8) $\int \frac{dx}{\cos^2 x} = \int \sec^2 x \, dx = \tan x + C$

(9) $\int \frac{dx}{\sin^2 x} = \int \csc^2 x \, dx = -\cot x + C$
(10) $\int \sec x \tan x \, dx = \sec x + C$

(11) $\int \csc x \cot x \, dx = -\csc x + C$
(12) $\int \frac{1}{\sqrt{1-x^2}} dx = \arcsin x + C$

(13) $\int \frac{1}{\sqrt{1+x^2}} dx = \arctan x + C$

基本积分公式是计算不定积分的基础,读者务必熟记. 利用基本不定积分公式和不定积分性质可以求一些简单函数的不定积分.

【例 3】 求 $\int (4x^3 + \frac{2}{\sqrt{x}} + 5\sin x) dx$

解 $\int (4x^3 + \frac{2}{\sqrt{x}} + 5\sin x) dx = \int 4x^3 \, dx + \int 2x^{-\frac{1}{2}} \, dx + \int 5\sin x \, dx$

$$=4\int x^3 \, dx + 2\int x^{-\frac{1}{2}} \, dx + 5\int \sin x \, dx$$

$$=x^4 + 4\sqrt{x} - 5\cos x + C$$

说明：上例中等式右端的三个不定积分都有一个任意常数，因为有限多个任意常数的代数和仍是一个任意常数，所以上式只写出一个任意常数.

【例4】 求 $\displaystyle\int \frac{(x-1)^2}{x\sqrt[3]{x}} \, dx$

解

$$\int \frac{(x-1)^2}{x\sqrt[3]{x}} \, dx = \int \frac{x^2 - 2x + 1}{x^{\frac{4}{3}}} \, dx = \int \left(x^{\frac{2}{3}} - 2x^{\frac{1}{3}} + x^{-\frac{4}{3}}\right) dx$$

$$=\int x^{\frac{2}{3}} \, dx - 2\int x^{\frac{1}{3}} \, dx + \int x^{-\frac{4}{3}} \, dx$$

$$=\frac{3}{5}x^{-\frac{5}{3}} - \frac{3}{2}x^{-\frac{4}{3}} - 3x^{-\frac{1}{3}} + C$$

【例5】 求 $\displaystyle\int \frac{x^4}{1+x^2} \, dx$

解

$$\int \frac{x^4}{1+x^2} \, dx = \int \frac{(x^4 - 1) + 1}{1+x^2} \, dx = \int \frac{(x^2 - 1)(x^2 + 1) + 1}{1+x^2} \, dx$$

$$=\int \left[(x^2 - 1) + \frac{1}{1+x^2}\right] dx = \frac{1}{3}x^3 - x + \arctan x + C$$

【例6】 求 $\displaystyle\int \frac{1}{x^4 + x^6} \, dx$

解

$$\int \frac{1}{x^4 + x^6} \, dx = \int \frac{(1-x^4) + x^4}{x^4(1+x^2)} \, dx = \int \left(\frac{1-x^2}{x^4} + \frac{1}{1+x^2}\right) dx$$

$$=\int \left(x^{-4} - x^{-2} + \frac{1}{1+x^2}\right) dx = -\frac{1}{3x^3} + \frac{1}{x} + \arctan x + C$$

【例7】 求 $\displaystyle\int \tan^2 x \, dx$

解

$$\int \tan^2 x \, dx = \int (\sec^2 x - 1) \, dx = \tan x - x + C$$

【例8】 求 $\displaystyle\int \frac{1}{\sin^2 x \cos^2 x} \, dx$

解

$$\int \frac{1}{\sin^2 x \cos^2 x} \, dx = \int \frac{\sin^2 x + \cos^2 x}{\sin^2 x \cos^2 x} \, dx$$

$$=\int (\sec^2 x + \csc^2 x) \, dx = \tan x - \cot x + C$$

说明：上面几例表明，在计算不定积分时，有时须对被积函数进行代数恒等变形（如加减项、展开等）或三角恒等变形，这是计算不定积分的常用手段之一.

【例9】 设曲线通过 $(1,2)$，且其上任意点 (x,y) 处的切线斜率等于这点横坐标的两倍，求此曲线的方程.

解　设曲线方程为 $y=f(x)$，则由题设条件有 $f'(x)=2x$，$f(1)=2$，于是

$$f(x)=\int 2x\,\mathrm{d}x=x^2+C$$

又由 $f(1)=2$ 知 $C=1$，从而 $f(x)=x^2+1$.

说明：本例表明不定积分具有明显几何意义，即 $\int f(x)\,\mathrm{d}x$ 在平面上表示的是一簇曲线 [称为被积函数 $f(x)$ 的积分曲线簇]，如图 4-1 所示，其中 $F(x)$ 是 $f(x)$ 的一个原函数. 其特点是：在横坐标相同的各点处，各积分曲线的切线斜率相等，都是 $f(x)$.

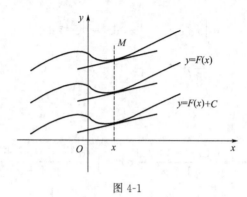

图 4-1

四、 思考与练习

(1) 求下列不定积分.

① $\displaystyle\int \frac{(x-1)^3}{x^2}\mathrm{d}x$

② $\displaystyle\int \frac{x^2}{1+x^2}\mathrm{d}x$

③ $\displaystyle\int \frac{1}{x\sqrt[3]{x\sqrt{x}}}\mathrm{d}x$

④ $\displaystyle\int \frac{5^x-2^x}{3^x}\mathrm{d}x$

⑤ $\displaystyle\int \frac{1+2x^2}{x^2(1+x^2)}\mathrm{d}x$

⑥ $\displaystyle\int \frac{x^4-2}{x^2+1}\mathrm{d}x$

⑦ $\displaystyle\int \frac{\cos 2x}{\sin^2 x\cos^2 x}\mathrm{d}x$

⑧ $\displaystyle\int \frac{1-\cos^3 x}{\cos^2 x}\mathrm{d}x$

⑨ $\displaystyle\int (\sin\frac{x}{2}+\cos\frac{x}{2})^2\mathrm{d}x$

⑩ $\displaystyle\int \frac{1+\cos^2 x}{1+\cos 2x}\mathrm{d}x$

⑪ $\displaystyle\int \frac{1+\sin 2x}{\sin x+\cos x}\mathrm{d}x$

⑫ $\displaystyle\int \sec x(\sec x-\tan x)\mathrm{d}x$

(2) 已知 $\displaystyle\int f(x)\mathrm{d}x=x\arctan x+C$，求 $f(x)$.

(3) 设 $x\ln x$ 是函数 $f(x)$ 的一个原函数，求 $\displaystyle\int f'(x)\mathrm{d}x$.

(4) 在下列等式的横线上填上适当的函数或系数，使等式成立：

① $x\mathrm{d}x=$ ＿＿＿＿ $\mathrm{d}(2x^2+1)$

② $\cos 5x\mathrm{d}x=$ ＿＿＿＿ $\mathrm{d}\sin 5x$

③ $\dfrac{1}{\sqrt{x}}\mathrm{d}x=$ ＿＿＿＿ $\mathrm{d}\sqrt{x}$

④ $\dfrac{1}{x^2}\mathrm{d}x=$ ＿＿＿＿ $\mathrm{d}\dfrac{1}{x}$

模块4-2 不定积分的积分方法

一、 教学目的

(1) 理解第一类换元法、第二类换元法以及分部积分法的思想方法；

(2) 知道第二类换元法计算积分的被积函数类型；

(3) 能针对两种不同类型函数之积的被积函数，正确选取一类函数凑微分.

二、 知识要求

(1) 学生能够正确利用一些常用凑微分计算一些复合函数的不定积分；

(2) 学生能够正确掌握第二类换元法的函数类型与基本过程；

(3) 学生能够正确掌握分部积分公式计算不定积分.

三、 相关知识

能直接利用基本积分公式计算的不定积分是十分有限的，因此有必要探索计算不定积分的新方法. 本节介绍换元积分法与分部积分法，换元积分法又可分为第一类换元法和第二类换元法.

1. 第一类换元积分法

第一类换元法(又称凑微分法)是与微分学中复合函数微分法则相对应的积分方法. 根据微分形式不变性，基本积分公式中的积分变量，既可以是自变量，也可以是中间变量，这为计算复合函数的积分提供了可能. 例如，求 $\int \cos(3x+2)\mathrm{d}x$，可以将公式 $\int \cos x \, \mathrm{d}x = \sin x + C$ 中的 x 用中间变量 $u = 3x + 1$ 置换，便得到积分公式

$$\int \cos(3x+2)\mathrm{d}(3x+2) = \sin(3x+2) + C$$

与所求积分相比较，只是 $\mathrm{d}x$ 与 $\mathrm{d}(3x+2)$ 的差别. 注意到 $\mathrm{d}(3x+2) = 3\mathrm{d}x$，把所求积分中的 $\mathrm{d}x$ 凑成 $\frac{1}{3}\mathrm{d}(3x+2)$ 就有

$$\int \cos(3x+2)\mathrm{d}x = \frac{1}{3}\int \cos(3x+2)\mathrm{d}(3x+2) = \frac{1}{3}\sin(3x+2) + C$$

一般地，若 $f(u)$ 具有原函数 $F(u)$，即 $\int f(u)\mathrm{d}u = F(u) + C$，$u = \varphi(x)$ 为可导函数，则有换元公式

$$\int f[\varphi(x)]\varphi'(x)\mathrm{d}x = \int f[\varphi(x)]\mathrm{d}\varphi(x)$$

$$= \int f(u)\mathrm{d}u = F(u) + C = F[\varphi(x)] + C$$

并称之为第一换元积分法.

说明：公式中，由 $\varphi'(x)\mathrm{d}x$ 到微分 $\mathrm{d}\varphi(x)$ 这一过程称为凑微分，是解题的关键，也是难点之所在，因此第一换元积分法有时也称为凑微分法.

【例1】 求 $\displaystyle\int (2x+1)^9\mathrm{d}x$

解 注意到

$$\int (2x+1)^9\mathrm{d}x = \frac{1}{2}\int (2x+1)^9\mathrm{d}(2x+1)$$

所以令 $u=2x+1$，就有

$$\int (2x+1)^9\mathrm{d}x = \frac{1}{2}\int u^9\mathrm{d}u = \frac{1}{20}u^{10}+C = \frac{1}{20}(2x+1)^{10}+C$$

注：有了凑微分这一步，对不定积分作换元 $u=\varphi(x)$ 就是自然的，所以在基本积分公式熟练时，换元这一步可略去. 但是若作了换元，就必须要"回元"，即由中间积分变量 u 换回到原积分变量 x.

【例2】 求 $\displaystyle\int \frac{\sin\sqrt{x}}{\sqrt{x}}\mathrm{d}x$

解 $$\int \frac{\sin\sqrt{x}}{\sqrt{x}}\mathrm{d}x = 2\int \sin\sqrt{x}\,\mathrm{d}\sqrt{x} = -2\cos\sqrt{x}+C$$

【例3】 求 $\displaystyle\int \frac{x}{\sqrt{1+x^2}}\mathrm{d}x$

解 $$\int \frac{x}{\sqrt{1+x^2}}\mathrm{d}x = \frac{1}{2}\int (1+x^2)^{-\frac{1}{2}}\mathrm{d}(1+x^2) = \sqrt{1+x^2}+C$$

【例4】 求 $\displaystyle\int \frac{1}{x(2-3\ln x)}\mathrm{d}x$

解 $$\int \frac{1}{x(2-3\ln x)}\mathrm{d}x = -\frac{1}{3}\int \frac{\mathrm{d}(2-3\ln x)}{2-3\ln x} = -\frac{1}{3}\ln|2-3\ln x|+C$$

以上几例都是直接用凑微分法求不定积分的，根据基本积分公式，下面介绍几个常用的凑微分等（其中 a,b 为常数，$a\neq 0$）。

$$\mathrm{d}x = \frac{1}{a}\mathrm{d}(ax+b) \qquad x\mathrm{d}x = \frac{1}{2a}\mathrm{d}(ax^2+b) \qquad \frac{1}{\sqrt{x}}\mathrm{d}x = 2\mathrm{d}\sqrt{x}$$

$$\frac{1}{x^2}\mathrm{d}x = -\mathrm{d}\frac{1}{x} \qquad \frac{1}{x}\mathrm{d}x = \frac{1}{a}\mathrm{d}(a\ln x+b)(x>0) \qquad \mathrm{e}^x\mathrm{d}x = \mathrm{d}\mathrm{e}^x$$

$$\cos x\,\mathrm{d}x = \mathrm{d}\sin x \qquad \sin x\,\mathrm{d}x = -\mathrm{d}\cos x \qquad \sec^2 x\,\mathrm{d}x = \mathrm{d}\tan x$$

$$\csc^2 x\,\mathrm{d}x = -\mathrm{d}\cot x \qquad \frac{1}{1+x^2}\mathrm{d}x = \mathrm{d}\arctan x \qquad \frac{1}{1-x^2}\mathrm{d}x = \mathrm{d}\arcsin x$$

【例5】 求 $\displaystyle\int \frac{1}{a^2+x^2}\mathrm{d}x$，$(a\neq 0)$

解 $$\int \frac{1}{a^2+x^2}\mathrm{d}x=\frac{1}{a}\int \frac{1}{1+(\frac{x}{a})^2}\mathrm{d}\frac{x}{a}=\frac{1}{a}\arctan\frac{x}{a}+C$$

【例6】 求 $\int \dfrac{1}{\sqrt{a^2+x^2}}\mathrm{d}x$ ，$(a>0)$

解 $$\int \frac{1}{\sqrt{a^2-x^2}}\mathrm{d}x=\int \frac{1}{\sqrt{1-(\frac{x}{a})^2}}\mathrm{d}\frac{x}{a}=\arcsin\frac{x}{a}+C$$

注：例5、例6可以作为公式使用．

【例7】 求 $\int \dfrac{1}{\sqrt{1+2x-x^2}}\mathrm{d}x$

解
$$\int \frac{1}{\sqrt{1+2x-x^2}}\mathrm{d}x=\int \frac{1}{\sqrt{2-(x-1)^2}}\mathrm{d}(x-1)$$
$$=\int \frac{1}{\sqrt{1-(\frac{x-1}{\sqrt{2}})^2}}\mathrm{d}\left(\frac{x-1}{\sqrt{2}}\right)=\arcsin\frac{x-1}{\sqrt{2}}+C$$

【例8】 求 $\int \dfrac{1}{\mathrm{e}^x+\mathrm{e}^{-x}}\mathrm{d}x$

解 $$\int \frac{1}{\mathrm{e}^x+\mathrm{e}^{-x}}\mathrm{d}x=\int \frac{\mathrm{e}^x}{1+\mathrm{e}^{2x}}\mathrm{d}x=\int \frac{\mathrm{d}\mathrm{e}^x}{1+(\mathrm{e}^x)^2}=\arctan\mathrm{e}^x+C$$

【例9】 求 $\int \sec^4 x\,\mathrm{d}x$

解 $$\int \sec^4 x\,\mathrm{d}x=\int \sec^2 x\cdot\sec^2 x\,\mathrm{d}x=\int (1+\tan^2 x)\mathrm{d}\tan x=\tan x+\frac{1}{3}\tan^3 x+C$$

【例10】 求 $\int \cos^2 x\,\mathrm{d}x$

解 $$\int \cos^2 x\,\mathrm{d}x=\int \frac{1+\cos 2x}{2}\mathrm{d}x=\int \frac{1}{2}\mathrm{d}x+\frac{1}{4}\int \cos 2x\,\mathrm{d}2x=\frac{1}{2}x+\frac{1}{4}\sin 2x+C$$

【例11】 求 $\int \tan x\,\mathrm{d}x$

解 $$\int \tan x\,\mathrm{d}x=\int \frac{\sin x}{\cos x}\mathrm{d}x=-\int \frac{\mathrm{d}\cos x}{\cos x}=-\ln|\cos x|+C=\ln|\sec x|+C$$

类似地可求得

$$\int \cot x\,\mathrm{d}x=\ln|\sin x|+C$$

【例 12】 求 $\int \sec x \, \mathrm{d}x$

解　**方法 1：**
$$\int \sec x \, \mathrm{d}x = \int \frac{\cos x}{\cos^2 x} \mathrm{d}x = \int \frac{\mathrm{d}\sin x}{1 - \sin^2 x} = \frac{1}{2} \ln \left| \frac{1 + \sin x}{1 - \sin x} \right| + C$$

$$= \frac{1}{2} \ln \left| \frac{(1 + \sin x)^2}{\cos^2 x} \right| + C = \ln | \sec x + \tan x | + C$$

方法 2：
$$\int \sec x \, \mathrm{d}x = \int \sec x \, \frac{\sec x + \tan x}{\sec x + \tan x} \mathrm{d}x = \int \frac{\sec^2 x + \sec x \cdot \tan x}{\sec x + \tan x} \mathrm{d}x$$

$$= \int \frac{\mathrm{d}(\sec x + \tan x)}{\sec x + \tan x} = \ln | \sec x + \tan x | + C$$

类似地可求得

$$\int \csc x \, \mathrm{d}x = \int \frac{1}{\sin x} \mathrm{d}x = \ln | \csc x - \cot x | + C$$

注： 例 11、例 12 可以作为公式使用.

2. 第二类换元积分法

第一类换元积分法是先对不定积分 $\int f(x) \mathrm{d}x$ 凑好微分后，再作变量替换. 但有时先凑微分可能无法实现或不容易凑得所需要的微分，这时可以考虑先作适当的换元 $x = \varphi(t)$，看得到的关于变量 t 的不定积分 $\int [\varphi(t)] \varphi'(t) \mathrm{d}t$ 是否易于计算，这就是**第二类换元积分法**.

一般地，如果 $\int f(x) \mathrm{d}x$ 不容易积分，可设 $x = \varphi(t)$，其中 $\varphi(t)$ 可导，$\varphi'(t) \neq 0$ 且有反函数 $t = \varphi^{-1}(x)$. 又若 $\int [\varphi(t)] \varphi'(t) \mathrm{d}t = \Phi(t) + C$，则有换元公式

$$\int f(x) \mathrm{d}x = \int [\varphi(t)] \varphi'(t) \mathrm{d}t = \Phi(t) + C = \Phi[\varphi^{-1}(x)] + C$$

并称之为**第二换元积分法**.

下面通过例题来说明第二类换元积分法的应用.

【例 13】 求 $\int \frac{\sqrt{x - 1}}{x} \mathrm{d}x$

分析　被积函数含有根式 $\sqrt{x - 1}$，不容易直接凑微分. 为此作代换 $\sqrt{x - 1} = t$，有理化被积函数后再凑微分进行计算.

解　令 $\sqrt{x - 1} = t$，则 $x = t^2 + 1$，$\mathrm{d}x = 2t \, \mathrm{d}t$，于是

$$\int \frac{\sqrt{x - 1}}{x} \mathrm{d}x = \int \frac{t}{t^2 - 1} \times 2t \, \mathrm{d}t = 2 \int \frac{(t^2 + 1) - 1}{t^2 + 1} \mathrm{d}t$$

$$=2\int(1-\frac{t}{t^2+1})\mathrm{d}t=2(t-\arctan t)+C$$

$$=2(\sqrt{x-1}-\arctan\sqrt{x-1})+C$$

【例 14】 求 $\int\dfrac{1}{\sqrt{x}+\sqrt[3]{x}}\mathrm{d}x$

解 令 $\sqrt[6]{x}=t$，则 $x=t^6$，$\sqrt{x}=t^3$，$\sqrt[3]{x}=t^2$，$\mathrm{d}x=6t^5\mathrm{d}t$，于是

$$\int\frac{1}{\sqrt{x}+\sqrt[3]{x}}\mathrm{d}x=\int\frac{6t^5\mathrm{d}t}{t^3+t^2}=6\int\frac{[(t^3+1)-1]\mathrm{d}t}{t+1}=6\int\left(t^2-t+1-\frac{1}{t+1}\right)\mathrm{d}t$$

$$=6\left(\frac{1}{3}t^3-\frac{1}{2}t^2+t-\ln|t+1|\right)+C$$

$$=2\sqrt{x}-3\sqrt[3]{x}+6\sqrt[6]{x}-\ln|\sqrt[6]{x}+1|+C$$

注：例 13、例 14 用到的方法称为根式代换．一般地，若被积函数含有形如"$f(\sqrt{ax+b}$，$\sqrt[3]{ax+b}$，$\cdots$，$\sqrt[n]{ax+b}$"的根式，则可令 $t=\sqrt[m]{ax+b}$，其中 m 是 2，3，$\cdots$，n 的最小公倍数；若被积函数含有形如"$f(\sqrt[n]{ax+b})$"的根式，则可令 $t=\sqrt[n]{ax+b}$．

【例 15】 求 $\int\sqrt{a^2-x^2}\mathrm{d}x$，$(a>0)$

解 令 $x=a\sin t$，$t\in[-\dfrac{\pi}{2},\dfrac{\pi}{2}]$，则 $\mathrm{d}x=a\cos t\mathrm{d}t$，$\sqrt{a^2-x^2}=a\cos t$，于是

$$\int\sqrt{a^2-x^2}\mathrm{d}x=\int a\cos t\times a\cos t\mathrm{d}t=\frac{a^2}{2}\int(1+\cos 2t)\mathrm{d}t$$

$$=\frac{a^2}{2}(t+\frac{1}{2}\sin 2t)+C=\frac{a^2}{2}(t+\sin t\cos t)+C$$

由代换 $x=a\sin t$，得 $\sin t=\dfrac{x}{a}$，$t=\arcsin\dfrac{x}{a}$，$\cos t=\dfrac{\sqrt{a^2-x^2}}{a}$．因此

$$\int\sqrt{a^2-x^2}\mathrm{d}x=\frac{a^2}{2}\arcsin\frac{x}{a}+\frac{x\sqrt{a^2-x^2}}{2}+C$$

在变量回元时可以通过所谓的辅助直角三角形来实现．由所设代换 $x=a\sin t$，即 $\sin t=\dfrac{x}{a}$ 作直角三角形(如图 4-2 所示)，即得

$$\cos t=\frac{\sqrt{a^2-x^2}}{a}$$

【例 16】 求 $\int\dfrac{1}{\sqrt{a^2+x^2}}\mathrm{d}x$，$(a>0)$

解 如图 4-3 所示，令 $x=a\tan t$，$t\in(-\dfrac{\pi}{2},\dfrac{\pi}{2})$，则 $\mathrm{d}x=a\sec^2 t\mathrm{d}t$，$\sqrt{a^2+x^2}=$

$a\sec t$，于是

$$\int \frac{1}{\sqrt{a^2+x^2}}\mathrm{d}x = \int \frac{a\sec^2 t\,\mathrm{d}t}{a\sec t} = \int \sec t\,\mathrm{d}t = \ln|\sec t + \tan t| + C$$

$$= \ln\left|\frac{\sqrt{x^2+a^2}}{a} + \frac{x}{a}\right| + C_1$$

$$= \ln\left|x + \sqrt{x^2+a^2}\right| + C(C = C_1 - \ln a)$$

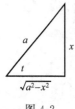
图 4-2

图 4-3

注：例 15、例 16 用到的积分方法称为三角代换．一般地，若被积函数含有形如 "$f(\sqrt{a^2-x^2})$" "$f(\sqrt{x^2+a^2})$" "$f(\sqrt{x^2-a^2})$" 的根式，一般可分别通过代换 $x = a\sin t$，$x = a\tan t$，$x = a\sec t$ 完成有理化．

3. 分部积分公式

设函数 $u = u(x)$，$v = v(x)$ 具有连续导数，则由乘积微分法则有

$$\mathrm{d}(uv) = u\,\mathrm{d}v + v\,\mathrm{d}u$$

两边同时取不定积分有

$$\int \mathrm{d}(uv) = \int u\,\mathrm{d}v + \int v\,\mathrm{d}u$$

即

$$uv = \int u\,\mathrm{d}v + \int v\,\mathrm{d}u$$

移项即有

$$\int u\,\mathrm{d}v = uv - \int v\,\mathrm{d}u$$

上式称为分部积分公式，它表明不定积分 $\int uv'\mathrm{d}x$ 与 $\int u'v\mathrm{d}x$ 之间存在相互转换关系，当 $\int uv'\mathrm{d}x$ 难于积分，而 $\int u'v\mathrm{d}x$ 比较易于求解时，就可以用分部积分公式进行转化求解．特别地，若 $v' = 1$，则 $\mathrm{d}v = \mathrm{d}x$，则分部积分公式成为

$$\int u\,\mathrm{d}x = ux - \int x\,\mathrm{d}u = ux - \int xu'\mathrm{d}x$$

【例 17】 求 $\displaystyle\int \ln x \, \mathrm{d}x$

解 取 $u = \ln x$，$\mathrm{d}v = \mathrm{d}x$，则

$$\int \ln x \, \mathrm{d}x = x \ln x - \int x \, \mathrm{d}\ln x = x \ln x - \int x \, \frac{1}{x} \mathrm{d}x$$

$$= x \ln x - x = x(\ln x - 1) + C$$

【例 18】 求 $\displaystyle\int x \sin 3x \, \mathrm{d}x$

解 取 $\qquad u = x$，$\mathrm{d}v = \sin 3x \, \mathrm{d}x = -\dfrac{1}{3} \mathrm{d}x \cos 3x$，则

$$\int x \sin 3x \, \mathrm{d}x = -\frac{1}{3} \int x \, \mathrm{d}\cos 3x = -\frac{1}{3} \left(x \cos 3x - \int \cos 3x \, \mathrm{d}x \right)$$

$$= -\frac{1}{3} x \cos 3x + \frac{1}{9} \int \cos 3x \, \mathrm{d}3x$$

$$= -\frac{1}{3} x \cos 3x + \frac{1}{9} \sin 3x + C$$

当分部积分公式用熟后，函数 u 与 v' 选取的过程可以不必写出来.

【例 19】 求 $\displaystyle\int x^2 \mathrm{e}^{-x} \, \mathrm{d}x$

解 $\displaystyle\int x^2 \mathrm{e}^{-x} \, \mathrm{d}x = -\int x^2 \mathrm{d}\mathrm{e}^{-x} = -\left(x^2 \mathrm{e}^{-x} - \int \mathrm{e}^{-x} \mathrm{d}x^2 \right) = -x^2 \mathrm{e}^{-x} + \int 2x \mathrm{e}^{-x} \mathrm{d}x$

$$= -x^2 \mathrm{e}^{-x} - 2 \int x \mathrm{d}\mathrm{e}^{-x} = -x^2 \mathrm{e}^{-x} - 2 \left(x \mathrm{e}^{-x} - \int \mathrm{e}^{-x} \mathrm{d}x \right)$$

$$= -x^2 \mathrm{e}^{-x} - 2(x \mathrm{e}^{-x} + \mathrm{e}^{-x}) + C = (x^2 + 2x + 2) \mathrm{e}^{-x} + C$$

【例 20】 求 $\displaystyle\int x \arctan x \, \mathrm{d}x$

解 $\displaystyle\int x \arctan x \, \mathrm{d}x = \frac{1}{2} \int \arctan x \, \mathrm{d}x^2 = \frac{1}{2} \left(x^2 \arctan x - \int x^2 \mathrm{d}\arctan x \right)$

$$= \frac{1}{2} x^2 \arctan x - \frac{1}{2} \int \frac{x^2}{1 + x^2} \mathrm{d}x$$

$$= \frac{1}{2} x^2 \arctan x - \frac{1}{2} \int \left(1 - \frac{1}{1 + x^2} \right) \mathrm{d}x$$

$$= \frac{1}{2} x^2 \arctan x - \frac{1}{2} (x - \arctan x) + C$$

$$= \frac{1}{2} (x^2 + 1) \arctan x - \frac{1}{2} x + C$$

【例 21】 求 $\displaystyle\int \mathrm{e}^x \cos 2x \, \mathrm{d}x$

解
$$\int e^x \cos2x\,dx = \int \cos2x\,de^x = e^x \cos2x - \int e^x\,d\cos2x$$
$$= e^x \cos2x + \int e^x 2\sin2x\,dx = e^x \cos2x + 2\int \sin2x\,de^x$$
$$= e^x \cos2x + 2(e^x \sin2x - \int e^x\,d\sin2x)$$
$$= e^x \cos2x + 2e^x \sin2x - 4\int e^x \cos2x\,dx$$

上式是积分 $\int e^x \cos2x\,dx$ 的方程，所以移项便解得不定积分 $\int e^x \cos2x\,dx$ 的一个原函数 $F(x) = \dfrac{e^x(\cos2x + 2\sin2x)}{5}$，从而

$$\int e^x \cos2x\,dx = \frac{e^x(\cos2x + 2\sin2x)}{5} + C$$

【例 22】 求 $\int e^{\sqrt{x}}\,dx$

解 设 $\sqrt{x} = t$，则 $x = t^2$，$dx = 2t\,dt$，于是

$$\int e^{\sqrt{x}}\,dx = 2\int t\,e^t\,dt = 2\int t\,de^t = 2(t\,e^t - \int e^t\,dt)$$
$$= 2(t\,e^t - e^t) + C = 2e^{\sqrt{x}}(\sqrt{x} - 1) + C$$

最后将本节的几个积分整理出来，作为基本积分公式的补充(其中常数 $a > 0$)：

(1) $\int \tan x\,dx = -\ln|\cos x| + C = \ln|\sec x| + C$

(2) $\int \cot x\,dx = \ln|\sin x| + C$

(3) $\int \sec x\,dx = \int \dfrac{1}{\cos x}\,dx = \ln|\sec x + \tan x| + C$

(4) $\int \csc x\,dx = \int \dfrac{1}{\sin x}\,dx = \ln|\csc x - \cot x| + C$

(5) $\int \dfrac{1}{a^2 + x^2}\,dx = \dfrac{1}{a}\arctan\dfrac{x}{a} + C$

(6) $\int \dfrac{1}{\sqrt{a^2 - x^2}}\,dx = \arcsin\dfrac{x}{a} + C = -\arccos\dfrac{x}{a} + C$

(7) $\int \dfrac{1}{x^2 - a^2}\,dx = \dfrac{1}{2a}\ln\left|\dfrac{x - a}{x + a}\right| + C$

(8) $\int \dfrac{1}{\sqrt{x^2 + a^2}}\,dx = \ln|x + \sqrt{x^2 \pm a^2}| + C$

(9) $\int \sqrt{a^2 - x^2}\,dx = \dfrac{x}{2}\sqrt{a^2 - x^2} + \dfrac{a^2}{2}\arcsin\dfrac{x}{a} + C$

四、 思考与练习

（1）求下列不定积分．

① $\int e^{5x} dx$

② $\int (1-4x)^5 dx$

③ $\int \dfrac{x+1}{\sqrt[3]{x^2+2x}} dx$

④ $\int \dfrac{x}{\sqrt{1-x^2}} dx$

⑤ $\int \dfrac{1}{1-2x} dx$

⑥ $\int \dfrac{e^{\sqrt{2x-1}}}{\sqrt{2x-1}} dx$

⑦ $\int \dfrac{x^3}{1+x^2} dx$

⑧ $\int e^x \sin(e^x+1) dx$

⑨ $\int x e^{-x^2} dx$

⑩ $\int \dfrac{(2+\ln x)^3}{x} dx$

⑪ $\int \dfrac{1}{(1+x^2)\arctan x} dx$

⑫ $\int \dfrac{x^2}{1+x^6} dx$

⑬ $\int \dfrac{1}{x^2+2x+5} dx$

⑭ $\int \dfrac{dx}{\sqrt{1+2x-x^2}}$

⑮ $\int \dfrac{x+1}{x^2+2x+5} dx$

⑯ $\int \dfrac{x^2-4}{x-3} dx$

⑰ $\int \cos x \sin^3 x \, dx$

⑱ $\int \dfrac{\sec^2 x}{\sqrt{1+\tan x}} dx$

⑲ $\int \cos^3 x \, dx$

⑳ $\int \sin x \sec^2 x \, dx$

㉑ $\int \dfrac{1}{1+\cos x} dx$

㉒ $\int \dfrac{\sin x + \cos x}{\sqrt[3]{\sin x - \cos x}} dx$

㉓ $\int \sin^2 x \, dx$

㉔ $\int \dfrac{\sin x \cos x}{1+\sin^4 x} dx$

㉕ $\int \dfrac{\ln \sin x}{\tan x} dx$

㉖ $\int \dfrac{\sin^3 x}{\cos^2 x} dx$

㉗ $\int \dfrac{1}{e^x(e^{2x}+1)} dx$

（2）求下列不定积分．

① $\int \dfrac{dx}{1+\sqrt[3]{x+2}}$

② $\int \dfrac{dx}{(2+x)\sqrt{1+x}}$

③ $\int \dfrac{dx}{\sqrt{x}(1+\sqrt[4]{x})^2}$

④ $\int \dfrac{x^2}{\sqrt{2-x^2}} dx$

⑤ $\int \dfrac{1}{\sqrt{(1+x^2)^3}} dx$

⑥ $\int \dfrac{1}{\sqrt{(1+x^2)^3}} dx$

⑦ $\int \dfrac{\sqrt{x^2-9}}{x} dx \ (x \geqslant 3)$

⑧ $\int \dfrac{1}{\sqrt{x-x^2}} dx$

⑨ $\int \dfrac{1}{\sqrt{1+e^{2x}}} dx$

（3）求下列不定积分．

① $\int \arctan x \, dx$

② $\int \ln(1+x^2) dx$

③ $\int x e^{-2x} dx$

④ $\int \dfrac{\ln^2 x}{\sqrt{x}} dx$

⑤ $\int \arccos x \, dx$

⑥ $\int \dfrac{\arctan x}{x^2} dx$

⑦ $\int x^2 \arctan x \, dx$

⑧ $\int x^2 \cos x \, dx$

⑨ $\int \dfrac{\ln \ln x}{x} dx$

⑩ $\int x\cos^2 x \, \mathrm{d}x$　　　　⑪ $\int \dfrac{x}{\sin^2 x} \mathrm{d}x$　　　　⑫ $\int \dfrac{x}{1+\cos x} \mathrm{d}x$

⑬ $\int \cos\sqrt{x} \, \mathrm{d}x$　　　　⑭ $\int \dfrac{\ln\cos x}{\cos^2 x} \mathrm{d}x$　　　　⑮ $\int \mathrm{e}^{\sqrt[3]{x+1}} \mathrm{d}x$

(4) 设 $\dfrac{\sin x}{x}$ 是 $f(x)$ 的一个原函数，求 $\int x f'(x) \mathrm{d}x$.

模块4-3　定积分的概念与性质

一、 教学目的

(1) 理解定积分的概念与几何意义；

(2) 了解定积分的基本性质.

二、 知识要求

(1) 学生能够知道定积分的客观背景以及解决这些实际问题的数学思想方法；

(2) 学生能够深刻理解并掌握定积分的思想：分割、近似、求和、取极限.

三、 相关知识

定积分最初的产生主要源于曲线所围平面图形面积和曲线段长度的计算，本节就从求曲边梯形面积和变速直线运动的路程着手介绍定积分的概念.

1. 两个实例

实例一　曲边梯形的面积

所谓曲边梯形是指由三条直线 $x=a$，$x=b$，x 轴和一条连续曲线 $y=f(x)[f(x)\geqslant 0]$ 围成的平面图形，如图 4-4 所示，其中图 4-4(b)、(c)是特殊情形.

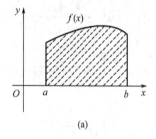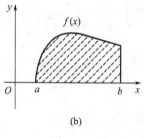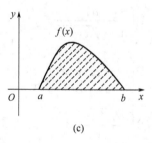

(a)　　　　　　　　　　(b)　　　　　　　　　　(c)

图 4-4

容易看到由连续曲线围成的平面图形都可以用若干个曲边梯形表示出来，如果能定义并计算出曲边梯形的面积，则任何由曲线围成的平面图形的面积也就能计算. 那么如何来求曲边梯形的面积呢？下面分四步来计算曲边梯形的面积.

第一步：分割——将曲边梯形分成若干个小曲边梯形.

在区间 $[a,b]$ 中任取若干分点：

$$a=x_0<x_1<x_2<\cdots<x_{i-1}<x_i<\cdots<x_{n-1}<x_n=b$$

把$[a,b]$分成n个小区间$[x_0,x_1]$, $[x_1,x_2]$, $\cdots$, $[x_{i-1},x_i]$, $\cdots$, $[x_{n-1}, x_n]$，记每个小区间的长度是$\Delta x_i=x_i-x_{i-1}$, $i=1,2,\cdots,n$. 然后过每个分点作x轴的垂线，将曲边梯形分成n个小曲边梯形（如图4-5所示），第i个曲边梯形的面积记为$\Delta A_i(i=1,2,\cdots,n)$.

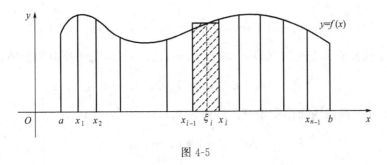

图 4-5

第二步：近似代替——用小矩形的面积近似代替小曲边梯形的面积.

在每个小区间$[x_{i-1},x_i](i=1,2,\cdots,n)$上任选一点$\xi_i$，用与小曲边梯形同底，以$f(\xi_i)$为高的小矩形的面积来近似代替小曲边梯形的面积：

$$\Delta A_i\approx f(\xi_i)\Delta x_i(i=1,2,\cdots,n)$$

第三步：求和——求n个小矩形面积之和.

n个小矩形面积之和$\sum\limits_{i=1}^{n}f(\xi_i)\Delta x_i$是曲边梯形面积$A$的一个近似值，即

$$A=\sum_{i=1}^{n}\Delta A_i\approx\sum_{i=1}^{n}f(\xi_i)\Delta x_i$$

第四步：取极限 —— 由近似值过渡到精确值.

注意到面积近似值与分割有关，分割越细密，且每个小区间的长度越来越短时，小矩形的面积之和越接近曲边梯形的真实值，因此如果记$\lambda=\max\limits_{1\leqslant i\leqslant n}\{\Delta x_i\}$，则有

$$A=\lim_{\lambda\to 0}\sum_{i=1}^{n}f(\xi_i)\Delta x_i$$

实例二　变速直线运动的路程

设某物体作直线运动，已知速度$v=v(t)$是时间间隔$[T_1,T_2]$上的连续函数，计算在此段时间内物体经过的路程s.

若物体作匀速直线运动，则它所走过的路程＝速度×所经历的时间. 现在的问题是要计算变速直线运动的路程. 考虑到速度$v(t)$在$[T_1,T_2]$上连续，在很短一段时间内，速度的变化会很小，因此若把时间间隔划分为许多小的时间段，则在每个小的时间段内，物体就可以近似看成是匀速运动，这样就可以求得整个路程的近似值，再利用求极限的方法

就可以求得路程的实际值. 具体过程概括如下:

第一步:分割——划分整个路程为 n 个小段路程.

在时间间隔 $[T_1, T_2]$ 中任取若干分点(如图 4-6 所示):

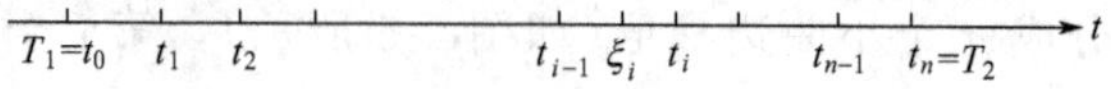

图 4-6

$$T_1 = t_0 < t_1 < \cdots < t_{i-1} < t_i < \cdots < t_{n-1} < t_n = T_2$$

把 $[T_1, T_2]$ 分成 n 个小时间段 $[t_{i-1}, t_i]$, $i = 1, 2, \cdots, n$, 每个小时间段的长记为

$$\Delta t_i = t_i - t_{i-1}, \quad i = 1, 2, 3, \cdots, n$$

在第 i 个小时间段内物体所走过的路程记为

$$\Delta s_i, \quad i = 1, 2, \cdots, n$$

第二步:近似代替——以匀速直线运动的路程代替变速直线运动的路程.

在每一个小时间段 $[t_{i-1}, t_i]$ $(i = 1, 2, \cdots, n)$ 上任取一时刻 ξ_i, 则物体在小时间段上可以看成是以速度 $v(\xi_i)$ 作匀速直线运动, 因此在相应的小时间段上物体经过的路程就可以用 $v(\xi_i) \Delta t_i$ 来近似代替, 即

$$\Delta s_i \approx v(\xi_i) \Delta t_i, \quad i = 1, 2, \cdots, n$$

第三步:求和——求 n 个匀速运动小段的路程之和.

n 个匀速运动小段的路程之和 $\sum_{i=1}^{n} v(\xi_i) \Delta t_i$ 可以作为变速直线运动的物体在整个时间段 $[T_1, T_2]$ 上所走过的路程的近似值, 即

$$s = \sum_{i=1}^{n} \Delta s_i \approx \sum_{i=1}^{n} v(\xi_i) \Delta t_i$$

第四步:取极限 —— 由近似值过渡到实际值.

类似地, 考虑到路程近似值与分割有关, 分割越细密, 且每个小时间段越来越短时, 该近似值 $\sum_{i=1}^{n} v(\xi_i) \Delta t_i$ 会越来越接近物体运动路程的真实值, 因此如果记 $\lambda = \max_{1 \leqslant i \leqslant n} \{\Delta t_i\}$, 则有

$$s = \lim_{\lambda \to 0} \sum_{i=1}^{n} v(\xi_i) \Delta t_i$$

以上两个实际问题, 一个是几何上的面积问题, 一个是物理上的路程问题, 这两个问题的实际意义虽然不同, 但解决问题的方法却相似, 都是采用分割、近似代替、求和、取极限的方法(简记为"分割作乘积, 求和取极限"), 而最后都归结为同一结构形式的和式极限. 事实上很多实际问题的解决都可以采用这种方法, 并且都归结为这种结构形式的和式的极限. 因此把这种方法加以概括和抽象, 便得到定积分的概念.

2. 定积分的定义

定义 1

设函数 $f(x)$ 在区间 $[a,b]$ 上有界，在 $[a,b]$ 中任插入若干个分点
$$a=x_0<x_1<x_2<\cdots<x_{i-1}<x_i<\cdots<x_{n-1}<x_n=b$$
把区间 $[a,b]$ 分成 n 个小区间：
$$[x_0，x_1]，[x_1，x_2]，\cdots，[x_{i-1}，x_i]，\cdots，[x_{n-1}，x_n]$$
各个小区间长记为：
$$\Delta x_1=x_1-x_0，\Delta x_2=x_2-x_1，\cdots，\Delta x_i=x_i-x_{i-1}，\cdots，\Delta x_n=x_n-x_{n-1}$$
任取 $\xi_i\in[x_{i-1}，x_i]$，作乘积 $f(\xi_i)\Delta x_i(i=1，2，\cdots，n)$，并作和式
$$s=\sum_{i=1}^{n}f(\xi_i)\Delta x_i$$

记 $\lambda=\max\limits_{1\leqslant i\leqslant n}\{\Delta x_i\}$ 如果不论对 $[a，b]$ 怎样划分，也不论在小区间 $[x_{i-1}，x_i]$ 上怎样选取点 ξ_i，只要 $\lambda\to0$ 时，和式 S 总趋于确定的极限 I，则称 $f(x)$ 在 $[a，b]$ 上是可积的，并称极限 I 为函数 $f(x)$ 在区间 $[a，b]$ 上的定积分，记作 $\int_a^b f(x)\mathrm{d}x$，即

$$I=\int_a^b f(x)\mathrm{d}x=\lim_{\lambda\to0}\sum_{i=1}^{n}f(\xi_i)\Delta x_i$$

其中 $f(x)$ 叫做被积函数，$f(x)\mathrm{d}x$ 叫做被积表达式，x 叫做积分变量，a 叫做积分下限，b 叫做积分上限，$[a，b]$ 叫做积分区间．

如果 $f(x)$ 在 $[a，b]$ 上的定积分不存在，则称 $f(x)$ 在 $[a，b]$ 上不可积．

根据定义，曲边梯形的面积和在时间间隔 $[T_1，T_2]$ 上作变速直线运动的路程可以分别用定积分表示为

$$A=\int_a^b f(x)\mathrm{d}x[f(x)\geqslant0]\text{ 与 }s=\int_{T_1}^{T_2}v(t)\mathrm{d}t$$

关于定积分的定义做以下几点说明．

(1) 定积分 $\int_a^b f(x)\mathrm{d}x$ 是和式的极限值，因此是一个确定的常数，这个常数只与被积函数 $f(x)$ 和积分区间 $[a，b]$ 有关，与积分变量用哪个字母表达无关，即有

$$\int_a^b f(x)\mathrm{d}x=\int_a^b f(t)\mathrm{d}t=\int_a^b f(u)\mathrm{d}u$$

(2) 规定 $\int_a^a f(x)\mathrm{d}x=0$，$\int_a^b f(x)\mathrm{d}x=-\int_b^a f(x)\mathrm{d}x$．

(3) $f(x)$ 在 $[a，b]$ 上可积是指极限 $\lim\limits_{\lambda\to0}\sum\limits_{i=1}^{n}f(\xi_i)\Delta x_i$ 存在，至于 $f(x)$ 在 $[a，b]$ 上要满足什么条件才可积，这里不作深入讨论，仅向读者指出下面两个结论：

① 闭区间上的连续函数可积;

② 闭区间上只有有限个间断点的有界函数可积.

3. 定积分的几何意义

结合曲边梯形面积,易知定积分具有如下几何意义:

(1) 当 $f(x) \geqslant 0$ 时,定积分 $\int_a^b f(x) \mathrm{d}x$ 的值等于由三条直线 $x=a$,$x=b$,x 轴和曲线 $y=f(x)$ 围成的曲边梯形的面积.

(2) 当 $f(x) \leqslant 0$ 时,定积分 $\int_a^b f(x) \mathrm{d}x$ 的值等于由三条直线 $x=a$,$x=b$,x 轴和曲线 $y=f(x)$ 围成的平面图形的面积的负值.

(3) 当 $f(x)$ 符号不定时,定积分 $\int_a^b f(x) \mathrm{d}x$ 的值等于由三条直线 $x=a$,$x=b$,x 轴和曲线 $y=f(x)$ 围成的平面图形的面积的代数和(如图 4-7 所示),即等于 x 轴上方图形面积之和减去 x 轴下方图形面积之和.

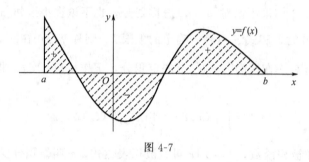

图 4-7

【例 1】 利用定积分几何意义计算下列定积分.

(1) $\int_0^2 2x \mathrm{d}x$ (2) $\int_{-2}^2 \sqrt{4-x^2} \mathrm{d}x$

解 (1) 由定积分几何意义知,$\int_0^2 2x \mathrm{d}x$ 表示直线 $y=2x$,$x=0$,$x=2$ 及 x 轴围成的图形的面积(如图 4-8 所示),所以

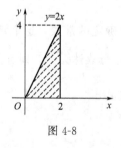

图 4-8

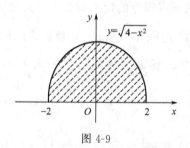

图 4-9

$$\int_0^2 2x \mathrm{d}x = 4$$

(2) 由定积分几何意义知,$\int_{-2}^2 \sqrt{4-x^2} \mathrm{d}x$ 表示直线 $x=-2$,$x=2$,曲线 $y=\sqrt{4-x^2}$

及 x 轴围成的图形, 即半径为 2 的上半圆的面积(如图 4-9 所示), 所以

$$\int_{-2}^{2}\sqrt{4-x^2}\,\mathrm{d}x=2\pi$$

4. 定积分的性质

由定积分的定义, 可以直接推证定积分具有下述性质, 其中假定所讨论的被积函数在给定的区间上是可积的.

性质 1 函数和(差)的定积分等于它们定积分的和(差), 即

$$\int_a^b[f(x)\pm g(x)]\mathrm{d}x=\int_a^bf(x)\mathrm{d}x\pm\int_a^bg(x)\mathrm{d}x$$

性质 1 可以推广到一般情况, 即有限多个函数代数和的定积分等于各个函数定积分的代数和. 类似地, 可以证明:

性质 2 被积函数的常数因子可以提到积分符号外, 即

$$\int_a^bkf(x)\mathrm{d}x=k\int_a^bf(x)\mathrm{d}x,k\text{ 为常数}$$

性质 3 对任意三个数 a, b, c 总有

$$\int_a^bf(x)\mathrm{d}x=\int_a^cf(x)\mathrm{d}x+\int_c^bf(x)\mathrm{d}x$$

性质 3 称为定积分的可加性.

性质 4

$$\int_a^b1\mathrm{d}x=\int_a^b\mathrm{d}x=b-a$$

性质 5 若在区间 $[a,b]$ 上总有 $f(x)\leqslant g(x)$, 则

$$\int_a^bf(x)\mathrm{d}x\leqslant\int_a^bg(x)\mathrm{d}x(a<b)$$

由性质 5 还可以得到以下两个推论:

推论 1 若在区间 $[a,b]$ 上总有 $f(x)\geqslant0$, 则

$$\int_a^bf(x)\mathrm{d}x\geqslant0,a<b$$

推论 2 在区间 $[a,b]$ 上, 总有

$$\left|\int_a^bf(x)\mathrm{d}x\right|\leqslant\int_a^b\left|f(x)\right|\mathrm{d}x,a<b$$

【例 2】 比较定积分 $\int_0^{\frac{\pi}{2}}\cos^2x\,\mathrm{d}x$ 与 $\int_0^{\frac{\pi}{2}}\cos x\,\mathrm{d}x$ 的大小.

解 因为当 $x\in[0,\pi/2]$ 时, $0\leqslant\cos x\leqslant1$, 所以 $\cos^2x\leqslant\cos x$, 从而

$$\int_0^{\frac{\pi}{2}} \cos^2 x \, \mathrm{d}x \leqslant \int_0^{\frac{\pi}{2}} \cos x \, \mathrm{d}x$$

性质 6　设 M 与 m 分别是函数 $f(x)$ 在区间 $[a,b]$ 的最大值与最小值，则

$$m(b-a) \leqslant \int_a^b f(x) \, \mathrm{d}x \leqslant M(b-a), \quad a < b$$

性质 7　如果函数 $f(x)$ 在闭区间 $[a,b]$ 上连续，则至少存在一点，$\xi \in [a,b]$，使得

$$\int_a^b f(x) \, \mathrm{d}x = f(\xi)(b-a), \quad a \leqslant \xi \leqslant b$$

性质 6 称为定积分的估值定理，性质 7 称为积分中值定理．

【例 3】　估计积分 $\displaystyle\int_1^2 \frac{x}{1+x^2} \, \mathrm{d}x$ 的范围．

解　容易看到被积函数 $f(x) = \dfrac{x}{1+x^2}$ 在积分区间 $[1,2]$ 上的最大值 $M = f(1) = 1/2$，最小值 $m = f(2) = 2/5$. 因此

$$\frac{2}{5} \leqslant \int_1^2 \frac{x}{1+x^2} \, \mathrm{d}x \leqslant \frac{1}{2}$$

性质 8　如果函数 $f(x)$ 在闭区间 $[a,b]$ 上连续，则至少存在一点 $\xi \in [a,b]$，使得

$$\int_a^b f(x) \, \mathrm{d}x = f(\xi)(b-a), \quad a \leqslant \xi \leqslant b$$

性质 8 称为积分中值定理，其几何意义表示：以 $[a,b]$ 为底，以 $y = f(x)$ 为曲边的曲边梯形的面积等于以 $[a,b]$ 为底，以 $f(\xi)(\xi \in [a,b])$ 为高的矩形的面积(如图 4-10 所示)．

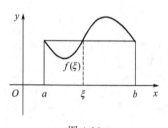

图 4-10

根据积分中值定理，$f(\xi) = \dfrac{1}{b-a} \displaystyle\int_a^b f(x) \, \mathrm{d}x$. 通常称为 $\dfrac{1}{b-a} \displaystyle\int_a^b f(x) \, \mathrm{d}x$ 为连续函数 $f(x)$ 在区间 $[a,b]$ 上的平均值，这一概念是对有限个数的平均值的推广．

四、思考与练习

(1) 利用定积分的几何意义，说明下列各式的正确性.

① $\displaystyle\int_0^1 (1-x) \, \mathrm{d}x = \frac{1}{2}$

② $\displaystyle\int_0^a \sqrt{a^2 - x^2} \, \mathrm{d}x = \frac{\pi a^2}{4}, a > 0$

③ $\displaystyle\int_{-\frac{\pi}{2}}^{\frac{\pi}{2}} \cos x \, \mathrm{d}x = 2\int_0^{\frac{\pi}{2}} \cos x \, \mathrm{d}x$

④ $\displaystyle\int_{-\frac{\pi}{2}}^{\frac{\pi}{2}} \sin x \, \mathrm{d}x = 0$

(2) 利用定积分几何意义求 $\displaystyle\int_1^3 \sqrt{(x-1)(3-x)} \, \mathrm{d}x$.

(3) 利用定积分性质，比较下列定积分的大小.

① $\displaystyle\int_3^4 \ln x \, \mathrm{d}x$ 与 $\displaystyle\int_3^4 \ln^2 x \, \mathrm{d}x$

② $\displaystyle\int_0^1 \mathrm{e}^x \, \mathrm{d}x$ 与 $\displaystyle\int_0^1 (1+x) \, \mathrm{d}x$

(4) 利用定积分性质估计下列定积分的范围.

① $\displaystyle\int_{1}^{2}(2x^{3}+x^{4})\mathrm{d}x$ ② $\displaystyle\int_{0}^{\frac{\pi}{2}}(1+2\cos x)\mathrm{d}x$

模块4-4 牛顿-莱布尼茨公式

一、 教学目的

(1) 理解积分上限函数的定义与性质；

(2) 理解原函数与定积分之间的联系.

二、 知识要求

(1) 能够正确掌握积分上限函数的求导方法；

(2) 能够正确掌握牛顿-莱布尼茨公式计算定积分的方法.

三、 相关知识

积分学作为一种特定和式的极限，如果按定义计算定积分是十分困难的，所以需要寻找一种简便而有效的计算方法.

事实上，从定积分定义的引入知道，以速度为 $v(t)$ 作直线运动的物体在时间间隔 $[T_{1}，T_{2}]$ 内经过的路程为 $\displaystyle\int_{T_{1}}^{T_{2}}v(t)\mathrm{d}t$. 另一方面，这段路程又可以通过位置函数 $s=s(t)$ 表示为 $s(T_{2})-s(T_{1})$，因此两方面合起来就有

$$\int_{T_{1}}^{T_{2}}v(t)\mathrm{d}t=s(T_{2})-s(T_{1})$$

这个等式表明函数 $v(t)$ 在区间 $[T_{1}，T_{2}]$ 上的定积分等于它的原函数 $s(t)$ 在区间 $[T_{1}，T_{2}]$ 上的增量. 那么这一结论是否具有普遍性呢？回答是肯定的.

1. 积分上限函数

设函数 $f(x)$ 在 $[a，b]$ 上连续，任取一点 $x\in[a，b]$，考查 $f(x)$ 在部分区间 $[a，x]$ 上的定积分

$$\int_{a}^{x}f(x)\mathrm{d}x$$

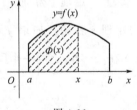

图 4-11

首先，这个定积分显然存在，其中的 x 既表示定积分的上限，又表示积分变量. 其次，如果上限 x 在 $[a，b]$ 上任意变动，则对于每一个取定的上限 x 值，定积分有一个对应值 $\Phi(x)$（如图 4-11 所示）. 因此上述定积分是定义在 $[a，b]$ 上的函数.

定义1

设 $f(x)$ 在 $[a，b]$ 上连续，任取一点 $x\in[a，b]$，则称由定积分 $\displaystyle\int_{a}^{x}f(x)\mathrm{d}x$ 确定的函数：

$$\Phi(x) = \int_a^x f(x)\mathrm{d}x, \ x \in [a, b]$$

为函数 $f(x)$ 的**积分上限函数**或**变上限函数**，也称为**变上限积分**．

为避免混淆，利用定积分值与积分变量无关这一性质，积分上限函数 $\Phi(x) = \int_a^x f(x)\mathrm{d}x$ 常改写成 $\Phi(x) = \int_a^x f(t)\mathrm{d}t$．

积分上限函数具有以下重要性质：

定理 1　若 $f(x)$ 在 $[a, b]$ 上连续，则积分上限函数 $\Phi(x) = \int_a^x f(t)\mathrm{d}t$ 在 $[a, b]$ 上可导，且

$$\Phi'(x) = \left[\int_a^x f(t)\mathrm{d}t\right]' = f(x)$$

证明　若 $x \in (a, b)$，给 x 以增量 Δx，使 $x + \Delta x \in (a, b)$，则函数增量为

$$\Delta\Phi(x) = \Phi(x + \Delta x) - \Phi(x) = \int_a^{x+\Delta x} f(t)\mathrm{d}t - \int_a^x f(t)\mathrm{d}t$$

$$= \int_a^x f(t)\mathrm{d}t + \int_a^{x+\Delta x} f(t)\mathrm{d}t - \int_a^x f(t)\mathrm{d}t = \int_x^{x+\Delta x} f(t)\mathrm{d}t$$

于是应用积分中值定理就有

$$\Delta\Phi(x) = f(\xi)\Delta x, \ \xi \text{ 介于 } x \text{ 与 } x + \Delta x \text{ 之间}$$

由于 $f(x)$ 在 $[a, b]$ 上连续，且 $\Delta x \to 0$ 时，$\xi \to x$，因此

$$\Phi'(x) = \lim_{\Delta x \to 0} \frac{\Delta\Phi(x)}{\Delta x} = \lim_{\Delta x \to 0} \frac{f(\xi)\Delta x}{\Delta x} = \lim_{\xi \to x} f(\xi) = f(x)$$

若 $x = a$，取 $\Delta x > 0$，同理可证 $\Phi'_+(a) = f(a)$；若 $x = b$，取 $\Delta x < 0$，则同理可证 $\Phi'_-(b) = f(b)$．

综上，定理 1 得证．

定理 1 表明：如果 $f(x)$ 在 $[a, b]$ 上连续，则函数 $\Phi(x) = \int_a^x f(t)\mathrm{d}t$ 是被积函数 $f(x)$ 在 $[a, b]$ 上的一个原函数，即

$$\int f(x)\mathrm{d}x = \int_a^x f(t)\mathrm{d}t + C$$

利用复合函数求导法则还可以得到：

推论 1　$\qquad\qquad \left[\int_a^{\varphi(x)} f(t)\mathrm{d}t\right]' = f[\varphi(x)]\varphi'(x)$

【例 1】　求积分上限函数 $\Phi(x) = \int_0^{\sqrt{x}} \cos(t^2 + 1)\mathrm{d}t$ 的导数．

解　$\qquad\qquad \Phi'(x) = \cos[(\sqrt{x})^2 + 1](\sqrt{x})' = \dfrac{\cos(x + 1)}{2\sqrt{x}}$

【例 2】 求积分下限函数 $\Phi(x) = \int_{x^2}^{2} \sin\sqrt{x}\, dx$ 的导数.

解
$$\Phi'(x) = \left(\int_{x^2}^{2} \sin\sqrt{x}\, dx \right)' = \left(-\int_{2}^{x^2} \sin\sqrt{x}\, dx \right)'$$
$$= -\sin\sqrt{x^2}\,(x^2)' = -2x\sin x$$

【例 3】 求 $\displaystyle\lim_{x \to 0} \frac{\int_{0}^{x} \sin^3 t\, dt'}{x^4}$

解 由积分中值定理，容易看到 $x \to 0$ 时，$\int_{0}^{x} \sin^3 t\, dt \to 0$，因此极限是 $\dfrac{0}{0}$ 型未定式，从而由洛必达法则就有

$$\lim_{x \to 0} \frac{\int_{0}^{x} \sin^3 t\, dt'}{x^4} = \lim_{x \to 0} \frac{\left(\int_{0}^{x} \sin^3 t\, dt \right)'}{(x^4)'} = \lim_{x \to 0} \frac{\sin^3 x}{4x^3} = \frac{1}{4} \lim_{x \to 0} \left(\frac{\sin x}{x} \right)^3 = \frac{1}{4}$$

2. 牛顿－莱布尼茨（Newton-Leibniz）公式

定理 2 表明闭区间上连续函数 $f(x)$ 的原函数是存在的，且积分上限函数 $\int_{a}^{x} f(t)\, dt$ 就是它的一个原函数. 下面利用这一结论来证明 $f(x)$ 在区间 $[a, b]$ 上的定积分就等于 $f(x)$ 的一个原函数 $F(x)$ 在积分区间上的增量.

定理 3 设函数 $F(x)$ 是连续函数 $f(x)$ 在区间 $[a, b]$ 上的一个原函数，则

$$\int_{a}^{b} f(x)\, dx = F(b) - F(a)$$

上述等式称为微积分基本公式或称为牛顿-莱布尼茨公式.

证明 由原函数存在定理知 $\Phi(x) = \int_{a}^{x} f(t)\, dt$ 是 $f(x)$ 的一个原函数，而已知 $F(x)$ 也是 $f(x)$ 的原函数. 从而 $F(x) - \Phi(x)$ 在 $[a, b]$ 上必定是某一常数 C，即

$$F(x) - \int_{a}^{x} f(t)\, dt = C, a \leqslant x \leqslant b$$

在上式中分别取 $x = b$ 与 $x = a$ 就有

$$F(b) - \int_{a}^{b} f(t)\, dt = C; \quad F(a) = C$$

故

$$\int_{a}^{b} f(x)\, dx = \int_{a}^{b} f(t)\, dt = F(b) - F(a)$$

说明：(1) 为方便，常把 $F(b) - F(a)$ 简记成 $F(x) \big|_{a}^{b}$，于是牛顿-莱布尼茨公式又可写成

$$\int_a^b f(x)\mathrm{d}x = F(x) \Big|_a^b = F(b) - F(a)$$

(2) 必须注意的是：被积函数在积分区间上连续时，才能使用牛顿-莱布尼茨公式，且 $F(x)$ 是 $f(x)$ 在区间 $[a, b]$ 上的原函数，若 $f(x)$ 在区间 $[a, b]$ 的不同段具有不同原函数，则应利用定积分对区间的可加性分段积分.

【例 4】 求定积分 $\displaystyle\int_0^2 \frac{\mathrm{d}x}{4+x^2}$

解 $\displaystyle\int_0^2 \frac{\mathrm{d}x}{4+x^2} = \int_0^2 \frac{\mathrm{d}\dfrac{x}{2}}{1+\left(\dfrac{x}{2}\right)^2} = \frac{1}{2}\arctan\frac{x}{2}\ \Big|_0^2 = \frac{1}{2}(\arctan 1 - \arctan 0) = \frac{\pi}{8}$

【例 5】 求定积分 $\displaystyle\int_0^{\frac{\pi}{4}} \tan^2\theta\,\mathrm{d}\theta$

解 $\displaystyle\int_0^{\frac{\pi}{4}} \tan^2\theta\,\mathrm{d}\theta = \int_0^{\frac{\pi}{4}} (\sec^2\theta - 1)\mathrm{d}\theta = (\tan\theta - \theta)\ \Big|_0^{\frac{\pi}{4}}$

$$= (\tan\frac{\pi}{4} - \frac{\pi}{4}) - (\tan 0 - 0) = 1 - \frac{\pi}{4}$$

【例 6】 计算 $\displaystyle\int_0^2 |1-x|\,\mathrm{d}x$

解 注意到 $|1-x| = \begin{cases} 1-x, & x \leqslant 1 \\ x-1, & x > 1 \end{cases}$，因此

$$\int_0^2 |1-x|\,\mathrm{d}x = \int_0^1 (1-x)\mathrm{d}x + \int_1^2 (x-1)\mathrm{d}x = 1 - \frac{x^2}{2}\ \Big|_0^1 + \frac{x^2}{2}\ \Big|_1^2 - 1 = 1$$

四、思考与练习

(1) 求下列函数的导数

① $\Phi(x) = \displaystyle\int_0^{\sqrt{x}} t\sqrt{1+t^4}\,\mathrm{d}t$ 　　　　② $\Phi(x) = \displaystyle\int_x^{x^2} \sqrt{1+t^4}\,\mathrm{d}t$

(2) 求函数 $F(x) = \displaystyle\int_0^{x^2} \mathrm{e}^{-x^2}\,\mathrm{d}x$ 的极值.

(3) 求下列极限.

① $\displaystyle\lim_{x\to 0} \frac{(1-\cos x)^2}{\displaystyle\int_0^x \sin^3 t\,\mathrm{d}t}$ 　　　　② $\displaystyle\lim_{x\to 0} \frac{\displaystyle\int_x^0 \ln(1+t)\,\mathrm{d}t}{x^2}$

(4) 利用牛顿-莱布尼茨公式计算下列积分.

① $\int_0^1 \dfrac{\mathrm{d}x}{\sqrt{2-x^2}}$　　　　② $\int_1^2 \dfrac{1+x^3}{x^2+x^3}\mathrm{d}x$　　　　③ $\int_{-\frac{\pi}{3}}^0 \sec x \tan x\,\mathrm{d}x\,\mathrm{d}x$

④ $\int_0^{\frac{\pi}{2}} 2\sin^2 \dfrac{x}{2}\mathrm{d}x$　　　　⑤ $\int_0^3 |x-2|\,\mathrm{d}x$　　　　⑥ $\int_0^{2\pi} |\sin x|\,\mathrm{d}x$

(5) 设 $f(x)=\begin{cases} x^2, & x>1 \\ 2x-1, & x\leqslant 1 \end{cases}$，求 $\int_0^2 f(x)\,\mathrm{d}x$.

模块4-5　　定积分的换元法与分部积分法

一、 教学目的

(1) 理解定积分换元法和分部积分法的思想方法；

(2) 理解奇函数、偶函数在对称区间上的积分方法.

二、 知识要求

(1) 能正确掌握定积分换元法和分部积分法的使用；

(2) 能正确掌握奇函数、偶函数在对称区间上的积分.

三、 相关知识

利用牛顿-莱布尼茨公式，计算定积分就转化为求被积函数的原函数. 前面研究了求原函数的换元积分法、分部积分法，下面要研究定积分的换元积分法与分部积分法.

1. 定积分的换元法

利用不定积分换元法与牛顿-莱布尼茨公式可以得到：

定理1 设函数 $f(x)$ 是区间 $[a,b]$ 上连续，且函数 $x=\varphi(t)$ 满足条件：

(1) $\varphi(t)$ 在 $[\alpha,\beta]$ 上单调且具有连续导数；

(2) $\varphi(\alpha)=a$，$\varphi(\beta)=b$，且当 t 从 α 变到 β 时，x 从 a 变到 b，则有

$$\int_a^b f(x)\,\mathrm{d}x=\int_\alpha^\beta f[\varphi(t)]\varphi'(t)\,\mathrm{d}t$$

上式称为定积分的换元公式.

说明：(1) 定积分换元公式表明，用 $x=\varphi(t)$ 把变量 x 换成新变量 t 时，积分限也相应要改变，并须注意对应关系，即由 x 的下限 a 通过 $x=\varphi(t)$ 确定的 t 值是新变量 t 的下限，由 x 的上限 b 通过 $x=\varphi(t)$ 确定的 t 值是新变量 t 的下限.

(2) 求出 $f[\varphi(t)]\varphi'(t)$ 的一个原函数 $\Phi(t)$ 后，不必像计算不定积分那样要把 $\Phi(t)$ 回代成原变量 x 的函数，而只要把新变量 t 的上、下限分别代入 $\Phi(t)$ 然后相减就行，这就简化了定积分的计算.

【例1】 求 $\displaystyle\int_0^1 \dfrac{1}{1+\sqrt{1-x}}\mathrm{d}x$

解　令 $\sqrt{1-x}=t$，则 $x=1-t^2$，$dx=-2t\,dt$，且 $x=0$ 时，$t=1$；$x=1$ 时，$t=0$.
于是

$$\int_0^1 \frac{1}{1+\sqrt{1-x}}dx = \int_1^0 \frac{-2t\,dt}{1+t} = 2\int_0^1 \left(1-\frac{1}{1+t}\right)dt$$

$$=2\big[1-\ln(1+t)\ \big|_0^1\big]=2(1-\ln2)$$

【例2】　求　$\displaystyle\int_0^{\pi} \sqrt{1-\sin^2 x}\,dx$

解　$\displaystyle\int_0^{\pi} \sqrt{1-\sin^2 x}\,dx = \int_0^{\pi} \sqrt{\cos^2 x}\,dx = \int_0^{\pi} |\cos x|\,dx = \int_0^{\frac{\pi}{2}} \cos x\,dx + \int_{\frac{\pi}{2}}^{\pi} (-\cos x)\,dx$

$$=\sin x\ \Big|_0^{\frac{\pi}{2}} - \sin x\ \Big|_{\frac{\pi}{2}}^{\pi}=2$$

【例3】　计算　$\displaystyle\int_0^2 \sqrt{4-x^2}\,dx$

解　令 $x=2\sin t$，则 $dx=2\cos t\,dt$，且 $x=0$ 时，$t=0$；$x=1$ 时，$t=\pi/2$ 于是

$$\int_0^2 \sqrt{4-x^2}\,dx = 4\int_0^{\frac{\pi}{2}} \cos^2 t\,dt = 2\int_0^{\frac{\pi}{2}} (1+\cos 2t)\,dt$$

$$=2\left[\int_0^{\frac{\pi}{2}} dt + \frac{1}{2}\int_0^{\frac{\pi}{2}} \cos 2t\,d(2t)\right]$$

$$=2\left(\frac{\pi}{2}+\frac{1}{2}\sin 2t\ \Big|_0^{\frac{\pi}{2}}\right)=\pi$$

本题的结果也可以用定积分的几何意义得到.

【例4】　设 $f(x)$ 在 $[-a，a]$ 上连续，证明：

(1) $\displaystyle\int_{-a}^a f(x)\,dx = \int_0^a [f(x)+f(-x)]\,dx$

(2) 当 $f(x)$ 为偶函数时，$\displaystyle\int_{-a}^a f(x)\,dx = 2\int_0^a f(x)\,dx$；

当 $f(x)$ 为奇函数时，$\displaystyle\int_{-a}^a f(x)\,dx = 0$

证明　(1) 对定积分 $\displaystyle\int_{-a}^0 f(x)\,dx$ 作换元 $x=-t$，则 $dx=-dt$，且 $x=-a$ 时，$t=a$；$x=0$ 时，$t=0$. 于是

$$\int_{-a}^0 f(x)\,dx = \int_a^0 f(-t)(-dt) = \int_0^a f(-t)\,dt = \int_0^a f(-x)\,dx$$

故

$$\int_{-a}^a f(x)\,dx = \int_{-a}^0 f(x)\,dx + \int_0^a f(x)\,dx = \int_0^a f(-x)\,dx + \int_0^a f(x)\,dx$$

$$=\int_0^a [f(-x)+f(x)]\,dx$$

(2) 当 $f(x)$ 为偶函数时 $f(-x)+f(x)=2f(x)$，所以由 (1) 有

$$\int_{-a}^{a} f(x)\mathrm{d}x = 2\int_{0}^{a} f(x)\mathrm{d}x$$

当 $f(x)$ 为奇函数时 $f(-x) + f(x) = 0$，所以由 (1) 有 $\int_{-a}^{a} f(x)\mathrm{d}x = 0$.

注：利用例 5 可以简化计算奇、偶函数在对称积分区间上的定积分.

【例 5】 求 $\int_{-5}^{5} \dfrac{x^3 \sin^2 x}{x^4 + 1}\mathrm{d}x$

解 因为被积函数在 $[-5，5]$ 上是奇函数，所以

$$\int_{-5}^{5} \frac{x^3 \sin^2 x}{x^4 + 1}\mathrm{d}x = 0$$

【例 6】 求 $\int_{-2}^{2} (x + \sqrt{4 - x^2})^2\mathrm{d}x$

解 因为 $(x + \sqrt{4 - x^2})^2 = 4 + 2x\sqrt{4 - x^2}$，且 4 是偶函数，$2x\sqrt{4 - x^2}$ 是奇函数，所以

$$\begin{aligned}
\int_{-2}^{2} (x + \sqrt{4 - x^2})^2\mathrm{d}x &= \int_{-2}^{2} (4 + 2x\sqrt{4 - x^2})\mathrm{d}x \\
&= \int_{-2}^{2} 4\mathrm{d}x + \int_{-2}^{2} 2x\sqrt{4 - x^2}\mathrm{d}x \\
&= 2\int_{0}^{2} 4\mathrm{d}x = 16
\end{aligned}$$

2. 定积分的分部积分法

与不定积分一样，定积分也有类似的分部积分法.

定理 2 设 $u = u(x)$，$v = v(x)$ 是区间 $[a，b]$ 上的连续函数，则

$$\begin{aligned}
\int_{a}^{b} u(x)v'(x)\mathrm{d}x &= \int_{a}^{b} u(x)\mathrm{d}v(x) = u(x)v(x) \Big|_{a}^{b} - \int_{a}^{b} v(x)\mathrm{d}u(x) \\
&= u(x)v(x) \Big|_{a}^{b} - \int_{a}^{b} v(x)u'(x)\mathrm{d}x
\end{aligned}$$

上式称为**定积分的分部积分公式**. 与不定积分的分部积分公式稍微不同的是，定积分的分部积分公式可将原函数已经积出的部分 $u(x)v(x)$ 先用上、下限代入，以简化计算.

【例 7】 求 $\int_{1}^{e} \ln x\,\mathrm{d}x$

解 $\int_{1}^{e} \ln x\,\mathrm{d}x = x\ln x \Big|_{1}^{e} - \int_{1}^{e} x \times \dfrac{1}{x}\mathrm{d}x = e - x \Big|_{1}^{e} = e - (e - 1) = 1$

【例 8】 求 $\int_{0}^{2\pi} x\,|\sin x|\,\mathrm{d}x$

解 $\int_{0}^{2\pi} x\,|\sin x|\,\mathrm{d}x = \int_{0}^{\pi} x\sin x\,\mathrm{d}x + \int_{\pi}^{2\pi} x(-\sin x)\mathrm{d}x = -\int_{0}^{\pi} x\,\mathrm{d}\cos x + \int_{\pi}^{2\pi} x\,\mathrm{d}\cos x$

$$= -\left(x\cos x\ \Big|_0^{\pi} - \int_0^{\pi} \cos x\,\mathrm{d}x\right) + x\cos x\ \Big|_{\pi}^{2\pi} - \int_{\pi}^{2\pi} \cos x\,\mathrm{d}x$$

$$= -\left(\pi\cos\pi - \sin x\ \Big|_0^{\pi}\right) + 2\pi\cos2\pi - \pi\cos\pi - \sin x\ \Big|_{\pi}^{2\pi} = 4\pi$$

【例 9】 求 $\displaystyle\int_0^1 e^{\sqrt{x}}\,\mathrm{d}x$

解 设 $\sqrt{x}=t$，则 $x=t^2$，$\mathrm{d}x=2t\,\mathrm{d}t$，且 $x=0$ 时，$t=0$；$x=1$ 时，$t=1$. 于是

$$\int_0^1 e^{\sqrt{x}}\,\mathrm{d}x = \int_0^1 2t\,e^t\,\mathrm{d}t = 2\int_0^1 t\,\mathrm{d}e^t = 2\left(t\,e^t\ \Big|_0^1 - \int_0^1 e^t\,\mathrm{d}t\right) = 2\left(e - e^t\ \Big|_0^1\right) = 2$$

【例 10】 推导 $I_n = \displaystyle\int_0^{\frac{\pi}{2}} \sin^n x\,\mathrm{d}x$ 的计算公式(n 为正整数).

解 $\displaystyle I_n = \int_0^{\frac{\pi}{2}} \sin^n x\,\mathrm{d}x = -\int_0^{\frac{\pi}{2}} \sin^{n-1} x\,\mathrm{d}\cos x$

$$= -\left[\cos x\,\sin^{n-1} x\ \Big|_0^{\frac{\pi}{2}} - (n-1)\int_0^{\frac{\pi}{2}} \cos^2 x\,\sin^{n-2} x\,\mathrm{d}x\right]$$

$$= (n-1)\int_0^{\frac{\pi}{2}} (1-\sin^2 x)\sin^{n-2} x\,\mathrm{d}x = (n-1)\int_0^{\frac{\pi}{2}} \sin^{n-2} x\,\mathrm{d}x - (n-1)\int_0^{\frac{\pi}{2}} \sin^n x\,\mathrm{d}x$$

$$= (n-1)I_{n-2} - (n-1)I_n$$

由此得

$$I_n = \frac{n-1}{n} I_{n-2}$$

上式是积分 I_n 关于下标的递推公式，如果把 n 换成 $n-2$，则得 $I_{n-2} = \dfrac{n-3}{n-2} I_{n-4}$. 依次递推下去，直到 I_n 的下标递减到 0 或 1 为止. 于是

$$I_{2m} = \frac{2m-1}{2m} \times \frac{2m-3}{2m-2} \times \cdots \times \frac{3}{4} \times \frac{1}{2} \times I_0$$

$$I_{2m+1} = \frac{2m}{2m+1} \times \frac{2m-2}{2m-1} \times \cdots \times \frac{4}{5} \times \frac{2}{3} \times I_1 \quad (m=1,\ 2,\ \cdots)$$

而

$$I_0 = \int_0^{\frac{\pi}{2}} \mathrm{d}x = \frac{\pi}{2},\quad I_1 = \int_0^{\frac{\pi}{2}} \sin x\,\mathrm{d}x = 1,$$

因此

$$I_{2m} = \frac{2m-1}{2m} \times \frac{2m-3}{2m-2} \times \cdots \times \frac{3}{4} \times \frac{1}{2} \times \frac{\pi}{2}$$

$$I_{2m+1} = \frac{2m}{2m+1} \times \frac{2m-2}{2m-1} \times \cdots \times \frac{4}{5} \times \frac{2}{3} \quad (m=1,\ 2,\ \cdots)$$

例10的结果与 $I_n = \int_0^{\frac{\pi}{2}} \cos^n x \, \mathrm{d}x$ 相同，可以用来计算 $\left[0, \frac{\pi}{2}\right]$ 上关于 $\sin x$，$\cos x$ 高幂次的定积分的计算. 例如

$$\int_0^{\frac{\pi}{2}} \sin^4 x \cos^2 x \, \mathrm{d}x = \int_0^{\frac{\pi}{2}} \sin^4 x (1 - \sin^2 x) \, \mathrm{d}x$$

$$= I_4 - I_6 = \frac{3}{4} \times \frac{1}{2} \times \frac{\pi}{2} - \frac{5}{6} \times \frac{3}{4} \times \frac{1}{2} \times \frac{\pi}{2} = \frac{\pi}{32}$$

四、 思考与练习

（1）计算下列定积分.

① $\int_0^1 x\sqrt{1-x^2}\,\mathrm{d}x$

② $\int_0^1 \frac{\sqrt{x}}{1+x}\,\mathrm{d}x$

③ $\int_0^4 \frac{x+2}{\sqrt{2x+1}}\,\mathrm{d}x$

④ $\int_0^{\frac{1}{2}} \frac{x^2}{\sqrt{1-x^2}}\,\mathrm{d}x$

⑤ $\int_1^{\sqrt{3}} \frac{1}{x^2\sqrt{1+x^2}}\,\mathrm{d}x$

⑥ $\int_{\ln 3}^{\ln 8} \sqrt{1+\mathrm{e}^x}\,\mathrm{d}x$

⑦ $\int_{-\pi}^{\pi} \sin^{15} x\,\mathrm{d}x$

⑧ $\int_0^{\pi} \sqrt{1-\sin 2x}\,\mathrm{d}x$

⑨ $\int_{-1}^1 x^2(|x|+\sin x)\,\mathrm{d}x$

⑩ $\int_0^1 x\mathrm{e}^{-x}\,\mathrm{d}x$

⑪ $\int_1^{\mathrm{e}} \ln^2 x\,\mathrm{d}x$

⑫ $\int_0^1 x\arctan x\,\mathrm{d}x$

⑬ $\int_1^4 \frac{\ln x}{\sqrt{x}}\,\mathrm{d}x$

⑭ $\int_0^{\pi} x\cos^2 x\,\mathrm{d}x$

⑮ $\int_0^{\left(\frac{\pi}{2}\right)^2} \cos\sqrt{x}\,\mathrm{d}x$

⑯ $\int_0^1 \ln(1+\sqrt{x})\,\mathrm{d}x$

⑰ $\int_{\mathrm{e}^{-1}}^{\mathrm{e}} |\ln x|\,\mathrm{d}x$

⑱ $\int_0^1 \arccos x\,\mathrm{d}x$

（2）设 $f(x) = \begin{cases} \dfrac{1}{1-x}, & x < 0 \\ \sqrt{x}, & x \geqslant 0 \end{cases}$，求 $\int_1^5 f(x-3)\,\mathrm{d}x$.

（3）判断下列等式是否成立，并说明理由.

① $\int_{-1}^1 \frac{\mathrm{d}x}{x^2} = 2\int_0^1 \frac{\mathrm{d}x}{x^2}$

② $\int_{-\pi}^{\pi} \tan x\,\mathrm{d}x = 0$

（4）证明：$\int_0^{\frac{\pi}{2}} \sin^n x\,\mathrm{d}x = \int_0^{\frac{\pi}{2}} \cos^n x\,\mathrm{d}x$（$n$ 是正整数）.

模块4-6 广义积分

一、 教学目的

（1）了解广义积分定义的思想方法；

（2）了解广义积分收敛与发散的定义.

二、 知识要求

（1）能正确掌握广义积分的计算方法；

（2）会求收敛广义积分的值.

三、 相关知识

前面引入定积分概念时假定了被积分函数在闭区间 $[a，b]$ 上有界，即积分区间有限且被积函数在积分区间上有界. 但在实际应用和理论研究中常常需要突破这两个限制：一是考虑有界函数在无限区间上的积分；二是考虑含无界点的函数在有限区间上的积分，这两类积分别称为无限区间上的广义积分与无界函数的广义积分（或瑕积分），并统称为广义积分或反常积分.

1. 无限区间上的广义积分

 定义1

设函数 $f(x)$ 在区间 $[a，+\infty)$ 上连续，如果对任意的 $b>a$，极限 $\lim\limits_{b\to+\infty}\int_a^b f(x)\mathrm{d}x$ 存在，则称此极限值为函数 $f(x)$ 在无限区间 $[a，+\infty)$ 上的广义积分，记作 $\int_a^{+\infty} f(x)\mathrm{d}x$，即

$$\int_a^{+\infty} f(x)\mathrm{d}x = \lim\limits_{b\to+\infty}\int_a^b f(x)\mathrm{d}x$$

这时也称广义积分 $\int_a^{+\infty} f(x)\mathrm{d}x$ 收敛. 如果上述极限不存在，就称广义积分 $\int_a^{+\infty} f(x)\mathrm{d}x$ 发散，此时 $\int_a^{+\infty} f(x)\mathrm{d}x$ 没有意义，只是一种记号.

类似地可以定义函数 $f(x)$ 在无限区间 $(-\infty，b]$ 和 $(-\infty，+\infty)$ 上的广义积分，即

$$\int_{-\infty}^b f(x)\mathrm{d}x = \lim\limits_{a\to-\infty}\int_a^b f(x)\mathrm{d}x$$

$$\int_{-\infty}^{+\infty} f(x)\mathrm{d}x = \int_{-\infty}^c f(x)\mathrm{d}x + \int_c^{+\infty} f(x)\mathrm{d}x = \lim\limits_{a\to-\infty}\int_a^c f(x)\mathrm{d}x + \lim\limits_{b\to+\infty}\int_c^b f(x)\mathrm{d}x$$

其中 c 是任意常数.

说明：设 $F(x)$ 是 $f(x)$ 的一个原函数，记 $F(x)\Big|_a^{+\infty} = \lim\limits_{x\to+\infty} F(x) - F(a)$，若 $\lim\limits_{x\to+\infty} F(x)$ 存在，则有

$$\int_a^{+\infty} f(x)\mathrm{d}x = F(x)\Big|_a^{+\infty} = \lim\limits_{x\to+\infty} F(x) - F(a)$$

类似地，若 $\lim\limits_{x\to-\infty} F(x)$ 存在，则有

$$\int_{-\infty}^b f(x)\mathrm{d}x = F(x)\Big|_{-\infty}^b = F(b) - \lim\limits_{x\to-\infty} F(x)$$

若 $\lim\limits_{x \to +\infty} F(x)$ 与 $\lim\limits_{x \to -\infty} F(x)$ 均存在，则有

$$\int_{-\infty}^{+\infty} f(x)\mathrm{d}x = F(x) \Big|_{-\infty}^{+\infty} = \lim_{x \to +\infty} F(x) - \lim_{x \to -\infty} F(x)$$

【例 1】 计算广义积分 $\int_{1}^{+\infty} \dfrac{1}{x^5}\mathrm{d}x$.

解法 1 因为 $\int_{1}^{b} \dfrac{1}{x^5}\mathrm{d}x = -\dfrac{1}{4x^4}\Big|_{1}^{b} = \dfrac{1}{4}\left(1 - \dfrac{1}{b^4}\right)$

所以

$$\int_{1}^{+\infty} \dfrac{1}{x^5}\mathrm{d}x = \lim_{b \to +\infty} \dfrac{1}{4}\left(1 - \dfrac{1}{b^4}\right) = \dfrac{1}{4}$$

解法 2 $\int_{1}^{+\infty} \dfrac{1}{x^5}\mathrm{d}x = -\dfrac{1}{4x^4}\Big|_{1}^{+\infty} = -\dfrac{1}{4}\left(\lim_{x \to +\infty} \dfrac{1}{x^4} - 1\right) = \dfrac{1}{4}$

【例 2】 判断广义积分 $\int_{0}^{+\infty} \sin x\,\mathrm{d}x$ 的收敛性.

解 因为 $\int_{0}^{+\infty} \sin x\,\mathrm{d}x = -\cos x\Big|_{0}^{+\infty} = 1 - \lim\limits_{x \to +\infty} \cos x$，且极限 $\lim\limits_{x \to +\infty} \cos x$ 不存在，

所以广义积分 $\int_{0}^{+\infty} \sin x\,\mathrm{d}x$ 发散.

【例 3】 计算广义积分 $\int_{-\infty}^{+\infty} \dfrac{\mathrm{d}x}{1+x^2}$

解 $\int_{-\infty}^{+\infty} \dfrac{\mathrm{d}x}{1+x^2} = \arctan x\Big|_{-\infty}^{+\infty} = \lim\limits_{x \to +\infty} \arctan x - \lim\limits_{x \to -\infty} \arctan x$

$$= \dfrac{\pi}{2} - \left(-\dfrac{\pi}{2}\right) = \pi$$

2. 无界函数的广义积分

现在考虑被积函数在某些点处无界的广义积分. 如果函数 $f(x)$ 在点 a 的任一邻域内都无界，则称点 a 是函数 $f(x)$ 的瑕点或无界间断点.

🖐 定义2

设函数 $f(x)$ 在区间 $(a, b]$ 上连续，点 a 为 $f(x)$ 的瑕点. 如果任取 $t > a$，极限 $\lim\limits_{t \to a^+} \int_{t}^{b} f(x)\mathrm{d}x$ 存在，则称此极限值为函数 $f(x)$ 在区间 $(a, b]$ 上的广义积分，仍然记作 $\int_{a}^{b} f(x)\mathrm{d}x$，即

$$\int_{a}^{b} f(x)\mathrm{d}x = \lim_{t \to a^+} \int_{t}^{b} f(x)\mathrm{d}x$$

这时也称广义积分 $\int_{a}^{b} f(x)\mathrm{d}x$ 收敛. 如果上述极限不存在，就称广义积分 $\int_{a}^{b} f(x)\mathrm{d}x$ 发散.

类似地，设 $f(x)$ 在区间 $[a, b)$ 上连续，点 b 为 $f(x)$ 的瑕点．任取 $t < b$，定义

$$\int_a^b f(x)\mathrm{d}x = \lim_{t \to b^-} \int_a^t f(x)\mathrm{d}x$$

设 $f(x)$ 在区间 $[a, b]$ 上除点 $c(a < c < b)$ 外连续，点 c 为 $f(x)$ 的瑕点．如果两个广义积分 $\int_a^c f(x)\mathrm{d}x$ 与 $\int_c^b f(x)\mathrm{d}x$ 都收敛，则定义

$$\int_a^b f(x)\mathrm{d}x = \int_a^c f(x)\mathrm{d}x + \int_c^b f(x)\mathrm{d}x$$
$$= \lim_{t \to c^-} \int_a^t f(x)\mathrm{d}x + \lim_{t \to c^+} \int_t^b f(x)\mathrm{d}x$$

上述各广义积分统称为无界函数的广义积分．在计算过程中，也可引入牛顿-莱布尼茨公式的记号．即当点 a 为 $f(x)$ 的瑕点，$\lim\limits_{x \to a^+} F(x)$ 存在时，记

记 $F(x)\Big|_{a^+}^b = F(b) - \lim\limits_{x \to a^+} F(x)$，则形式上有

$$\int_a^b f(x)\mathrm{d}x = F(x)\ \Big|_a^b = F(b) - \lim_{x \to a^+} F(x)$$

当点 b 为 $f(x)$ 的瑕点，$\lim\limits_{x \to b^-} F(x)$ 存在时，类似有

$$\int_a^b f(x)\mathrm{d}x = F(x)\ \Big|_a^{b^-} = \lim_{x \to b^-} F(b) - F(a)$$

当点 c 是 $f(x)$ 在区间 $[a, b]$ 内的唯一瑕点，$\lim\limits_{x \to c^-} F(x)$ 与 $\lim\limits_{x \to c^+} F(x)$ 都存在时，

$$\int_a^b f(x)\mathrm{d}x = \int_a^c f(x)\mathrm{d}x + \int_c^b f(x)\mathrm{d}x = F(x)\ \Big|_a^{c^-} + F(x)\ \Big|_{c^+}^b$$
$$= F(b) - F(a) + \lim_{x \to c^-} F(x) - \lim_{x \to c^+} F(x)$$

【例4】 计算广义积分 $\int_0^a \dfrac{\mathrm{d}x}{\sqrt{a^2 - x^2}}\ (a > 0)$

解 注意到被积函数在 $x = a$ 处无界，所以

$$\int_0^a \frac{\mathrm{d}x}{\sqrt{a^2 - x^2}} = \arcsin \frac{x}{a}\ \Big|_0^a$$

$$= \lim_{x \to a^-} \arcsin \frac{x}{a} - \arcsin 0$$

$$= \arcsin 1 = \frac{\pi}{2}$$

【例5】 讨论广义积分 $\int_{-1}^1 \dfrac{\mathrm{d}x}{x^3}$ 的收敛性．

解 注意到被积函数在积分区间$[-1, 1]$上除$x=0$外连续，且

$$\int_{-1}^{0} \frac{\mathrm{d}x}{x^3} = -\frac{1}{x} \Big|_{-1}^{0} = -\left[\lim_{x \to 0^-} \frac{1}{x} - (-1)\right] = +\infty,$$

所以广义积分$\int_{-1}^{0} \frac{\mathrm{d}x}{x^3}$发散，从而广义积分$\int_{-1}^{1} \frac{\mathrm{d}x}{x^3}$发散．

四、 思考与练习

(1) 判断下列广义积分的敛散性，并求出收敛广义积分的值．

① $\int_{1}^{+\infty} \frac{\mathrm{d}x}{x^4}$ ② $\int_{1}^{+\infty} \frac{1}{\sqrt{x}} \mathrm{d}x$ ③ $\int_{0}^{+\infty} \frac{1}{a^2 + x^2} \mathrm{d}x, \ a > 0$

④ $\int_{-\infty}^{+\infty} \frac{\mathrm{d}x}{5 + 4x + x^2}$ ⑤ $\int_{0}^{+\infty} \mathrm{e}^{-2x} \mathrm{d}x$ ⑥ $\int_{-\infty}^{+\infty} \frac{2x}{1 + x^2} \mathrm{d}x$

⑦ $\int_{0}^{1} \frac{x}{\sqrt{1 - x^2}} \mathrm{d}x$ ⑧ $\int_{1}^{2} \frac{x}{\sqrt{x - 1}} \mathrm{d}x$ ⑨ $\int_{0}^{2} \frac{1}{(1 - x)^3} \mathrm{d}x$

(2) 当p为何值时，广义积分$\int_{2}^{+\infty} \frac{\mathrm{d}x}{x(\ln x)^p}$收敛？

模块4-7 定积分的几何应用

一、 教学目的

(1) 了解定积分微元法基本过程与思想方法；

(2) 知道在求平面图形的面积与旋转体的体积时，应用定积分微元法是一种普遍适用的方法．

二、 知识要求

(1) 能够正确利用定积分表达平面图形的面积并计算其值；

(2) 能够正确利用定积分表达旋转体的体积并计算其值．

三、 相关知识

1. 定积分的微元法

由引入定积分概念的两个引例可以看到，运用定积分解决实际问题一般采用"分割作乘积，求和取极限"这四个步骤，下面回顾一下求曲边梯形面积的过程：

第一步：分割区间$[a, b]$为n个长度为Δx_i的小区间$[x_{i-1}, x_i]$，并将所求曲边梯形面积A对应分解为求小曲边梯形面积$\Delta A_i (i = 1, 2, \cdots, n)$，即$A = \sum_{i=1}^{n} \Delta A_i$．

第二步：在每个子区间$[x_{i-1}, x_i]$上任取一点ξ_i，计算ΔA_i的近似值，即作乘积：$\Delta A_i \approx f(\xi_i) \Delta x_i (i = 1, 2, \cdots, n)$．

第三步：求和得曲边梯形面积的近似值：$A \approx \sum_{i=1}^{n} f(\xi_i) \Delta x_i$．

第四步：记 $\lambda = \max\limits_{1 \leqslant i \leqslant n}\{\Delta x_i\}$，取极限得曲边梯形面积的精确值：

$$A = \lim_{\lambda \to 0} \sum_{i=1}^{n} f(\xi_i)\Delta x_i = \int_a^b f(x)\mathrm{d}x$$

在上述四步中，若从分割后的若干子区间中取一个代表来讨论，这个代表区间可以记为 $[x, x+\mathrm{d}x]$，点 ξ_i 用 x 来代替，那么第二步中的近似形式 $\sum\limits_{i=1}^{n} f(\xi_i)\Delta x_i$ 可以表示为 $f(x)\mathrm{d}x$，它和第四步中面积的定积分 $\int_a^b f(x)\mathrm{d}x$ 的被积表达式相同．从而上述四步可以简化为两步：

第一步：选取一个变量例如 x 作为积分变量，并确定它的变化区间 $[a, b]$，然后在 $[a, b]$ 上任取一小区间 $[x, x+\mathrm{d}x]$ 作为代表元．

第二步：小区间 $[x, x+\mathrm{d}x]$ 上对应的小曲边梯形的面积 ΔA 可近似以数值 $f(x)$ 为高，$\mathrm{d}x$ 为底的小矩形面积 $f(x)\mathrm{d}x$，即 $\Delta A \approx f(x)\mathrm{d}x$，最后将 ΔA 的近似值在区间 $[a, b]$ 上积分，即得曲边梯形的面积

$$A = \int_a^b f(x)\mathrm{d}x$$

一般地，若所求量 U 与 x 的变化区间 $[a, b]$ 有关，并且关于区间 $[a, b]$ 具有可加性，则在 $[a, b]$ 的任意一个小区间 $[x, x+\mathrm{d}x]$ 上找出所出量的部分量 ΔU 的近似值，比如是 $\Delta U \approx f(x)\mathrm{d}x$，然后将 ΔU 的近似值在区间 $[a, b]$ 上积分，即得所求量

$$U = \int_a^b f(x)\mathrm{d}x$$

这种方法称为**微元法或元素法**，$\mathrm{d}U = f(x)\mathrm{d}x$ 称为所求量 U 的微元或元素．

【例 1】 （平行截面面积已知的立体体积）设一个立体介于过点 $x=a$，$x=b$ 且垂直于 x 轴的两平面之间，如果立体过点 $x \in [a, b]$ 且垂直于 x 轴的截面面积 $A(x)$ 为 x 的已知连续函数，则称此立体为平行截面面积已知的立体，如图 4-12 所示，求该立体的体积．

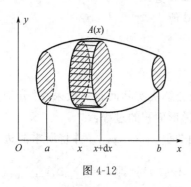

图 4-12

解 选取 x 为积分变量，则 $x \in [a, b]$. 在 $[a, b]$ 上任取一个小区间 $[x, x+\mathrm{d}x]$，过端点作垂直于 x 轴的平面，可得到一个小薄片立体（图 4-12 所示）. 小薄片立体的体积可以近似地看成是以面积 $A(x)$ 为底，$\mathrm{d}x$ 为高的小直柱体的体积，即体积 V 的元素 $\mathrm{d}V = A(x)\mathrm{d}x$，于是所求立体的体积为

$$V = \int_a^b A(x)\mathrm{d}x$$

本例结果可作为公式直接使用．下面介绍元素法在平面图形面积计算和旋转体的体积计算中的应用．

2. 平面图形的面积

（1）由曲线 $y=f(x)$，直线 $x=a$，$x=b$ 及 x 轴围成的平面图形的面积，如图 4-13 所

示，选 x 为积分变量，并任取子区间 $[x, x+\mathrm{d}x]$. 该子区间上对应小曲边形可近似表示为以 $f(x)$ 的长度 $|f(x)|$ 为高以 $\mathrm{d}x$ 为底的矩形，即 $\Delta A \approx |f(x)|\,\mathrm{d}x$，所以面积元素 $\mathrm{d}A = |f(x)|\,\mathrm{d}x$. 因此由曲线 $y = f(x)$，直线 $x = a$，$x = b$ 及 x 轴围成的平面图形的面积为

$$A = \int_a^b |f(x)|\,\mathrm{d}x$$

类似地曲线 $x = \varphi(y)$，直线 $y = c$，$y = d$ 及 y 轴围成的平面图形（如图 4-14 所示）的面积为

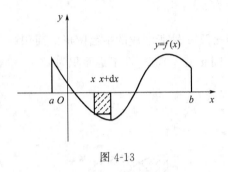

图 4-13

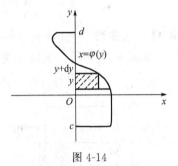

图 4-14

$$A = \int_c^d |\varphi(y)|\,\mathrm{d}y$$

【例 2】 求曲线 $y = \ln x$ 与直线 $x = \dfrac{1}{2}$，$x = 2$ 及 x 轴所围成的平面图形的面积.

解 如图 4-15 所示，选 x 为积分变量，则 $x \in \left[\dfrac{1}{2}, 2\right]$，于是图形面积为：

$$A = \int_{\frac{1}{2}}^{2} |\ln x|\,\mathrm{d}x = \int_{\frac{1}{2}}^{1} -\ln x\,\mathrm{d}x + \int_{1}^{2} \ln x\,\mathrm{d}x$$

$$= -\left(x\ln x \;\Big|_{\frac{1}{2}}^{1} - \int_{\frac{1}{2}}^{1} x \times \frac{1}{x}\mathrm{d}x\right) + x\ln x \;\Big|_{1}^{2} - \int_{1}^{2} x \times \frac{1}{x}\mathrm{d}x$$

$$= -\left(-\frac{1}{2}\ln\frac{1}{2} - \frac{1}{2}\right) + 2\ln 2 - 1 = \frac{3}{2}\ln 2 - \frac{1}{2}$$

（2）由曲线 $y = f(x)$，$y = g(x)$，直线 $x = a$，$x = b$ 围成的平面图形的面积.

如图 4-16 所示，选 x 为积分变量，并任取子区间 $[x, x+\mathrm{d}x]$. 该子区间所对应的不

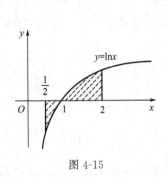

图 4-15

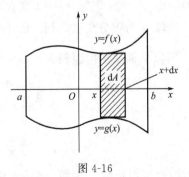

图 4-16

规则小图形可近似表示为是以 $|f(x)-g(x)|$ 为高，$\mathrm{d}x$ 为底的矩形，即 $\Delta A \approx |f(x)-g(x)|\mathrm{d}x$，所以面积元素为 $\mathrm{d}A=|f(x)-g(x)|\mathrm{d}x$. 从而由曲线 $y=f(x)$，$y=g(x)$，直线 $x=a$，$x=b$ 围成的平面图形的面积为

$$A = \int_a^b |f(x)-g(x)|\,\mathrm{d}x$$

类似地，由曲线 $x=\varphi(y)$，$x=\phi(y)$，直线 $y=c$，$y=d$ 围成平面图形（如图 4-17 所示）的面积为

$$A = \int_c^d |\varphi(y)-\phi(y)|\,\mathrm{d}y$$

【例3】 求曲线 $y=\sin x$，$y=\cos x$ 与 $x=\pi$ 及 y 轴所围成的平面图形的面积.

解 如图 4-18 所示，选取 x 为积分变量，则 $x \in [0, \pi]$，于是面积为

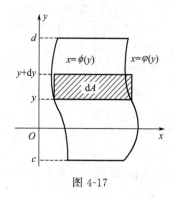

图 4-17

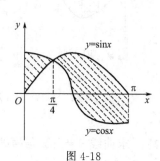

图 4-18

$$A = \int_0^\pi |\sin x - \cos x|$$

$$= \int_0^{\frac{\pi}{4}} (\cos x - \sin x)\mathrm{d}x + \int_{\frac{\pi}{4}}^{\pi} (\sin x - \cos x)\mathrm{d}x$$

$$= (\sin x + \cos x)\Big|_0^{\frac{\pi}{4}} - (\sin x + \cos x)\Big|_{\frac{\pi}{4}}^{\pi}$$

$$= \sqrt{2} - 1 - (-1 - \sqrt{2}) = 2\sqrt{2}$$

【例4】 求曲线 $y^2=2x$ 与直线 $y=x-4$ 所围成的平面图形的面积.

解 由 $y^2=2x$ 与 $y=x-4$ 联立可解得两曲线的交点为 $(2，-2)$ 和 $(8，4)$. 如图 4-19 所示. 选取 y 为积分变量，则 $y \in [-2，4]$，且右边曲线是 $x=y+4$，左边曲线是 $x=\frac{1}{2}y^2$，所以平面图形的面积为

$$A = \int_{-2}^4 \left[(y+4) - \frac{1}{2}y^2\right]\mathrm{d}y$$

$$= \frac{1}{2}y^2 \Big|_{-2}^4 + 24 - \frac{1}{6}y^3 \Big|_{-2}^4 = 18$$

本题也可以选取 x 为积分变量，这时平面图形的下边界有两条曲线，应过其交点$(2，$

—2）作垂直于 x 轴的直线把平面图形分成两部分计算，即当 $x\in[0,2]$ 时，上边曲线方程是 $y=\sqrt{2x}$，下边曲线方程是 $y=-\sqrt{2x}$；当 $x\in[2,8]$ 时，上边曲线方程是 $y=\sqrt{2x}$，下边曲线方程是 $y=x-4$，所以平面图形的面积为

$$A=\int_0^2[\sqrt{2x}-(-\sqrt{2x})]\mathrm{d}x+\int_2^8[\sqrt{2x}-(x-4)]\mathrm{d}x=18$$

3. 旋转体的体积

一平面图形绕该平面内的一条直线旋转一周所生成的空间立体称为旋转体，该直线称为旋转轴.

设平面图形由曲线 $y=f(x)$，直线 $x=a$，$x=b$ 及 x 轴围成（图 4-20），两面求该平面图形绕 x 轴旋转一周得到的旋转体的体积.

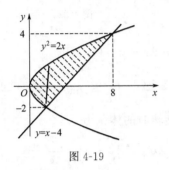

图 4-19

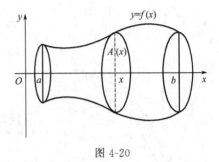

图 4-20

如图 4-20 所示，任取 $x\in[a,b]$，该点垂直于 x 轴的平面与旋转体相截的截面都是圆，其面积为 $A(x)=\pi y^2=\pi f^2(x)$. 所以由平行截面面积已知的立体体积公式（见本节例1）就得旋转体的体积为

$$V_x=\int_a^b\pi f^2(x)\mathrm{d}x$$

类似地，如图 4-21 所示，由曲线 $x=\varphi(y)$，直线 $y=c$，$y=d$ 及 y 轴围成的平面图形绕 y 轴旋转一周得到的旋转体的体积为

$$V_y=\int_c^d\pi\varphi^2(y)\mathrm{d}y$$

【例5】 求由曲线 $y=x^2$ 与直线 $x=-1$，$x=2$ 及 x 轴围成的平面图形绕 x 轴旋转一周得到的旋转体的体积.

解 如图 4-22 所示，选取 x 为积分变量，则 $x\in[-1,2]$，于是绕 x 轴旋转一周的旋转体体积为

$$V_x=\pi\int_{-1}^2(x^2)^2\mathrm{d}x$$

$$=\frac{\pi}{5}x^5\ \Big|_{-1}^2=\frac{33\pi}{5}$$

【例6】 求由曲线 $y=\sqrt{8x}$，$y=x^2$ 围成的平面图形分别绕 x 轴与 y 轴旋转一周得到的旋转体的体积.

解 如图 4-23 所示，由曲线 $y=\sqrt{8x}$，$y=x^2$ 可解得交点为 $(0，0)$ 与 $(2，4)$. 绕 x 轴旋转时，旋转体的体积可以看成是两个旋转体的体积之差，即

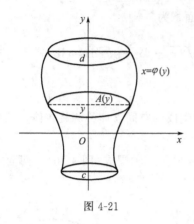

图 4-21

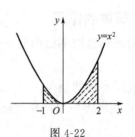

图 4-22

$$V_x = \pi \int_0^1 (\sqrt{8x})^2 \,dx - \pi \int_0^1 (x^2)^2 \,dx$$

$$= 4\pi x^2 \,\Big|_0^2 - \frac{\pi x^5}{5} \,\Big|_0^2 = 16\pi - \frac{32\pi}{5} = \frac{48\pi}{5}$$

同理，绕 y 轴旋转时的体积为

$$V_y = \pi \int_0^4 (\sqrt{y})^2 \,dy - \pi \int_0^4 \left(\frac{y^2}{8}\right)^2 \,dy$$

$$= \frac{\pi}{2} y^2 \,\Big|_0^4 - \frac{\pi}{5 \times 64} y^5 \,\Big|_0^4$$

$$= 8\pi - \frac{16\pi}{5} = \frac{24\pi}{5}$$

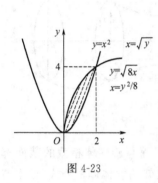

图 4-23

四、思考与练习

(1) 求下列曲线所围成的平面图形的面积.

① $xy=1$，$y=x$，$x=2$

② $y=e^x$，$y=e^{-x}$，$x=1$

③ $y=\sqrt{x}$，$y+x=2$，$y=0$

④ $y=\ln x$，$y=-\ln 2$，$y=\ln 2$，$x=0$

⑤ $y=x^2-1$，$y=x+1$

⑥ $y=x^2$，$y=2-x^2$

(2) 求由曲线 $y=e^x$ 和该曲线过原点的切线以及 y 轴所围成的图形的面积.

(3) 求由下列曲线所围成的平面图形分别绕 x 轴，y 轴旋转一周所生成的旋转体的体积.

① $y=x^2$，$y=x$

② $y=x^3$，$y=x$

③ $y=\sqrt{x}$，$y=0$，$x=1$，$x=4$

④ $y=x$，$y=2x$，$x=3$

复习题

1. 填空题

(1) 已知 $\displaystyle\int f'(x^3)\,dx = x^3 + C$，则 $f(x) =$ _____.

(2) 已知 $\displaystyle\int \frac{\sin x}{f(x)}\mathrm{d}x = \arctan(\cos x) + C$，则 $\displaystyle\int f(x)\mathrm{d}x =$ _____ .

(3) 已知 $\cos x^2$ 是 $f(x)$ 的一个原函数，则 $\displaystyle\int x^2 f(x)\mathrm{d}x =$ _____ .

2. 设 $f(x)$ 在 $[1, +\infty)$ 上可导，$f(1) = 0$，$f'(\mathrm{e}^x + 1) = \mathrm{e}^{2x} + 1$，求 $f(x)$.

3. 设 $F(x)$ 是 $f(x)$ 的一个原函数，试求 $\displaystyle\int \mathrm{e}^{2x} f'(\mathrm{e}^x)\mathrm{d}x$.

4. 求下列不定积分

(1) $\displaystyle\int \frac{x^2 \mathrm{d}x}{a^2 - x^6}, a > 0$ 　　(2) $\displaystyle\int \frac{1 + \cos x}{x + \sin x}\mathrm{d}x$ 　　(3) $\displaystyle\int \frac{x}{(1-x)^8}\mathrm{d}x$

(4) $\displaystyle\int \frac{\ln\tan x}{\sin x \cos x}\mathrm{d}x$ 　　(5) $\displaystyle\int \frac{\mathrm{e}^{2x}}{1 + \mathrm{e}^x}\mathrm{d}x$ 　　(6) $\displaystyle\int \sqrt{\frac{1-x}{1+x}}\mathrm{d}x$

(7) $\displaystyle\int \frac{x+1}{\sqrt[3]{1+3x}}\mathrm{d}x$ 　　(8) $\displaystyle\int \frac{\ln x - 1}{x^2}\mathrm{d}x$ 　　(9) $\displaystyle\int \mathrm{e}^x \tan \mathrm{e}^x \mathrm{d}x$

(10) $\displaystyle\int \frac{\ln x}{x\sqrt{1 + \ln x}}\mathrm{d}x$ 　　(11) $\displaystyle\int \sin^4 x \mathrm{d}x$ 　　(12) $\displaystyle\int \frac{1}{(1 + x^2)^2}\mathrm{d}x$

5. 设 $f(x)$ 是连续的奇函数，$F(x) = \displaystyle\int_0^x f(t)\mathrm{d}t$. 证明：$F(x)$ 是偶函数.

6. 设函数 $f(x)$ 满足 $\displaystyle\int_0^x \mathrm{e}^{x-t} f(t)\mathrm{d}t = \sin x$，求 $f(x)$ 的表达式.

7. 设 $x \geqslant 0$ 时，$\displaystyle\int_{2x+x^2}^0 f(t)\mathrm{d}t = x^3$，其中 $f(x)$ 是连续函数，求 $f(3)$.

8. 求下列定积分

(1) $\displaystyle\int_1^3 |x - 2|\mathrm{d}x$ 　　(2) $\displaystyle\int_0^{\frac{\pi}{2}} (1 - \sin x)\cos x \mathrm{d}x$ 　　(3) $\displaystyle\int_0^\pi \sqrt{1 - \sin^2 x}\mathrm{d}x$

(4) $\displaystyle\int_{\ln 3}^{\ln 8} \sqrt{1 + \mathrm{e}^x}\mathrm{d}x$ 　　(5) $\displaystyle\int_0^1 \ln(1 + \sqrt{x})\mathrm{d}x$ 　　(6) $\displaystyle\int_1^2 \frac{x\,\mathrm{d}x}{\sqrt{1 + x^2}}$

(7) $\displaystyle\int_0^1 (\arcsin x)^3 \mathrm{d}x$ 　　(8) $\displaystyle\int_0^1 (1 - x^2)^2 \mathrm{d}x$ 　　(9) $\displaystyle\int_0^{+\infty} x\mathrm{e}^{-x}\mathrm{d}x$

9. 设平面图形是由 $y = \sin x$ 和直线 $x = 0$，$x = \dfrac{\pi}{2}$，$y = t$（其中 $0 < t < 1$ 是常数）所围成的，问：

(1) t 为何值时，该平面图形的面积最小？

(2) t 为何值时，该平面图形的面积最大？

10. 设 D_1 是由曲线 $y = 2x^2$ 与直线 $y = 0$，$x = t$，$x = 2$ 围成的平面区域；D_2 是由曲线 $y = 2x^2$ 与直线 $y = 0$，$x = t$ 围成的平面区域，其中 $0 < t < 2$ 是常数. 求：

(1) D_1 绕 x 轴旋转一周所生成的旋转体的体积 V_1.

(2)D_2 绕 y 轴旋转一周所生成的旋转体的体积 V_2.

(3)问 t 为何值时，$V_1 + V_2$ 取得最大值？最大值是多少？

知识链接

微积分发展简史

牛顿（1642—1727 年）出生在一个农民的家庭，是早产的遗腹子，勉强存活。17 岁母亲召他从中学回田庄务农，由他舅父及中学校长劝说，他母亲在 9 个月之后才允许他返校学习。中学校长对他母亲说："在繁杂的农务中埋没这样的天才，对世界来说将是多么巨大的损失"成了伟大的预言。牛顿 1661 年入剑桥大学，受教于 barrow（第一任卢卡斯教授）。1665 年 8 月因瘟疫剑桥关闭，回家 2 年，这期间，他制定了研究与发现微积分、万有引力及光学的蓝图。他的这三项伟大贡献中的任何一项，都足以使他名垂青史。牛顿研究微积分于 1664 年，1665 年 5 月发明了微分，1666 年 5 月发明积分，1666 年 10 月写了《流数简论》文末发表，是历史上第一篇系统的微积分文献。微积分诞生，当然还不成熟．他又花了 20 多年的时间不断改进与完善他的学说．他的成果发表于 1687 年、1704 年及 1736 年。

莱布尼茨（1646—1716 年）出生在德国的一个教授家庭，在莱比锡大学学习法律，1667 年获阿尔特多夫大学法学博士学位，之后一生从政。1673～1676 年，其成果发表于 1684 年及 1686 年。

牛顿（1642—1727 年）从物理学出发，运用集合方法研究微积分，其应用上更多地结合了运动学，造诣高于莱布尼茨。莱布尼茨则从几何问题出发，运用分析学方法引进微积分概念、得出运算法则，其数学的严密性与系统性是牛顿所不及的。

莱布尼茨认识到好的数学符号能节省思维劳动，运用符号的技巧是数学成功的关键之一。因此，他所创设的微积分符号远远优于牛顿的符号，这对微积分的发展有极大影响。1713 年，莱布尼茨发表了《微积分的历史和起源》一文，总结了自己创立微积分学的思路，说明了自己成就的独立性。

牛顿和莱布尼茨都是科学巨人。除了微积分，牛顿还在代数方程论、几何、数值分析、几何概率等都有杰出的贡献。莱布尼茨对数学、力学、机械、地质逻辑甚至哲学、法律、外交、神学和语言都做出了杰出的贡献。在数学上，除微积分外，他还是数理逻辑的奠基人，二进记数制的发明人，制造计算机的先驱，行列式发现者之一，等等。

他们是他们所处时代的伟大科学家，尽管在背景、方法与形式有所不同，各有特色，但他们给出的微积分基本定理等一整套理论，并将它应用于天文、力学、物理等学科，获得了巨大成功，给整个科学带来了革命性影响。

牛顿和莱布尼茨的微积分的基础是不牢固的，是不严格的，尤其是在使用无穷小的概念上的随意与混乱，一会儿说不是零，一会儿说是零，这引起了人们对他们理论的怀疑与批评，引起了人们对微积分基础严格化努力的第二阶段。从微积分建立到分析算术化于 1872 年完成，使微积分建立在一个牢固的基础之上，平息了对微积分基础的争论，历时 200 余年。

微积分在指责中诞生，在别人的攻击中完成了它的发展成熟。Cauchy 正确地表述并严格地证明了微积分基本定理、中值定理等微积分中一系列重要定理。Cauchy 的工作在很大程度上澄清了微积分的基础问题上长期存在的混乱和模糊不清之处，是微积分走向严格化的极为关键的一步。1834 年 Riemann 定义了 Riemann 积分，这微积分更加完美。1857 年 Weierstrass 给出了实数的严格定义，他创造了一整套 $\varepsilon\text{-}N$，$\varepsilon\text{-}\delta$ 语言，用这套语言重新建立了微积分体系。

1859 年李善兰把微积分引进了中国。

项目五

多元函数微积分

学习目标

一、 知识目标

(1) 了解空间曲线与曲面的基本概念;

(2) 了解多元函数的概念与二元函数的极限;

(3) 掌握偏导数与全微分的概念与计算方法;

(4) 掌握多元复合函数与隐函数微分法;

(5) 理解多元函数极值的概念与计算方法;

(6) 掌握二重积分与三重积分的计算.

二、 能力目标

(1) 会正确计算偏导数与全微分;

(2) 会正确计算多元复合函数与隐函数的偏导;

(3) 会正确计算二重积分与三重积分.

项目概述

多元函数微积分主要研究多个变量的函数的微分与积分, 本项目主要包括偏导数与全微分、 多元复合函数与隐函数微分法、 二重积分与三重积分的计算方法.

该部分内容一方面是为各种后继课程的学习奠定必要的数学基础; 另一方面培养学生抽象思维、 逻辑推理、 空间想象的能力, 为从事工程技术、 经济管理工作、 科学研究以及开拓新技术领域, 打下坚实的基础.

项目实施

模块5-1 空间解析几何

一、 教学目的

(1) 了解空间直角坐标系的一些基本概念;

（2）了解空间曲线与曲面的基本概念．

二、知识要求

（1）学生对空间直角坐标系、坐标轴、坐标面以及空间曲面与曲线的概念有较熟悉的认识；

（2）学生能理解平面方程及其求法．

三、相关知识

1. 空间直角坐标系

空间三个相互垂直且原点重合的数轴构成空间直角坐标系．三个数轴分别称为 x 轴（横轴）、y 轴（纵轴）、z 轴（竖轴），统称为**坐标轴**；三个数轴的共同原点称为空间直角坐标系的**原点**．通常三个数轴应具有相同的长度单位，并把 x 轴和 y 轴配置在水平面上，而 z 轴是水平面上的铅垂线，数轴的正向通常符合右手规则．如图 5-1 所示．

在空间直角坐标系中，任意两个坐标轴可以确定一个平面，这种平面称为**坐标面**．三个坐标面分别称为 xOy 面，yOz 面和 zOx 面，如图 5-2 所示．坐标面把空间分成 8 个部分，每一部分叫做一个**卦限**，分别用字母 Ⅰ、Ⅱ、Ⅲ、Ⅳ、Ⅴ、Ⅵ、Ⅶ、Ⅷ 表示．如图 5-3 所示．

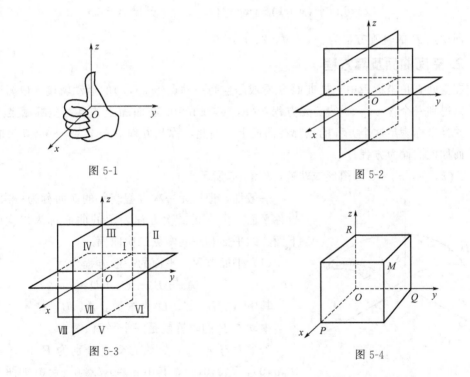

图 5-1

图 5-2

图 5-3

图 5-4

建立了空间直角坐标系后，就可以讨论空间的点的坐标．设 M 是空间的一点，过 M 作三个平面分别垂直于 x 轴、y 轴、z 轴且与这三个坐标轴分别交于点 P，Q 和 R（如图 5-4 所示）．点，P、Q 和 R 分别称为点 M 在 x 轴、y 轴、z 轴上的投影．设这三个投影在 x 轴、y 轴、z 轴的坐标依次为 x、y、z，则空间一点 M 唯一确定一个有序数组（x，

y,z),反之一个有序数组(x,y,z)唯一确定一点M.(x,y,z)称为点M的坐标,x、y、z分别称为点M的横坐标、纵坐标、竖坐标.坐标为(x,y,z)的点M记为$M(x,y,z)$.

容易看到坐标原点O的坐标为$O(0,0,0)$.

设$M_1(x_1,y_1,z_1)$、$M_2(x_2,y_2,z_2)$为空间两点.$x=y=z=0$,以得到点$M_1(x_1,y_1,z_1)$与点$M_2(x_2,y_2,z_2)$之间的距离为

$$|M_1M_2| = \sqrt{(x_2-x_1)^2+(y_2-y_1)^2+(z_2-z_1)^2}$$

【例1】 在z轴上求与两点$A(-4,1,0)$和$B(3,1,-1)$等距离的点.

解 设所求的点为$M(0,0,z)$,依题意有$|MA|=|MB|$,即

$$\sqrt{(0+4)^2+(0-1)^2+(z-0)^2} = \sqrt{(0-3)^2+(0-1)^2+(z+1)^2}$$

解之得$z=3$,故所求点为$M(0,0,3)$.

【例2】 设动点$P(x,y,z)$与两定点$A(1,-1,0)$、$B(2,0,-2)$的距离相等,求动点P的轨迹.

解 根据空间两点的距离公式,得

$$(x-1)^2+(y+1)^2+z^2 = (x-2)^2+y^2+(z+2)^2$$

即动点P的轨迹方程为:$x+y-2z+3=0$.

2. 空间曲面及其方程

在空间直角坐标系中,把曲面S看成是空间一动点(x,y,z)的运动轨迹.根据运动规律可以得到一个含x、y、z的三元方程$F(x,y,z)=0$.在曲面上的点其坐标满足这个方程,并且坐标满足这个方程的点都在曲面上.因此,称此方程$F(x,y,z)=0$为曲面方程,而称该曲面为方程

$F(x,y,z)=0$的图形或轨迹(如图5-5所示).

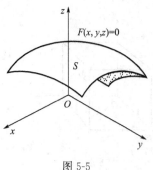

图 5-5

一般地,把三元一次方程表示的曲面称为一次曲面,也称平面;由三元二次方程表示的曲面称为二次曲面.下面介绍平面和一些常见二次曲面.

(1)平面方程.平面的一般方程为

$$Ax+By+Cz+D=0$$

其中A、B、C、D为常数,A、B、C不全为零.例2中动点P的轨迹就是一个平面.

若平面与x,y,z轴的交点分别为$P(a,0,0)$,$Q(0,b,0)$,$R(0,0,c)$,其中$a\neq0,b\neq0,c\neq0$(如图5-6所示),则由P,Q,R这三点所决定的平面

$Ax+By+Cz+D=0$可写成如下形式:

$$\frac{x}{a}+\frac{y}{b}+\frac{z}{c}=1$$

它称为平面的截距式方程.a，b，c 分别称为平面在 x，y，z 轴上的截距.

一般地，xOy 坐标平面的方程为 $z=0$，yOz 坐标平面的方程为 $x=0$，xOz 坐标平面的方程为 $y=0$.

（2）球面方程.空间一动点 M 到定点 M_0 的距离若为一定值 R，则称该动点的轨迹为球面，定点 M_0 叫球心，定值 R 叫做球面半径.下面建立球面方程（如图 5-7 所示）.

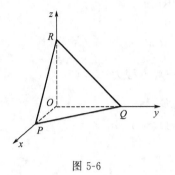

图 5-6

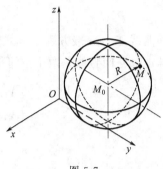

图 5-7

设球心坐标为设 $M_0(x_0, y_0, z_0)$，在球面上任意一点 $M(x, y, z)$，则由 $|M_0M|=R$ 知

$$\sqrt{(x-x_0)^2+(y-y_0)^2+(z-z_0)^2}=R$$

从而

$$(x-x_0)^2+(y-y_0)^2+(z-z_0)^2=R^2$$

这就是球心在 $M_0(x_0, y_0, z_0)$、半径为 R 的球面方程.

特别地，球心在坐标原点 $O(0,0,0)$，半径为 R 的球面方程

$$x^2+y^2+z^2=R^2$$

（3）柱面方程.一动直线 L 沿一条给定的曲线 C 平行移动所形成的曲面叫做柱面，其中定曲线 C 叫做此柱面的准线，动直线 L 叫做此柱面的母线.

一般地，方程 $F(x, y)=0$ 在空间表示以 xOy 面上的曲线 $F(x, y)=0$ 为准线，以平行于 z 轴的直线为母线的柱面.比如，$x^2+y^2=R^2$ 表示圆柱面，其准线为 xOy 面上的圆 $x^2+y^2=R^2$（图 5-8）；$x^2=2py(p>0)$ 表示抛物柱面，其准线为 xOy 面上抛物线 $x^2=2py$（图 5-9）.

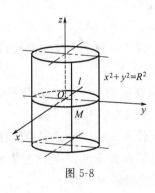

图 5-8

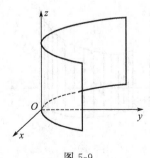

图 5-9

3. 空间曲线及其方程

任何一条空间曲线都可以看成是两个曲面的交线. 设 $F_1(x,y,z)=0$ 和 $F_2(x,y,z)=0$ 是两个曲面,它们交线上的每一点的坐标都同时满足两个曲面方程;反之同时满足上述两个曲面方程的点都在这条交线上. 因此联立方程组:

$$\begin{cases} F_1(x,y,z)=0 \\ F_2(x,y,z)=0 \end{cases}$$

称为空间曲线 C 的一般方程.

特殊地,空间直线是两个空间平面的交线,其一般方程为

$$\begin{cases} A_1x+B_1y+C_1z+D_1=0 \\ A_2x+B_2y+C_2z+D_2=0 \end{cases}$$

例如,平面 $\dfrac{x}{a}+\dfrac{y}{b}+\dfrac{z}{c}=1$ 与 yOz 坐标平面的交线可表示为

$$\begin{cases} \dfrac{x}{a}+\dfrac{y}{b}+\dfrac{z}{c}=1 \\ x=0 \end{cases} \qquad 即 \begin{cases} \dfrac{y}{b}+\dfrac{z}{c}=1 \\ x=0 \end{cases}$$

它是 yOz 坐标平面上的一条直线.

4. 空间曲线在坐标面上的投影

设空间曲线 C 的一般方程为

$$\begin{cases} F_1(x,y,z)=0 \\ F_2(x,y,z)=0 \end{cases}$$

由上述方程组消去变量 z 后得到方程

$$H(x,y)=0$$

它表示一个以 C 为准线,母线平行于 z 轴的柱面(记为 S),S 垂直于 xOy 面,称 S 为空间曲线 C 关于 xOy 面上的投影柱面,S 与 xOy 面的交线 C':

$$\begin{cases} H(x,y)=0 \\ z=0 \end{cases}$$

叫做空间曲线 C 在 xOy 面上的投影曲线(简称投影,如图 5-10 所示).

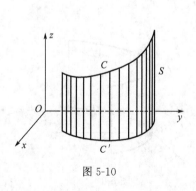

图 5-10

【例3】 试求圆锥面 $z=x^2+y^2$ 与平面 $z=4$ 的交线在 xOy 面上的投影.

解 将 $z=4$ 代入 $z=x^2+y^2$ 得投影柱面方程为 $x^2+y^2=4$. 于是圆锥面 $z=x^2+y^2$ 与平面 $z=4$ 的交线在 xOy 面上的投影方程为

$$\begin{cases} x^2 + y^2 = 4 \\ z = 0 \end{cases}$$

四、 思考与练习

(1) 指出以下各点所在的坐标轴、坐标面或卦限.

①$A(0, -2, 0)$　　　　②$B(0, -1, 2)$　　　　③$C(-5, 0, 3)$

(2) 在 y 轴上求与点 $A(3, -1, 1)$ 和点 $B(0, 1, 2)$ 等距离的点.

(3) 指出下列方程在平面解析几何与空间解析几何中分别表示什么图形?

①$x + 2y = 1$　　　　②$x^2 + y^2 = 4$　　　　③$y^2 = 2x$

(4) 下列方程各表示什么曲面?

①$x = 1$　　　　②$x + y + z = 1$　　　　③$x^2 + y^2 = 1$

④$x^2 + y^2 + z^2 = 1$　　　　⑤$x^2 + y^2 + z^2 - 2x + 4y = 0$

(5) 求曲面 $x^2 + y^2 + z^2 = 4$ 与 $z = 1$ 的交线在坐标面 xOy 上的投影.

模块5-2　多元函数的概念

一、 教学目的

(1) 了解多元函数的概念;

(2) 了解多元函数的极限与连续性.

二、 知识要求

(1) 学生对多元函数有较直观的认识;

(2) 学生对多元函数的极限和连续性有一定的认识.

三、 相关知识

1. 二元函数的定义

多元函数是含有两个或两个以上自变量的函数,形式上定义如下.

定义1

设有变量 x、y、z,如果当变量 x,y 在一定范围内任意取定一对数值时,变量 z 按照一定的法则 f 总有唯一确定的数值与之对应,则称 z 是关于变量 x,y 的二元函数,记为 $z = f(x, y)$,其中 x、y 叫做自变量,z 叫做因变量.x,y 的变化范围叫做函数的定义域.

类似地可定义三元函数 $u = f(x, y, z)$ 及三元以上的函数,二元及二元以上的函数统称为多元函数.

二元函数 $z = f(x, y)$ 也可以用 xOy 平面上的点 $P(x, y)$ 来表示一对有序实数 x,y,于是函数 $z = f(x, y)$ 可简记为 $z = f(P)$,这时 z 也称为是点 P 的函数.

通常二元函数 $z = f(x, y)$ 在点 $P_0(x_0, y_0)$ 处的函数值记为

$$f(x_0, y_0) 或 f(P_0), z|_{(x_0, y_0)}$$

当自变量 x，y 用 xOy 平面上的点 $P(x,y)$ 来表示时，二元函数的定义域是一平面点集．如果一平面点集内，任意两点均可用完全属于该平面点集内的折线连接起来，则称该平面点集是连通的．由一条或几条曲线围成并连通的平面点集称为区域．围成区域的曲线叫区域的边界，包括边界的区域称为闭区域；不包括边界的区域称为开区域．

若区域能延伸到无穷远处，就称这区域是无界区域．例如容易求得二元函数 $z=\ln(x+y-1)$ 的定义域为 $D=\{(x,y)\,|\,x+y>1\}$，它表示直线 $x+y=1$ 的右上方的平面区域，但不包含边界直线 $x+y=1$，是一无界区域（如图 5-11 所示）．

若区域总可以被包含在一个以原点为心而半径适当大的圆内，则称这样的区域是有界区域．例如二元函数 $f(x,y)=\dfrac{\arcsin(3-x^2-y^2)}{\sqrt{x-y^2}}$ 的定义域为

$$\begin{cases} |3-x^2-y^2|\leqslant 1 \\ x-y^2>0 \end{cases} \quad 即 \quad \begin{cases} 2\leqslant x^2+y^2\leqslant 4 \\ x>y^2 \end{cases}$$

其对应的平面点集是一有界区域（如图 5-12 所示）．

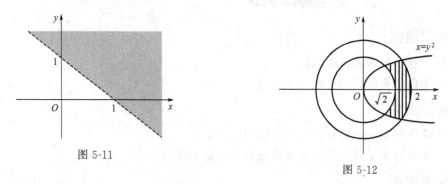

图 5-11

图 5-12

2. 二元函数 $z=f(x,y)$ 的图形

设函数 $z=f(x,y)$ 的定义域为 D，对于任意取定的 $P(x,y)\in D$，对应的函数值为 $z=f(x,y)$，这样，以 x 为横坐标、y 为纵坐标、z 为竖坐标在空间就确定一点 $M(x,y,z)$，当 (x,y) 取遍 D 上一切点时，得到一个空间点集 $\{(x,y,z)\,|\,z=f(x,y),(x,y)\in D\}$，这个点集称为二元函数的图形，它是在平面区域 D 上的一张空间曲面（如图 5-13 所示）．

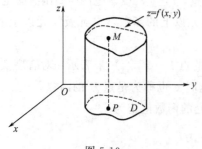

图 5-13

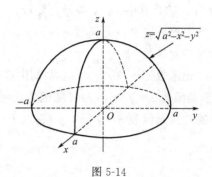

图 5-14

例如二元函数 $z=\sqrt{a^2-x^2-y^2}$，$a>0$，两边平方并移项后得：$x^2+y^2+z^2=a^2$. 这表示一个以原点为球心，半径为 a 的球面. 但 $z\geqslant0$，因此二元函数 $z=\sqrt{a^2-x^2-y^2}$，$a>0$ 的图形是上半球面(如图 5-14 所示).

3. 二元函数的极限和连续性

设 $P_0(x_0,y_0)$ 是 xOy 平面上的一个点，δ 是某一正数，与点 $P_0(x_0,y_0)$ 距离小于 δ 的点 $P(x,y)$ 的全体，称为点 P_0 的 δ 邻域，记为 $U(P_0,\delta)$，即

$$U(P_0,\delta)=\{P\mid|PP_0|<\delta\}=\{(x,y)\mid\sqrt{(x-x_0)^2+(y-y_0)^2}<\delta\}$$

在几何上，$U(P_0,\delta)$ 就是平面上以点 $P_0(x_0,y_0)$ 为中心，以 δ 为半径的圆盘(不包含圆周)，如图 5-15 所示.

$U(P_0,\delta)$ 中除去点 $P_0(x_0,y_0)$ 后所剩部分，称为点 $P(x_0,y_0)$ 的**去心 δ 邻域**，记作 $\mathring{U}(P_0,\delta)$. 当不需要强调邻域的半径时，通常用 $U(P_0)$ 或 $\mathring{U}(P_0)$ 分别表示点 P_0 的某个邻域或某个去心邻域.

定义2

设函数 $z=f(x,y)$ 在点 $P_0(x_0,y_0)$ 的某去心邻域 $\mathring{U}(P_0)$ 内有定义，A 为常数，如果对于任意给定的正数 ε，总存在正数 δ，使得对于适合不等式 $0<|PP_0|=\sqrt{(x-x_0)^2+(y-y_0)^2}<\delta$ 且在 $\mathring{U}(P_0)$ 内的一切点，都有

$$|f(x,y)-A|<\varepsilon$$

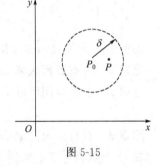

图 5-15

成立，则称 A 为函数 $z=f(x,y)$ 当 $x\to x_0$，$y\to y_0$ 时的极限，记为：

$$\lim_{\substack{x\to x_0\\y\to y_0}}f(x,y)=A \text{ 或 } \lim_{(x,y)\to(x_0,y_0)}f(x,y)=A$$

二元函数的极限也叫做**二重极限**，它是一元函数极限的推广，有关一元函数极限的运算法则和定理，都可以推广到二元函数的极限.

【例1】 求极限 $\lim\limits_{\substack{x\to0\\y\to0}}\dfrac{\sqrt{xy+1}-1}{xy}$

解 原式 $=\lim\limits_{\substack{x\to0\\y\to0}}\dfrac{xy+1-1}{xy(\sqrt{xy+1}+1)}=\lim\limits_{\substack{x\to0\\y\to0}}\dfrac{1}{\sqrt{xy+1}+1}=\dfrac{1}{2}$

【例2】 讨论极限 $\lim\limits_{\substack{x\to0\\y\to0}}\dfrac{x^3y}{x^6+y^2}$ 是否存在.

解 根据定义，二元函数的极限要存在当且仅当点 $P(x,y)$ 以任意方式趋近于点 $P_0(x_0,y_0)$ 时，$f(x,y)$ 趋于唯一常数 A；如果点 $P(x,y)$ 以不同路径趋近于点 $P_0(x_0,y_0)$ 时，$f(x,y)$ 不趋于同一常数 A，那么可以断定 $f(x,y)$ 在点 $P_0(x_0,y_0)$ 处极限不存在. 对于本题考查沿曲线 $y=kx^3$ 趋于 $(0,0)$，则有

$$\lim_{\substack{x \to 0 \\ y \to 0}} \frac{x^3 y}{x^6 + y^2} = \lim_{\substack{x \to 0 \\ y = kx^3}} \frac{x^3 \cdot kx^3}{x^6 + k^2 x^6} = \frac{k}{1 + k^2}$$

其值随 k 的不同而变化,故极限不存在.

有了二元函数的极限,就可以类似于一元函数定义二元函数的连续性.

定义3

设二元函数 $f(x, y)$ 在点 $P_0(x_0, y_0)$ 的某个邻域内有定义,如果

$$\lim_{\substack{x \to x_0 \\ y \to y_0}} f(x, y) = f(x_0, y_0)$$

则称二元函数 $f(x, y)$ 在点 $P_0(x_0, y_0)$ 处连续.

如果二元函数 $f(x, y)$ 在某区域 D 上的每一点都连续,则称 $f(x, y)$ 在区域 D 上连续.

函数的不连续点称为函数的间断点.例如,函数 $z = \dfrac{1}{x - y}$ 在直线 $y = x$ 上无定义,所以直线 $y = x$ 上的点都是函数的间断点.

由具有不同自变量的一元基本初等函数经过有限次的四则运算和复合步骤所构成的可用一个式子所表示的多元函数叫做多元初等函数.例如

$$x + y^2 + \sqrt{2} , \quad \frac{x - y}{1 + x^2 + \ln x} , \quad \sin(x^2 + y^2 + z) - e^{yz} \text{ 都是多元初等函数.}$$

类似于一元函数,多元初等函数在其定义区域内是连续的,且有如下性质:

定理 1 在有界闭区域 D 上的多元连续函数是 D 上的有界函数.

定理 2 在有界闭区域 D 上的多元连续函数,在 D 上至少取得它的最大值和最小值各一次.

定理 3 在有界闭区域 D 上的多元连续函数,如果在 D 上取得两个不同的函数值,则它在 D 上取得介于这两值之间的任何值至少一次.

四、 思考与练习

(1) 求下列函数的定义域,并绘出定义域的示意图.

① $z = \sqrt{x^2 + y^2 - 1}$ ② $z = \ln(xy)$ ③ $z = \sqrt{1 - x^2} + \sqrt{y^2 - 1}$

(2) 求下列函数的极限.

① $\lim\limits_{(x,y) \to (1,3)} \dfrac{xy}{\sqrt{xy + 1} - 1}$ ② $\lim\limits_{(x,y) \to (0,0)} \dfrac{\sin(xy)}{x}$ ③ $\lim\limits_{(x,y) \to (0,0)} (1 + xy)^{\frac{1}{x}}$

(3) 讨论极限 $\lim\limits_{(x,y) \to (0,0)} \dfrac{x^2 y}{x^3 - y^3}$ 是否存在.

(4) 指出下列函数的间断.

① $z = \dfrac{1}{x - 2y}$ ② $z = \dfrac{1}{\sin x \cos y}$

模块5-3 偏导数与全微分

一、 教学目的

(1) 掌握偏导数的运算；

(2) 了解函数在某点的偏导数的存在性与函数连续性的关系；

(3) 掌握全微分的定义与运算并了解偏导数与全微分之间的关系；

(4) 掌握二阶偏导数的运算.

二、 知识要求

(1) 学生对偏导数、二阶偏导数的运算有较熟悉的认识；

(2) 学生对全微分的定义与运算有较熟悉的认识；

(3) 学生对偏导数的存在性、函数连续性及全微分之间的关系有一定了解.

三、 相关知识

1. 偏导数的定义

对于二元函数 $z=f(x,y)$，若固定 $y=y_0$，只让 x 变化，则 z 就成为 x 的一元函数 $z=f(x,y_0)$，这样的一元函数对 x 的导数就称为二元函数 z 对 x 的偏导数.

定义1

设函数 $z=f(x,y)$ 在点 $p_0(x_0,y_0)$ 的某个邻域 $U(P_0)$ 内有定义，当 y 固定在 y_0，而 x 在 x_0 处有增量 Δx 时，函数相应地取得增量[称为函数 $z=f(x,y)$ 在点 $p_0(x_0,y_0)$ 处关于自变量 x 的偏增量] $\Delta_x z=f(x_0+\Delta x,y_0)-f(x_0,y_0)$. 如果极限

$$\lim_{\Delta x \to 0}\frac{\Delta_x z}{\Delta x}=\lim_{\Delta x \to 0}\frac{f(x_0+\Delta x,y_0)-f(x_0,y_0)}{\Delta x}$$

存在，则称此极限值为函数 $z=f(x,y)$ 在点 $P_0(x_0,y_0)$ 处关于自变量 x 的偏导数. 记为

$$\frac{\partial z}{\partial x}\bigg|_{(x_0,y_0)},\ \frac{\partial f}{\partial x}\bigg|_{(x_0,y_0)},\ z_x\bigg|_{(x_0,y_0)} 或 f_x(x_0,y_0)$$

即

$$f_x(x_0,y_0)=\lim_{\Delta x \to 0}\frac{\Delta_x z}{\Delta x}=\lim_{\Delta x \to 0}\frac{f(x_0+\Delta x,y_0)-f(x_0,y_0)}{\Delta x}$$

同理，函数 $z=f(x,y)$ 在点 $P_0(x_0,y_0)$ 处关于自变量 y 的**偏导数**定义为

$$f_y(x_0,y_0)=\lim_{\Delta x \to 0}\frac{\Delta_y z}{\Delta x}=\lim_{\Delta y \to 0}\frac{f(x_0,y_0+\Delta y)-f(x_0,y_0)}{\Delta y}$$

也可记为

$$\frac{\partial z}{\partial y}\bigg|_{(x_0,y_0)}, \quad \frac{\partial f}{\partial y}\bigg|_{(x_0,y_0)}, \quad z_y\bigg|_{(x_0,y_0)}$$

当函数 $z=f(x,y)$ 在点 P_0 处关于自变量 x 和自变量 y 的偏导数都存在时，简称函数 $f(x,y)$ 在点 P_0 处可偏导.

如果函数 $z=f(x,y)$ 在平面区域 D 内的每一点 $P(x,y)$ 处都可偏导，则这两个偏导数仍然是区域 D 上的关于 x 和 y 的函数，称之为函数 $z=f(x,y)$ 的偏导函数（简称偏导数）. 记为

$$\frac{\partial z}{\partial x}, \quad \frac{\partial f}{\partial x}, \quad z_x, \quad f_x(x,y); \quad 及 \frac{\partial z}{\partial y}, \quad \frac{\partial f}{\partial y}, \quad z_y, \quad f_y(x,y).$$

这里

$$\frac{\partial f}{\partial x}=\frac{\partial z}{\partial x}=z_x=f_x(x,y)=\lim_{\Delta x\to 0}\frac{f(x+\Delta x,y)-f(x,y)}{\Delta x}$$

$$\frac{\partial f}{\partial y}=\frac{\partial z}{\partial y}=z_y=f_y(x,y)=\lim_{\Delta y\to 0}\frac{f(x,y+\Delta y)-f(x,y)}{\Delta y}$$

且有

$$f_x(x_0,y_0)=f_x(x,y)\bigg|_{\substack{x=x_0\\y=y_0}}=f_x(x,y_0)\bigg|_{x=x_0}$$

$$f_y(x_0,y_0)=f_y(x,y)\bigg|_{\substack{x=x_0\\y=y_0}}=f_y(x_0,y)\bigg|_{y=y_0}$$

二元以上的多元函数的偏导数可类似定义.

由偏导数的定义可知，求多元函数对某个自变量的偏导数时，只需将其余自变量看作常数，按照一元函数求导法则求导即可.

【例1】 求 $f(x,y)=x^2y-y^3$ 在点 $(1,2)$ 处的偏导数.

解 把 y 看作常数，对 x 求导得：$f_x(x,y)=2xy$；

把 x 看作常数，对 y 求导得：$f_y(x,y)=x^2-3y^2$.

再把点 $(1,2)$ 代入得：$f_x(1,2)=4$，$f_y(1,2)=-11$.

【例2】 求 $z=x^y$ 的偏导数 $\dfrac{\partial z}{\partial x}$，$\dfrac{\partial z}{\partial y}$.

解 把 y 看作常数，对 x 求导，用幂函数求导公式得：$\dfrac{\partial z}{\partial x}=yx^{y-1}$；

把 x 看作常数，对 y 求导，用指数函数求导公式得：$\dfrac{\partial z}{\partial y}=x^y\ln x$.

【例3】 求 $u=\mathrm{e}^{x^2+y^2+z^2}$ 的偏导数 $\dfrac{\partial u}{\partial x}$，$\dfrac{\partial u}{\partial y}$，$\dfrac{\partial u}{\partial z}$.

解 这是一个三元函数，但求偏导数的方法与二元函数相同.

把 y，z 看作常数，对 x 求导得：$\dfrac{\partial u}{\partial x} = 2x\,\mathrm{e}^{x^2+y^2+z^2}$；

把 x，z 看作常数，对 y 求导得：$\dfrac{\partial u}{\partial y} = 2y\,\mathrm{e}^{x^2+y^2+z^2}$；

把 x，y 看作常数，对 z 求导得：$\dfrac{\partial u}{\partial z} = 2z\,\mathrm{e}^{x^2+y^2+z^2}$.

2. 高阶偏导数

对于函数 $z = f(x，y)$ 的两个偏导数 $f'_x(x，y)$、$f'_y(x，y)$，一般来说仍是 x，y 的函数．如果这两个偏导数对 x、y 的偏导数也存在，则称这两个偏导数的偏导数为函数 $z = f(x，y)$ 二阶偏导数．按照变量不同的求导次序，其二阶偏导数有如下四种情形：

$$\frac{\partial}{\partial x}\left(\frac{\partial z}{\partial x}\right) = \frac{\partial^2 z}{\partial x^2} = f_{xx}(x，y)，\qquad \frac{\partial}{\partial y}\left(\frac{\partial z}{\partial x}\right) = \frac{\partial^2 z}{\partial x\,\partial y} = f_{xy}(x，y)，$$

$$\frac{\partial}{\partial x}\left(\frac{\partial z}{\partial y}\right) = \frac{\partial^2 z}{\partial y\,\partial x} = f_{yx}(x，y)，\qquad \frac{\partial}{\partial y}\left(\frac{\partial z}{\partial y}\right) = \frac{\partial^2 z}{\partial y^2} = f_{yy}(x，y)．$$

其中，$f_{xy}(x，y)$，$f_{yx}(x，y)$ 称为二阶混合偏导数．类似可给出更高阶偏导数的概念与记号．二阶以及二阶以上的偏导数称为高阶偏导数．

求 $z = x\ln(x+y)$ 的二阶偏导数．

解
$$\frac{\partial z}{\partial x} = \ln(x+y) + \frac{x}{x+y}，\qquad \frac{\partial z}{\partial y} = \frac{x}{x+y}，$$

$$\frac{\partial^2 z}{\partial x^2} = \frac{1}{x+y} + \frac{x+y-x}{(x+y)^2} = \frac{x+2y}{(x+y)^2}，\qquad \frac{\partial^2 z}{\partial y^2} = -\frac{x}{(x+y)^2}，$$

$$\frac{\partial^2 z}{\partial x\,\partial y} = \frac{1}{x+y} - \frac{x}{(x+y)^2} = \frac{y}{(x+y)^2}，\qquad \frac{\partial^2 z}{\partial y\,\partial x} = \frac{x+y-x}{(x+y)^2} = \frac{y}{(x+y)^2}．$$

【例4】 中的二阶混合偏导数是相等的，即混合偏导数与求偏导数的次序无关，一般地，有下述结论：

定理 1 如果函数 $z = f(x，y)$ 的二阶混合偏导数 $f''_{xy}(x，y)$、$f''_{yx}(x，y)$ 在区域 D 内连续，则在该区域内必有 $f_{xy}(x，y) = f_{yx}(x，y)$.

3. 全微分

一元函数 $y = f(x)$ 在点 x 处的微分是指：如果函数在点 x 处的增量 Δy 可表示为 $\Delta y = A\Delta x + o(\Delta x)$，其中 A 是与 Δx 无关的常数，且当 $\Delta x \to 0$ 时，$o(\Delta x)$ 是比 Δx 高阶的无穷小量，则称函数 $y = f(x)$ 在点 x 可微，并把 $A\Delta x$ 叫做 $y = f(x)$ 在点 x 的微分，记作 $\mathrm{d}y$，即 $\mathrm{d}y = A\Delta x$. 类似地，二元函数全微分的定义如下：

定义2

如果二元函数 $z = f(x，y)$ 在点 $P(x，y)$ 的某一个邻域 $U(P)$ 内有定义，相应于自变量的增量 Δx、Δy，函数的增量为 $\Delta z = f(x+\Delta x，y+\Delta y) - f(x，y)$，称 Δz 为函数

$f(x,y)$ 在点 $P(x,y)$ 处的全增量. 若全增量 Δz 可表示为:

$$\Delta z = A\Delta x + B\Delta y + o(\rho)$$

其中 A、B 仅与 x、y 有关, 而与 Δx、Δy 无关, $\rho = \sqrt{(\Delta x)^2 + (\Delta y)^2}$, 则称函数 $z = f(x,y)$ 在点 $P(x,y)$ **可微**. 并称 $A\Delta x + B\Delta y$ 为 $f(x,y)$ 在点 $P(x,y)$ 的**全微分**, 记作 dz 或 $df(x,y)$, 即:

$$dz = A\Delta x + B\Delta y$$

如果函数在区域 D 内的各点都可微, 则称函数在区域 D 内可微, 或称函数为 D 内的可微函数.

习惯上, 自变量的增量 Δx 与 Δy 常写成 dx 与 dy, 并分别称为自变量 x、y 的微分. 这样, 函数 $z = f(x,y)$ 的全微分也可写为:

$$dz = A\,dx + B\,dy$$

在一元函数中, 可导与可微是等价的. 对于二元函数, 可微与可偏导存在如下两个结论(证明从略):

定理 2 若函数 $z = f(x,y)$ 在点 $P(x,y)$ 可微, 则函数在点 $P(x,y)$ 的两个偏导数 $\dfrac{\partial z}{\partial x}$、$\dfrac{\partial z}{\partial y}$ 都存在[即函数 $z = f(x,y)$ 在点 $P(x,y)$ 可偏导], 且

$$dz = \frac{\partial z}{\partial x}\Delta x + \frac{\partial z}{\partial y}\Delta y = \frac{\partial z}{\partial x}dx + \frac{\partial z}{\partial y}dy$$

定理 3 如果函数 $z = f(x,y)$ 的两个偏导数 $f'_x(x,y)$、$f'_y(x,y)$ 在点 $P(x,y)$ 的某一邻域内存在且在该点连续, 则函数在该点可微.

由定理 2 知, 二元函数 $z = f(x,y)$ 的全微分可以写成:

$$dz = df(x,y) = \frac{\partial z}{\partial x}dx + \frac{\partial z}{\partial y}dy = f_x(x,y)dx + f_y(x,y)dy$$

称上式为全微分公式.

全微分公式很容易推广到二元以上的函数的情形. 例如, 如果三元函数 $u = f(x,y,z)$ 可微分, 那么它的全微分公式为:

$$du = \frac{\partial u}{\partial x}dx + \frac{\partial u}{\partial y}dy + \frac{\partial u}{\partial z}dz = f_x(x,y,z)dx + f_y(x,y,z)dy + f_z(x,y,z)dz$$

由此可见, 在函数可微的条件下, 要求函数的全微分, 只需先求出其偏导数, 再代入全微分公式进行组装即可得到.

【例 5】 求函数 $z = x^2y + y^2$ 的全微分.

解 因为 $\dfrac{\partial z}{\partial x} = 2xy$, $\dfrac{\partial z}{\partial y} = x^2 + 2y$, 所以 $dz = 2xy\,dx + (x^2 + 2y)dy$.

【例 6】 求函数 $f(x,y) = x^2y^3$ 在点 $(2,-1)$ 处的全微分.

解 因为 $f_x(x, y) = 2xy^3$，$f_y(x, y) = 3x^2y^2$，故

$$f_x(2, -1) = -4, \quad f_y(2, -1) = 12, \quad \mathrm{d}f(2, -1) = -4\mathrm{d}x + 12\mathrm{d}y.$$

【例 7】 求函数 $u = x - \cos\dfrac{y}{2} + \arctan\dfrac{z}{y}$ 的全微分.

解 因为 $\dfrac{\partial u}{\partial x} = 1$，$\dfrac{\partial u}{\partial y} = \dfrac{1}{2}\sin\dfrac{y}{2} - \dfrac{z}{y^2 + z^2}$，$\dfrac{\partial u}{\partial z} = \dfrac{y}{y^2 + z^2}$，所以

$$\mathrm{d}u = \mathrm{d}x + \left(\frac{1}{2}\sin\frac{y}{2} - \frac{z}{y^2 + z^2}\right)\mathrm{d}y + \frac{z}{y^2 + z^2}\mathrm{d}z.$$

四、思考与练习

(1) 求下列函数的一阶偏导数.

① $z = 3x^2y + 2xy + xy^3$ ② $z = \mathrm{e}^{x^2y}$ ③ $u = x^{\frac{y}{z}}$

④ $z = \sin(xy)\mathrm{e}^{x^2 + y^2}$ ⑤ $z = \sin\dfrac{x}{y} + x\mathrm{e}^{-xy}$ ⑥ $z = \ln\tan\dfrac{x}{y}$

(2) 设 $f(x, y, z) = \ln(xy + z)$，求 $f'_x(1, 2, 0)$，$f'_y(1, 2, 0)$，$f'_z(1, 2, 0)$.

(3) 设 $z = \mathrm{e}^{x/y^2}$，求证：$2x\dfrac{\partial z}{\partial x} + y\dfrac{\partial z}{\partial y} = 0$.

(4) 求下列函数的二阶偏导数.

① $z = x\ln(xy)$ ② $z = \arctan\dfrac{x + y}{1 - xy}$ ③ $z = \sqrt{xy}$

(5) 设 $z = 2\cos^2\left(x - \dfrac{t}{2}\right)$，证明：$2\dfrac{\partial^2 z}{\partial t^2} + \dfrac{\partial^2 z}{\partial x \partial t} = 0$

(6) 求下列函数的全微分.

① $z = \ln\sqrt{x^2 + y^2}$ ② $z = 3x\mathrm{e}^{-y} - 2\sqrt{x} + \ln 5$ ③ $z = \arcsin\dfrac{x}{y}$

(7) 求函数 $z = x^2\mathrm{e}^y + y^2\sin x$ 在点 $(\pi, 0)$ 处的全微分.

模块5-4 复合函数与隐函数微分法

一、教学目的

(1) 掌握复合函数求导法则；

(2) 理解并掌握二元隐函数求导公式.

二、知识要求

(1) 能利用复合函数求导法则求复合函数的偏导数；

(2) 能正确利用二元隐函数求导公式求隐函数的偏导数.

三、相关知识

1. 复合函数求导法则

类似于一元复合函数求导的链锁规则，下面给出二元复合函数的求导公式.

定理 1 若函数 $z=f(u,v)$ 在点 (u,v) 处可微，而函数 $u=\varphi(x,y)$，$v=\psi(x,y)$ 在点 (x,y) 处存在偏导数 $\dfrac{\partial u}{\partial x}$，$\dfrac{\partial v}{\partial x}$，$\dfrac{\partial u}{\partial y}$，$\dfrac{\partial v}{\partial y}$，则复合函数 $z=f[\varphi(x,y),\psi(x,y)]$ 在点 (x,y) 的两个偏导数 $\dfrac{\partial z}{\partial x}$，$\dfrac{\partial z}{\partial y}$ 存在，且

$$\frac{\partial u}{\partial x}=\frac{\partial z}{\partial u}\times\frac{\partial u}{\partial x}+\frac{\partial z}{\partial v}\times\frac{\partial v}{\partial x}, \quad \frac{\partial z}{\partial y}=\frac{\partial z}{\partial u}\times\frac{\partial u}{\partial y}+\frac{\partial z}{\partial v}\times\frac{\partial v}{\partial y}$$

上式称为多元复合函数的链锁规则，它可由结构图 5-16 来帮助记忆.

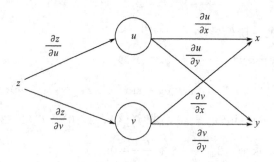

图 5-16

【例 1】 $z=(\dfrac{x}{y})^2\ln(3x-2y)$，求 $\dfrac{\partial z}{\partial x}$，$\dfrac{\partial z}{\partial y}$.

解 设 $u=\dfrac{x}{y}$，$v=3x-2y$，则 $z=u^2\ln v$，于是

$$\frac{\partial z}{\partial x}=\frac{\partial z}{\partial u}\times\frac{\partial u}{\partial x}+\frac{\partial z}{\partial v}\times\frac{\partial v}{\partial x}=2u\ln v\times\frac{1}{y}+\frac{u^2}{v}$$

$$=\frac{2x}{y^2}\ln(3x-2y)+\frac{3x^2}{y^2(3x-2y)} \quad \frac{\partial z}{\partial y}=\frac{\partial z}{\partial u}\times\frac{\partial u}{\partial y}+\frac{\partial z}{\partial v}\times\frac{\partial v}{\partial y}$$

$$=2u\ln v(-\frac{x}{y^2})+\frac{u^2}{v}(-2)$$

$$=-\frac{2x^2}{y^3}\ln(2x-3y)-\frac{2x^2}{y^2(3x-2y)}$$

【例 2】 设 $z=f(x^2-y^2,\mathrm{e}^{xy})$，其中 f 其有连续偏导数，求 $\dfrac{\partial z}{\partial x}$，$\dfrac{\partial z}{\partial y}$.

解 设 $u=x^2-y^2$，$v=\mathrm{e}^{xy}$，则 $z=f(u,v)$，所以

$$\frac{\partial z}{\partial x}=\frac{\partial z}{\partial u}\times\frac{\partial u}{\partial x}+\frac{\partial z}{\partial v}\times\frac{\partial v}{\partial x}=2xf_u+y\mathrm{e}^{xy}f_v$$

$$\frac{\partial z}{\partial y}=\frac{\partial z}{\partial u}\times\frac{\partial u}{\partial y}+\frac{\partial z}{\partial v}\times\frac{\partial v}{\partial y}=-2yf_u+x\mathrm{e}^{xy}f_v$$

链锁规则可以推广到三元及三元以上的多元函数以及更为复杂的复合函数的情形. 例如设 $z = f(u, v, w)$, 而 $u = \varphi(x, y)$, $v = \psi(x, y)$, $w = w(x, y)$, 则有

$$\frac{\partial z}{\partial x} = \frac{\partial z}{\partial u} \times \frac{\partial u}{\partial x} + \frac{\partial z}{\partial v} \times \frac{\partial v}{\partial x} + \frac{\partial z}{\partial w} \times \frac{\partial w}{\partial x},$$

$$\frac{\partial z}{\partial y} = \frac{\partial z}{\partial u} \times \frac{\partial u}{\partial y} + \frac{\partial z}{\partial v} \times \frac{\partial v}{\partial y} + \frac{\partial z}{\partial w} \times \frac{\partial w}{\partial y}$$

其结构图如图 5-17 所示.

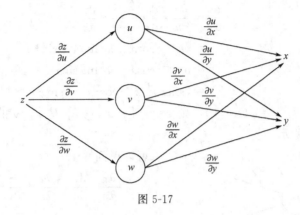

图 5-17

【例 3】 设 $z = f(e^x, x^2 y, xy^2)$, 求 $\dfrac{\partial z}{\partial x}$, $\dfrac{\partial z}{\partial y}$.

解 令 $u = e^x$, $v = x^2 y$, $w = xy^2$, 则 $z = f(u, v, w)$, 于是

$$\frac{\partial z}{\partial x} = \frac{\partial z}{\partial u} \times \frac{\partial u}{\partial x} + \frac{\partial z}{\partial v} \times \frac{\partial v}{\partial x} + \frac{\partial z}{\partial w} \times \frac{\partial w}{\partial x} = e^x f_u + 2xy f_v + y^2 f_w$$

$$\frac{\partial z}{\partial y} = \frac{\partial z}{\partial u} \times \frac{\partial u}{\partial y} + \frac{\partial z}{\partial v} \times \frac{\partial v}{\partial y} + \frac{\partial z}{\partial w} \times \frac{\partial w}{\partial y} = x^2 f_v + 2xy f_w$$

2. 几个特例

(1) 设 $z = f(u, v)$, $u = \varphi(x)$, $v = \psi(x)$, 于是 $z = f[\varphi(x), \psi(x)]$ 是 x 的一元函数, 由函数的结构图如图 5-18 所示.

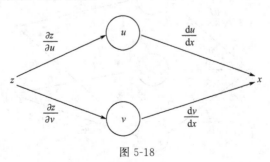

图 5-18

可以得到

$$\frac{\mathrm{d}z}{\mathrm{d}x} = \frac{\partial z}{\partial u} \times \frac{\mathrm{d}u}{\mathrm{d}x} + \frac{\partial z}{\partial v} \times \frac{\mathrm{d}v}{\mathrm{d}x}$$

上式中的导数 $\dfrac{\mathrm{d}z}{\mathrm{d}x}$ 称为全导数.

【例 4】 设 $z = u^v$，而 $u = \sin x$，$v = \cos x$ 求 $\dfrac{\mathrm{d}z}{\mathrm{d}x}$.

解

$$\begin{aligned}
\frac{\mathrm{d}z}{\mathrm{d}x} &= \frac{\partial z}{\partial u} \times \frac{\mathrm{d}u}{\mathrm{d}x} + \frac{\partial z}{\partial v} \times \frac{\mathrm{d}v}{\mathrm{d}x} \\
&= v u^{v-1} \cos x + u^v \ln u (-\sin x) \\
&= v u^{v-1} \cos x - u^v \ln u \sin x \\
&= (\sin x)^{\cos x - 1} \cos^2 x - (\sin x)^{\cos x + 1} \ln u
\end{aligned}$$

（2）设 $z = f(u)$，$u = \varphi(x, y)$，则 $z = f[\varphi(x, y)]$ 是 x，y 的二元函数，由函数的结构图如图 5-19 所示.

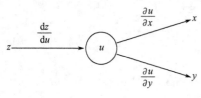

图 5-19

可以得到

$$\frac{\partial z}{\partial x} = \frac{\mathrm{d}z}{\mathrm{d}u} \times \frac{\partial u}{\partial x}, \quad \frac{\partial z}{\partial y} = \frac{\mathrm{d}z}{\mathrm{d}u} \times \frac{\partial u}{\partial y}$$

【例 5】 设 $z = \mathrm{e}^u$，$u = y \sin x$ 求 $\dfrac{\partial z}{\partial x}$，$\dfrac{\partial z}{\partial y}$.

解 $\dfrac{\partial z}{\partial x} = \dfrac{\mathrm{d}z}{\mathrm{d}u} \times \dfrac{\partial u}{\partial x} = \mathrm{e}^u y \cos x = y \cos x \, \mathrm{e}^{y \sin x}$

$$\frac{\partial z}{\partial y} = \frac{\mathrm{d}z}{\mathrm{d}u} \times \frac{\partial u}{\partial y} = \mathrm{e}^u \sin x = \sin x \, \mathrm{e}^{y \sin x}$$

（3）设 $w = f(x, y, z)$，$z = \varphi(x, y)$，于是 $w = f[x, y, \varphi(x, y)]$ 是 x，y 的二元函数，由函数的结构图如图 5-20 所示.

可以得到

$$\frac{\partial w}{\partial x} = \frac{\partial f}{\partial x} + \frac{\partial f}{\partial z} \times \frac{\partial z}{\partial x}, \quad \frac{\partial w}{\partial y} = \frac{\partial f}{\partial y} + \frac{\partial f}{\partial z} \times \frac{\partial z}{\partial y}$$

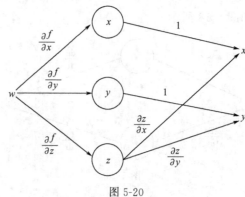

图 5-20

上式中记号 $\dfrac{\partial w}{\partial x}$ 与 $\dfrac{\partial f}{\partial x}$ 是不同的，$\dfrac{\partial w}{\partial x}$ 表示的是复合函数 $w = f[x，y，\varphi(x，y)]$ 中将 y 看作常数对 x 的偏导数，$\dfrac{\partial f}{\partial x}$ 是把 $w = f(x，y，z)$ 中的 $y，z$ 看作常数对 x 的偏导数．$\dfrac{\partial w}{\partial y}$ 与 $\dfrac{\partial f}{\partial y}$ 也有类似的区别．

【例 6】 设 $w = f(x，y，z) = e^{x^2 + y^2 + z^2}$ 而 $z = x^2 \sin y$，求 $\dfrac{\partial w}{\partial x}$，$\dfrac{\partial w}{\partial y}$．

解

$$\frac{\partial w}{\partial x} = \frac{\partial f}{\partial x} + \frac{\partial f}{\partial z} \times \frac{\partial z}{\partial x}$$

$$= 2x\, e^{x^2 + y^2 + z^2} + 2z\, e^{x^2 + y^2 + z^2} \cdot 2x \sin y$$

$$= 2x\, e^{x^2 + y^2 + x^4 \sin^2 y} + 4z^3\, e^{x^2 + y^2 + x^4 \sin^2 y} \sin^2 y$$

$$\frac{\partial w}{\partial y} = \frac{\partial f}{\partial y} + \frac{\partial f}{\partial z} \times \frac{\partial z}{\partial y}$$

$$= 2y\, e^{x^2 + y^2 + z^2} + 2z\, e^{x^2 + y^2 + z^2}\, x^2 \cos y$$

$$= 2y\, e^{x^2 + y^2 + x^4 \sin^2 y} + 2x^4\, e^{x^2 + y^2 + x^4 \sin^2 y} \sin y \cos y$$

3. 一阶全微分的形式不变性

设函数 $z = f(u，v)$ 在点 $(u，v)$ 可微，则有全微分

$$dz = \frac{\partial z}{\partial u} du + \frac{\partial z}{\partial v} dv$$

如果 $u，v$ 又是 $x，y$ 的函数 $u = \varphi(x，y)$，$v = \psi(x，y)$，且这两个函数在对应点 $(x，y)$ 处也可微，则复合函数 $z = f[\varphi(x，y)，\psi(x，y)]$ 的全微分为

$$dz = \frac{\partial z}{\partial x} dx + \frac{\partial z}{\partial y} dy$$

$$= \left(\frac{\partial z}{\partial u} \times \frac{\partial u}{\partial x} + \frac{\partial z}{\partial v} \times \frac{\partial v}{\partial x} \right) dx + \left(\frac{\partial z}{\partial u} \times \frac{\partial u}{\partial y} + \frac{\partial z}{\partial v} \times \frac{\partial v}{\partial y} \right) dy$$

$$= \frac{\partial z}{\partial u} \left(\frac{\partial u}{\partial x} dx + \frac{\partial u}{\partial y} dy \right) + \frac{\partial z}{\partial v} \left(\frac{\partial v}{\partial x} dx + \frac{\partial v}{\partial y} dy \right)$$

$$= \frac{\partial z}{\partial u} du + \frac{\partial z}{\partial v} dv$$

由此可见，无论 z 是自变量 $u，v$ 的函数或是中间变量 $u，v$ 的函数，它的全微分形式是一样的．这个性质叫做一阶全微分的形式不变性．

【例 7】 求 $u = \dfrac{x}{y} + \sin\dfrac{y}{x} + e^{yz}$ 的全微分和偏导数．

解 利用一阶全微分的形式不变性有

$$du = d\frac{x}{y} + d\sin\frac{y}{x} + de^{yz} = \frac{ydx - xdy}{y^2} + \cos\frac{y}{x}d\frac{y}{x} + e^{yz}d(yz)$$

$$= \frac{ydx - xdy}{y^2} + \cos\frac{y}{x} \times \frac{xdy - ydx}{x^2} + e^{yz}(zdy + ydz)$$

$$= \left(\frac{1}{y} - \frac{y}{x^2}\cos\frac{y}{x}\right)dx + \left(-\frac{x}{y^2} + \frac{1}{x}\cos\frac{y}{x} + ze^{yz}\right)dy + ye^{yz}dz$$

由全微分公式 $du = \frac{\partial u}{\partial x}dx + \frac{\partial u}{\partial y}dy + \frac{\partial u}{\partial z}dz$，知

$$\frac{\partial u}{\partial x} = \frac{1}{y} - \frac{y}{x^2}\cos\frac{y}{x}, \quad \frac{\partial u}{\partial y} = -\frac{x}{y^2} + \frac{1}{x}\cos\frac{y}{x} + ze^{yz}, \quad \frac{\partial u}{\partial z} = ye^{yz}$$

4. 隐函数的求导法

所谓隐函数就是由方程确定的函数. 现在介绍隐函数存在定理, 并根据多元复合函数的求导法则来导出隐函数的求导公式.

定理 2 (隐函数存在定理) 设函数 $F(x, y)$ 在点 $P(x_0, y_0)$ 的某一邻域 $U(P)$ 内具有连续的偏导数, 且 $F(x_0, y_0) = 0$, $F_y(x_0, y_0) \neq 0$, 则方程 $F(x, y) = 0$ 在点 (x_0, y_0) 的某一邻域内恒能唯一确定一个连续且具有连续导数的函数 $y = f(x)$, 它满足 $y_0 = f(x_0)$, 并有

$$\frac{dy}{dx} = -\frac{\partial F}{\partial x} \Big/ \frac{\partial F}{\partial y} = -\frac{F_x'}{F_y'}$$

上式就是隐函数的求导公式. 这个定理的证明从略, 仅就求导公式进行推导.

将方程 $F(x, y) = 0$ 确定的函数 $y = f(x)$ 代入 $F(x, y) = 0$, 得恒等式

$$F[x, f(x)] \equiv 0$$

其左端可看作是 x 的一个复合函数, 于是上式两端对 x 求偏导数有

$$\frac{\partial F}{\partial x} + \frac{\partial F}{\partial y} \times \frac{dy}{dx} = 0$$

当 $\frac{\partial F}{\partial y} \neq 0$ 时, 解得

$$\frac{dy}{dx} = -\frac{\partial F}{\partial x} \Big/ \frac{\partial F}{\partial y} = -\frac{F_x}{F_y}$$

【例 8】 求方程 $\frac{x^2}{a^2} + \frac{y^2}{b^2} = 1$ 所确定的隐函数 $y = f(x)$ 的导数.

解 令 $F(x, y) = \frac{x^2}{a^2} + \frac{y^2}{b^2} - 1$, 则 $F_x = \frac{2x}{a^2}$, $F_y = \frac{2y}{b^2}$
于是

$$\frac{dy}{dx} = -F_x / F_y = -\frac{2x}{a^2} \Big/ \frac{2y}{b^2} = -\frac{b^2 x}{a^2 y}$$

隐函数存在定理可推广到多元函数. 设一个三元方程 $F(x, y, z)=0$ 确定一个二元函数 $z=f(x, y)$. 将 $z=f(x, y)$ 代入 $F(x, y, z)=0$，得恒等式

$$F[x, y, f(x, y)]=0$$

其左端可看作 x、y 的复合函数. 根据复合函数的求导的链锁规则，得

$$\frac{\partial F}{\partial x}+\frac{\partial F}{\partial z}\times\frac{\partial z}{\partial x}=0, \quad \frac{\partial F}{\partial y}+\frac{\partial F}{\partial z}\times\frac{\partial z}{\partial y}=0$$

当 $F_z=\dfrac{\partial F}{\partial z}\neq 0$ 时，有

$$\frac{\partial z}{\partial x}=-\frac{\partial F}{\partial x}\bigg/\frac{\partial F}{\partial z}=-\frac{F_x}{F_z}, \quad \frac{\partial z}{\partial y}=-\frac{\partial F}{\partial y}\bigg/\frac{\partial F}{\partial z}=-\frac{F_y}{F_z}$$

上式就是由方程 $F(x, y, z)=0$ 所确定的二元隐函数的求偏导数的公式.

【例 9】 求由 $z^3-3xyz=a^3$ 所确定的 $z=z(x, y)$ 的偏导数 $\dfrac{\partial z}{\partial x}$，$\dfrac{\partial z}{\partial y}$，$\dfrac{\partial^2 z}{\partial x \partial y}$.

解 令 $F(x, y, z)=z^3-3xyz-a^3$，因 $F(x, y, z)$ 有连续偏导数，且

$$F_x=-3yz, \quad F_y=-3xz, \quad F_z=3z^2-3xy$$

于是

$$\frac{\partial z}{\partial x}=-\frac{F_x}{F_z}=\frac{yz}{z^2-xy}, \quad \frac{\partial z}{\partial y}=-\frac{F_y}{F_z}=\frac{xz}{z^2-xy}$$

而注意到 $z=z(x, y)$ 仍是 x，y 的函数，所以

$$\frac{\partial^2 z}{\partial x \partial y}=\frac{\partial}{\partial y}\left(\frac{\partial z}{\partial x}\right)=\frac{\left(z+y\dfrac{\partial z}{\partial y}\right)(z^2-xy)-\left(2z\dfrac{\partial z}{\partial y}-x\right)yz}{(z^2-xy)^2}$$

$$=\frac{z^3+(yz^2-xy^2-2yz^2)\dfrac{\partial z}{\partial y}}{(z^2-xy)^2}=\frac{z^5-x^2y^2z-2xyz^3}{(z^2-xy)^3}$$

四、 思考与练习

(1) 求下列复合函数的偏导数或导数.

① $z=\mathrm{e}^u \sin v$，$u=xy$，$v=x+y$，求 $\dfrac{\partial z}{\partial x}$，$\dfrac{\partial z}{\partial y}$.

② $z=\dfrac{x-y}{x^2+y}$，$y=2x-3$，求 $\dfrac{\mathrm{d}z}{\mathrm{d}x}$.

③ 设 $z=(x^2+y^2)\mathrm{e}^{xy}$，求 $\dfrac{\partial z}{\partial x}$，$\dfrac{\partial z}{\partial y}$.

④ $z=f(x^2-y^2, \mathrm{e}^{xy})$，其中 f 为可微函数，求 $\dfrac{\partial z}{\partial x}$，$\dfrac{\partial z}{\partial y}$.

⑤ $u = f(x, xy, xyz)$，其中 f 为可微函数，求 $\dfrac{\partial u}{\partial x}$，$\dfrac{\partial u}{\partial y}$，$\dfrac{\partial u}{\partial z}$．

（2）设 $e^z = xyz$，求 $\dfrac{\partial^2 z}{\partial x \partial y}$．

（3）求由下列方程所确定的一元隐函数 $y = y(x)$ 的导数 $\dfrac{dy}{dx}$．

① $\sin y + e^x - xy^2 = 0$ ② $x^y = y^x \ (x \neq y)$

（4）求由下列方程所确定的二元隐函数 $z = z(x, y)$ 的偏导数 $\dfrac{\partial z}{\partial x}$，$\dfrac{\partial z}{\partial y}$．

① $x^2 + 2y^2 + 3z^2 = 4$ ② $\dfrac{x}{z} = \ln \dfrac{z}{y}$ ③ $z = \sqrt{x^2 - y^2} \arctan \dfrac{z}{\sqrt{x^2 - y^2}}$

（5）设 $2\sin(x + 2y - 3z) = x + 2y - 3z$，证明 $\dfrac{\partial z}{\partial x} + \dfrac{\partial z}{\partial y} = 1$．

（6）设 $x + z = yf(x^2 - z^2)$，其中 f 具有连续导数，求 $z \dfrac{\partial z}{\partial x} + y \dfrac{\partial z}{\partial y}$．

模块5-5　多元函数的极值

一、 教学目的
（1）理解多元函数的极值与条件极值的概念；
（2）掌握多元函数极值存在的必要条件，并了解二元函数极值存在的充分条件．

二、 知识要求
（1）能求二元函数的极值；
（2）能用拉格朗日乘数法求条件极值；
（3）能求一些简单实际问题的最大值与最小值．

三、 相关知识

1. 多元函数的极值

定义1

如果函数 $z = f(x, y)$ 在点 $P_0(x_0, y_0)$ 的某一个邻域 $U(P_0)$ 内有定义，且对任何 $(x, y) \in \mathring{U}(P_0)$，都有

$$f(x, y) < f(x_0, y_0)$$

则称函数 $z = f(x, y)$ 在点 $P_0(x_0, y_0)$ 处有极大值 $f(x_0, y_0)$；如果

$$f(x, y) > f(x_0, y_0)$$

则称函数 $z=f(x,y)$ 在点 $P_0(x_0,y_0)$ 处有极小值 $f(x_0,y_0)$. 函数的极大值和极小值统称为极值,使函数取得极值的点称为函数的极值点.

【例 1】 函数 $z=(x-1)^2+(y-1)^2+2$ 在点 $P_0(1,1)$ 处有极小值. 因为对于点 $P_0(1,1)$ 的任一去心邻域内的任何点 $P(x,y)$,都有 $f(P)>f(P_0)=2$.

【例 2】 函数 $z=3-\sqrt{x^2+y^2}$ 在点 $P_0(0,0)$ 处有极大值. 因为对于点 $P_0(0,0)$ 的任一去心邻域内的任何点 $P(x,y)$,都有 $f(P)<f(P_0)=3$.

对于如上述两个例子举出的这类简单的函数,利用极值的定义就能判断出函数的极值. 而对于一般的函数,仍需要借助多元函数微分法来求出函数的极值点.

定理 1 (极值存在的必要条件) 设函数 $z=f(x,y)$ 在点 $P_0(x_0,y_0)$ 处取得极值且两个偏导数存在,则

$$f_x(x_0,y_0)=0,\ f_y(x_0,y_0)=0$$

使 $f_x(x_0,y_0)=0$,$f_y(x_0,y_0)=0$ 同时成立的点 (x_0,y_0),称为函数 $z=f(x,y)$ 的驻点.

由定理 1,在偏导数存在的条件下,极值点必为驻点,但驻点不一定是极值点. 例如,点 $(0,0)$ 是 $z=xy$ 的驻点,但不是极值点,因为在点 $(0,0)$ 的任何一个去心邻域内,总有使函数值为正的点,也有使函数值为负的点.

定理 2 (极值存在的充分条件) 设函数 $z=f(x,y)$ 在点 $P_0(x_0,y_0)$ 的某一个邻域 $U(P_0)$ 内具有连续的二阶偏导数,且 $f'_x(x_0,y_0)=0$,$f'_y(x_0,y_0)=0$,即点 $P_0(x_0,y_0)$ 是函数 $z=f(x,y)$ 的驻点. 令

$$A=f_{xx}(x_0,y_0),\ B=f_{xy}(x_0,y_0),\ C=f_{yy}(x_0,y_0)$$

则:

(1) 当 $B^2-AC<0$ 时,$f(x,y)$ 在点 $P_0(x_0,y_0)$ 处取得极值,当 $A<0$ 时取得极大值,$A>0$ 时取得极小值;

(2) 当 $B^2-AC>0$ 时,$f(x,y)$ 在点 $P_0(x_0,y_0)$ 处无极值;

(3) 当 $B^2-AC=0$ 时,$f(x,y)$ 在点 $P_0(x_0,y_0)$ 处有可能取极值,也可能不取极值.(证明从略)

由定理 1 和定理 2,可得出求具有二阶连续偏导数的函数 $z=f(x,y)$ 的求极值的方法如下:

第一步 解方程组 $\begin{cases} f_x(x,y)=0 \\ f_y(x,y)=0 \end{cases}$ 求出一切驻点;

第二步 对于每一个驻点 (x_0,y_0),计算相应的二阶偏导数 A,B,C 的值,然后根据 B^2-AC 及 A 的符号确定点 (x_0,y_0) 是否是极值点,并判定是极大值点还是极小值点;

第三步 求 $z=f(x,y)$ 在极值点的函数值(即求得极值).

【例 3】 求函数 $f(x,y)=(3-x-y)xy$ 的极值.

解 解方程组

$$\begin{cases} f_x(x, y) = -xy + y(3-x-y) = 0 \\ f_y(x, y) = -xy + x(3-x-y) = 0 \end{cases}$$

得驻点$(0, 0)$, $(0, 3)$, $(3, 0)$, $(1, 1)$. 而二阶偏导数为

$$f_{xx}(x, y) = -2y, \quad f_{yy}(x, y) = -2x, \quad f_{xy}(x, y) = 3-2x-2y$$

在点$(0, 0)$处, $A = 0$, $C = 0$, $B = a$, $B^2 - AC > 0$, 无极值;

在点$(0, 3)$处, $A = -6$, $C = 0$, $B = -3$, $B^2 - AC > 0$, 无极值;

在点$(3, 0)$处, $A = 0$, $C = -6$, $B = -3$, $B^2 - AC > 0$, 无极值;

在点$(1, 1)$处, $A = -2 < 0$, $C = -2$, $B = -1$, $B^2 - AC < 0$, 故在该点取得极大值 $f(1, 1) = 1$.

2. 多元函数的最大值和最小值

同一元函数一样, $P_0(x_0, y_0)$是函数$z = f(x, y)$在区域D上的**最大(小)值点**, 是指对于D上的一切点$P(x, y)$都满足

$$f(x, y) \leqslant f(x_0, y_0), \quad [f(x, y) \geqslant f(x_0, y_0)]$$

如果函数$z = f(x, y)$在有界闭区域D上连续, 则在D上一定能够取得最大值和最小值. 在此情况下, 欲求函数$z = f(x, y)$在D上的最大值和最小值, 只需求$f(x, y)$在D内所有驻点的函数值及D的边界上的最大值和最小值, 然后取这些值中的最大值和最小值就是所求的最大值和最小值.

在解决实际问题时, 如果根据问题的性质, 知道函数$f(x, y)$在D内一定有最大值或最小值, 而函数在D内只有一个驻点, 则可以肯定该驻点处的函数值就是$f(x, y)$在D上的最大值或最小值.

【例4】 造一个容积为V的长方体盒子, 如何设计才能使所用材料最少?

解 设盒子的长为x, 宽为y, 则高为z. 故长方体盒子的表面积为

$$S = 2(xy + yz + zx)$$

又$xyz = V$, 解出$z = \dfrac{V}{xy}$, 故表面积

$$S = 2\left(xy + \frac{V}{x} + \frac{V}{y}\right)$$

这是关于x, y的二元函数, 定义域为$D = \{(x, y) \mid x > 0, y > 0\}$.

由$\dfrac{\partial S}{\partial x} = 2\left(y - \dfrac{V}{x^2}\right) = 0$, $\dfrac{\partial S}{\partial y} = 2\left(x - \dfrac{V}{y^2}\right) = 0$, 得驻点$(\sqrt[3]{V}, \sqrt[3]{V})$.

根据问题的实际意义, 盒子所用材料的最小值存在, 又函数有唯一的驻点, 所以该驻点就是S取得最小值的点. 即当$x = y = z = \sqrt[3]{V}$时, 函数S取得最小值$6V^{\frac{2}{3}}$, 也即当盒子的长、宽、高相等时, 所用材料最少.

3. 条件极值

在许多实际问题中, 求极值时, 其自变量常常受一些条件的限制. 如例4中, 自变量

x、y 要受条件 $xyz=V$ 的约束，这类问题称为条件极值问题. 而对自变量在定义域内无其他限制条件的极值问题称为无条件极值问题，如例 3 就是无条件极值问题.

当约束条件比较简单时，条件极值可以化为无条件极值. 如例 4，从约束条件 $xyz=V$ 解出 $z=\dfrac{V}{xy}$ 代入三元函数 $S=2(xy+yz+zx)$ 中，便化为二元函数 $S=2(xy+\dfrac{V}{x}+\dfrac{V}{y})$ 的无条件极值问题，但是在很多情形下，将条件极值化为无条件极值是很困难的. 下面介绍一种求条件极值的常用方法——拉格朗日乘数法.

为方便，仅就二元函数 $z=f(x,y)$ 在约束条件 $\varphi(x,y)=0$ 下求极值作介绍，其步骤如下：

第一步　构造拉格朗日（Lagrange）函数

$$F(x,y)=f(x,y)+\lambda\varphi(x,y)$$

其中 λ 为待定常数，称为拉格朗日乘数.

第二步　求出方程组

$$\begin{cases} F_x=f_x(x,y)+\lambda\varphi_x(x,y)=0 \\ F_y=f_y(x,y)+\lambda\varphi_y(x,y)=0 \\ \varphi(x,y)=0 \end{cases}$$

求出可能的极值点 (x_0,y_0,λ_0)，在实际问题中往往就是所求的极值点.

拉格朗日乘数法可推广到自变量多于两个或附加约束条件多于一个的情况.

【例 5】 用拉格朗日乘数法求解例 4，即求函数 $S=2(xy+yz+zx)$ 在条件 $xyz=V$ 下的最小值.

解　构造函数 $F(x,y)=2(xy+yz+zx)+\lambda(xyz-V)$. 解方程组

$$\begin{cases} F_x=2(y+z)+\lambda yz=0 \\ F_y=2(x+z)+\lambda xz=0 \\ F_z=2(x+y)+\lambda xy=0 \\ xyz-V=0 \end{cases}$$

得

$$x=y=z=\sqrt[3]{V}$$

这是唯一的驻点，并且此问题的最小值存在，所以当长、宽、高均为 $\sqrt[3]{V}$ 时表面积最小，且最小表面积为 $6V^{\frac{2}{3}}$.

四、 思考与练习

（1）求下列函数的极值.

① $z=4(x-y)-x^2-y^2$　　　　　② $z=x^3+y^2-6xy-39x+18y+18$

③ $z=\mathrm{e}^{2x}(x+2y+y^2)$　　　　　④ $z=x^2-y^2$

（2）求表面积为 a^2 而体积为最大的长方体的体积.

(3) 求函数 $z=xy$ 在适合附加条件 $x+y=1$ 下的极大值.

(4) 将一条长为 l 的线段分成三段,以每段作一正方形的边,欲使三个正方形的面积之最小,试求其分法.

模块5-6 二重积分的概念与性质

一、 教学目的

(1) 理解二重积分的概念与性质;

(2) 了解二重积分的几何意义.

二、 知识要求

(1) 能用二重积分的性质估计其范围;

(2) 能比较二重积分的大小.

三、 相关知识

1. 二重积分的概念

定积分是一种和式的极限,这种和式极限的概念推广到定义在平面区域上的二元函数的情形,便得到二重积分的概念. 为此,先介绍曲顶柱体的体积.

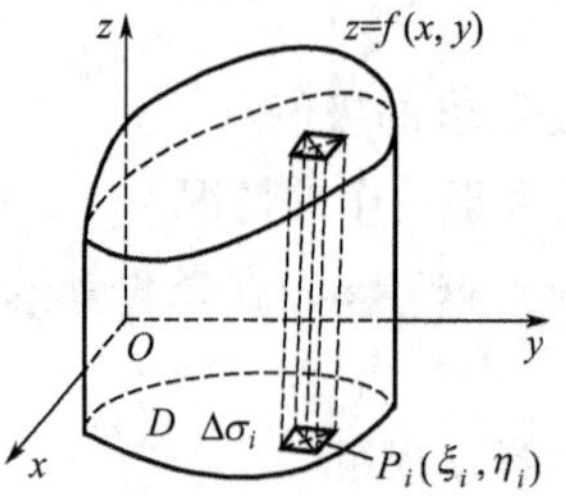

图 5-21

所谓曲顶柱体(图 5-21),是指在空间直角坐标系中以 xOy 平面上的有界闭区域 D 为底面,以曲面 $z=f(x,y)$ [$f(x,y) \geqslant 0$ 且在 D 上连续]为顶,以区域 D 的边界曲线为准线而母线平行于 z 轴的柱面为侧面的立体.

对于一个平顶柱体,其体积等于底面积与高的乘积. 而曲顶柱体的顶面 $f(x,y)$ 是 x,y 的函数,即高度不是常数,所以不能用计算平顶柱体体积的公式来计算.

因为 $f(x,y)$ 是连续函数,所以在 D 中的一个小的区域内,$f(x,y)$ 的变化不大,于是可仿照定积分中求曲边梯形面积的办法(微元法),先求出曲顶柱体体积的近似值,再用求极限的方式得到曲顶柱体的体积. 具体过程如下:

第一步 分割. 用任一组曲线网把区域 D 分割为 n 个小区域 $\Delta\sigma_i(i=1,2,\cdots,n)$,并且用 $\Delta\sigma_i(i=1,2,\cdots,n)$ 表示该小区域的面积. 每个小区域对应着一个小的曲顶柱体. 小区域 $\Delta\sigma_i$ 上任意两点间距离的最大值,称为该小区域的直径,记为 $d_i(i=1,2,\cdots,n)$.

第二步 求和. 在 $\Delta\sigma_i(i=1,2,\cdots,n)$ 上任取一点 $P_i(\xi_i,\eta_i)$,显然,$f(\xi_i,\eta_i)\Delta\sigma_i$ 表示以 $\Delta\sigma_i$ 为底,$f(\xi_i,\eta_i)$ 为高的平顶柱体的体积. 当 $\Delta\sigma_i$ 的直径不大时,$f(x,y)$ 在 $\Delta\sigma_i$ 上的变化也不大;因此 $f(\xi_i,\eta_i)\Delta\sigma_i$ 是以 $\Delta\sigma_i$ 为底,$z=f(x,y)$ 为顶的小曲顶柱体体积的近似值. 所以,和式 $\sum\limits_{i=1}^{n} f(\xi_i,\eta_i)\Delta\sigma_i$ 是所求曲顶柱体的体积 V 的近似值,即

$$V \approx \sum_{i=1}^{n} f(\xi_i, \eta_i) \Delta \sigma_i$$

第三步 取极限. 令 $\lambda = \max_{1 \leqslant i \leqslant n} \{d_i\}$. 显然, 如果这些小区域的最大直径 λ 趋于零, 即曲线网充分细密, 极限 $\lim_{\lambda \to 0} \sum_{i=1}^{n} f(\xi_i, \eta_i) \Delta \sigma_i$ 就给出了体积 V 的精确值, 即

$$V = \lim_{\lambda \to 0} \sum_{i=1}^{n} f(\xi_i, \eta_i) \Delta \sigma_i$$

还有很多实际问题可归结为上述类型的和式的极限. 抛开这些问题的实际背景, 加以抽象、概括后就得到如下二重积分的定义.

定义1

设函数 $z = f(x, y)$ 在平面有界闭区域 D 上有定义. 将区域 D 任意分成 n 个小区域 $\Delta \sigma_i (i = 1, 2, \cdots, n)$, 其中, $\Delta \sigma_i$ 表示第 i 个小区域, 也表示它的面积. 在 $\Delta \sigma_i$ 上任取一点 $P_i(\xi_i, \eta_i)$, 作和式

$$\sum_{i=1}^{n} f(\xi_i, \eta_i) \Delta \sigma_i$$

记 $\lambda = \max_{1 \leqslant i \leqslant n} \{d_i \mid d_i$ 为 $\Delta \sigma_i$ 的直径$\}$, 若无论区域 D 的分法如何, 也无论点 $P_i(\xi_i, \eta_i)$ 如何选取, 当 $\lambda \to 0$ 时, 和式总有确定的极限 I, 则称此极限为函数 $f(x, y)$ 在闭区域 D 上的二重积分, 记为 $\iint\limits_{D} f(x, y) \mathrm{d}\sigma$, 即

$$\iint\limits_{D} f(x, y) \mathrm{d}\sigma = \lim_{\lambda \to 0} \sum_{i=1}^{n} f(\xi_i, \eta_i) \Delta \sigma_i$$

其中, $f(x, y)$ 称为被积函数; $f(x, y) \mathrm{d}\sigma$ 称为被积表达式; $\mathrm{d}\sigma$ 称为面积元素; x, y 称为积分变量; D 称为积分区域.

关于二重积分的几点说明:

(1) 如果 $f(x, y)$ 在区域 D 上的积分 $\iint\limits_{D} f(x, y) \mathrm{d}\sigma$ 存在, 就说 $f(x, y)$ 在区域 D 上可积.

(2) 可以证明有界闭区域上的连续函数在该区域上一定可积.

(3) 由二重积分的定义, 曲顶柱体的体积 V 就是曲顶 $f(x, y)$ 在底面 D 上的二重积分 $\iint\limits_{D} f(x, y) \mathrm{d}\sigma$. 显然, 当 $f(x, y) > 0$ 时, 二重积分 $\iint\limits_{D} f(x, y) \mathrm{d}\sigma$ 正是曲顶柱体的体积; 当 $f(x, y) < 0$ 时, 二重积分 $\iint\limits_{D} f(x, y) \mathrm{d}\sigma$ 等于相应之曲顶柱体的体积的负值; 若 $f(x, y)$ 在区域 D 的若干部分区域上是正的, 而在其他部分区域上是负的, 这时可以把 xOy 平

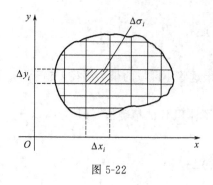

图 5-22

面上方的柱体体积取成正，xOy 平面下方的柱体体积取成负，则二重积分 $\iint\limits_{D} f(x, y)d\sigma$ 等于这些部分区域上曲顶柱体体积的代数和．这就是二重积分的几何意义．

（4）由二重积分的定义可知，若 $f(x, y)$ 在区域 D 上的二重积分存在，则和式的极限与区域 D 的分法无关．因此在直角坐标系中可以用平行于坐标轴的直线网把区域 D 分成若干个矩形小区域（如图 5-22 所示）．设矩形小区域 $\Delta\sigma_i$ 的边长为 Δx_j 和 Δy_k，则 $\Delta\sigma_i = \Delta x_j \Delta y_k$．所以在直角坐标系中，常把面积元素 $d\sigma$ 记作 $dxdy$，于是二重积分可表示为：

$$\iint\limits_{D} f(x, y)d\sigma = \iint\limits_{D} f(x, y)dxdy$$

2. 二重积分的性质

比较定积分与二重积分的定义可以想到，二重积分与定积分有着类似的性质，现将它们列举如下：

设 $f(x, y)$，$g(x, y)$ 在闭区域 D 上的二重积分存在，则

性质 1 $\iint\limits_{D} kf(x,y)d\sigma = k\iint\limits_{D} f(x,y)d\sigma$，其中 k 为常数．

性质 2 $\iint\limits_{D} [f(x, y) \pm g(x, y)]d\sigma = \iint\limits_{D} f(x, y)d\sigma \pm \iint\limits_{D} g(x, y)d\sigma$

性质 1 和性质 2 说明二重积分的运算具有线性性质．

性质 3 （区域可加性）如果 $D = D_1 \cup D_2$，$D_1 \cap D_2 = \phi$，则

$$\iint\limits_{D} f(x, y)d\sigma = \iint\limits_{D_1} f(x, y)d\sigma \pm \iint\limits_{D_2} f(x, y)d\sigma$$

性质 4 若 σ 为区域 D 的面积，则 $\sigma = \iint\limits_{D} d\sigma$．这个性质的几何意义是很明显的，它表明高为 1 的平顶柱体的体积在数值上就等于其底面积．

性质 5 若在 D 上恒有 $f(x, y) \leqslant g(x, y)$，则

$$\iint\limits_{D} f(x, y)d\sigma \leqslant \iint\limits_{D} g(x, y)d\sigma$$

由此可推出 $\left| \iint\limits_{D} f(x, y)d\sigma \right| \leqslant \iint\limits_{D} |f(x, y)|d\sigma$

性质 6 （估值定理）设 $f(x, y)$ 在 D 上有最大值 M，最小值 m，σ 是 D 的面积，则

$$m\sigma \leqslant \iint\limits_{D} f(x, y)d\sigma \leqslant M\sigma$$

性质7 （中值定理）设 $f(x, y)$ 在有界闭区域 D 上连续，σ 是区域 D 的面积，则在 D 上至少有一点 $P(\xi, \eta)$，使得

$$\iint\limits_{D} f(x, y) \mathrm{d}\sigma = f(\xi, \eta)\sigma$$

【例1】 比较二重积分 $\iint\limits_{D}(x+y)\mathrm{d}\sigma$ 与 $\iint\limits_{D}(x+y)^2\mathrm{d}\sigma$，其中 D 由 x 轴、y 轴及直线 $x+y=1$ 围成．

解 因为对 D 上任意一点有 $0 \leqslant x+y \leqslant 1$，所以 $x+y \geqslant (x+y)^2$．

于是由性质 5 得
$$\iint\limits_{D}(x+y)\mathrm{d}\sigma \geqslant \iint\limits_{D}(x+y^2)\mathrm{d}\sigma$$

【例2】 利用二重积分的性质估计积分 $\iint\limits_{D}(x^2+y^2+2)\mathrm{d}\sigma$ 的值，其中 D 是矩形闭区域：$0 \leqslant x \leqslant 1$，$0 \leqslant y \leqslant 2$．

解 因为在 D 上有 $2 \leqslant x^2+y^2+2 \leqslant 7$，且 D 的面积为 2，所以由性质 6 得
$$4 \leqslant \iint\limits_{D}(x^2+y^2+2)\mathrm{d}\sigma \leqslant 14$$

四、 思考与练习

（1）利用二重积分的几何意义直接给出下列二重积分的值．

① $\iint\limits_{D}\mathrm{d}\sigma$，$D$：$x^2+y^2 \leqslant 4$

② $\iint\limits_{D}\sqrt{R^2-x^2-y^2}\mathrm{d}\sigma$，$D$：$x^2+y^2 \leqslant R^2$

（2）根据二重积分的性质，比较下列积分的大小．

① $\iint\limits_{D}(x+y)\mathrm{d}\sigma$ 与 $\iint\limits_{D}(x+y)^2\mathrm{d}\sigma$，其中积分区域 D 由 x 轴、y 轴与直线 $x+y=1$ 所围成．

② $\iint\limits_{D}\ln(x+y)\mathrm{d}\sigma$ 与 $\iint\limits_{D}[\ln(x+y)]^2\mathrm{d}\sigma$，其中 D 是闭区域：$3 \leqslant x \leqslant 5$，$0 \leqslant y \leqslant 1$．

（3）利用二重积分的性质，估计下列积分值．

① $\iint\limits_{D}\sqrt{4+xy}\mathrm{d}\sigma$，其中 $D = \{(x+y) \mid 0 \leqslant x \leqslant 2, 0 \leqslant y \leqslant 2\}$

② $\iint\limits_{D}(x^2+4y^2+9)\mathrm{d}\sigma$，其中 $D = \{(x, y) \mid x^2+y^2 \leqslant 4\}$

模块5-7 二重积分的计算

一、 教学目的

（1）理解二重积分在直角坐标系下化为二次积分的方法；

(2) 理解二重积分在极坐标系下化为二次积分的方法.

二、 知识要求

(1) 掌握积分区域在直角坐标系与极坐标系下的表示方法；

(2) 掌握二重积分在直角坐标系下化为两种不同次序的二次积分的计算方法；

(3) 掌握二重积分在极坐标系下化为二次积分的计算方法.

三、 相关知识

除了一些特殊情形，利用定义来计算二重积分是非常困难的. 通常的方法是将二重积分化为二次定积分即累次积分来计算.

1. 在直角坐标系下计算二重积分

下面根据二重积分的几何意义，给出二重积分的计算方法. 假定 $f(x, y) \geqslant 0$, 设积分区域 D 可以用不等式

$$\varphi_1(x) \leqslant y \leqslant \varphi_2(x), \ a \leqslant x \leqslant b$$

来表示（图 5-23），其中 $\varphi_1(x)$、$\varphi_2(x)$ 在区间 $[a, b]$ 上连续，称此积分区域为 X-型区域.

在 $[a, b]$ 上任取一点 x, 作平行于 yOz 面的平面（图 5-24），此平面与曲顶柱体相交的截面是一个以区间 $[\varphi_1(x), \varphi_2(x)]$ 为底，以曲线 $\begin{cases} z = f(x, y) \\ x = x \end{cases}$ 为曲边的曲边梯形（图 5-24 中阴影部分）.

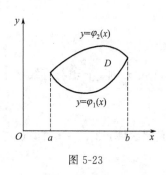

图 5-23

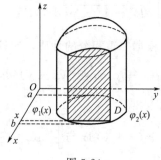

图 5-24

根据定积分中"计算平行截面面积为已知的立体的体积"的方法，设该曲边梯形的面积为 $A(x)$, 由于 x 的变化范围是 $a \leqslant x \leqslant b$, 则所求的曲顶柱体体积为

$$V = \int_a^b A(x) \mathrm{d}x$$

又由一元函数定积分的几何意义知

$$A(x) = \int_{\varphi_1(x)}^{\varphi_2(x)} f(x, y) \mathrm{d}y$$

于是

$$V = \int_a^b A(x)\,\mathrm{d}x = \int_a^b \left[\int_{\varphi_1(x)}^{\varphi_2(x)} f(x,\ y)\,\mathrm{d}y \right]\,\mathrm{d}x$$

即

$$\iint\limits_D f(x,\ y)\,\mathrm{d}\sigma = \int_a^b \left[\int_{\varphi_1(x)}^{\varphi_2(x)} f(x,\ y)\,\mathrm{d}y \right]\,\mathrm{d}x$$

上式右端的积分叫做先对 y 后对 x 的二次(或累次)积分,就是说先把 x 看作常数,把 $f(x,\ y)$ 只看作 y 的函数,并对 y 计算从 $\varphi_1(x)$ 到 $\varphi_2(x)$ 的定积分;然后把计算结果再对 x 计算在区间 $[a,\ b]$ 上的定积分.这个先对 y 后对 x 的二次积分也记作

$$\iint\limits_D f(x,\ y)\,\mathrm{d}\sigma = \int_a^b \mathrm{d}x \int_{\varphi_1(x)}^{\varphi_2(x)} f(x,\ y)\,\mathrm{d}y$$

在上述讨论中,假定 $f(x,\ y) \geqslant 0$,但可以证明上述计算公式的成立并不受此限制.

类似地,如果积分区域 D 可以用不等式

$$\psi_1(y) \leqslant x \leqslant \psi_2(y),\ c \leqslant y \leqslant d$$

来表示(图 5-25),其中 $\psi_1(x)$、$\psi_2(x)$ 在区间 $[c,\ d]$ 上连续,称此积分区域为 Y-型区域,那么有

$$\iint\limits_D f(x,\ y)\,\mathrm{d}\sigma = \int_c^d \left[\int_{\psi_1(y)}^{\psi_2(y)} f(x,\ y)\,\mathrm{d}x \right]\,\mathrm{d}y = \int_c^d \mathrm{d}y \int_{\psi_1(y)}^{\psi_2(y)} f(x,\ y)\,\mathrm{d}x$$

上式右端的积分叫做先对 x 后对 y 的二次(或累次)积分.

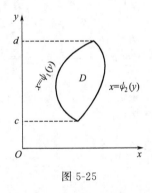

图 5-25

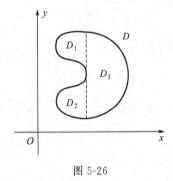

图 5-26

关于二重积分化为二次积分的几点说明.

(1) 如果积分区域 D 既是 X- 型区域又是 Y- 型区域,那么

$$\iint\limits_D f(x,\ y)\,\mathrm{d}\sigma = \int_a^b \mathrm{d}x \int_{\varphi_1(x)}^{\varphi_2(x)} f(x,\ y)\,\mathrm{d}y = \int_c^d \mathrm{d}y \int_{\psi_1(y)}^{\psi_2(y)} f(x,\ y)\,\mathrm{d}x$$

(2) 若积分区域 D 既非 X- 型区域又非 Y- 型区域(图 5-26),此时需用平行于 x 轴或 y 轴的直线将区域 D 划分成 X- 型或 Y- 型区域.如图 5-26 中,D 可分割成 D_1、D_2、D_3 这三个 X- 型小区域.由二重积分的区域可加性性质,则有

$$\iint\limits_{D} f(x, y)\mathrm{d}\sigma = \iint\limits_{D_1} f(x, y)\mathrm{d}\sigma + \iint\limits_{D_2} f(x, y)\mathrm{d}\sigma + \iint\limits_{D_3} f(x, y)\mathrm{d}\sigma$$

（3）在将二重积分化为二次积分计算时，选用何种积分次序，不仅要考虑积分区域 D 的类型，还要考虑到被积函数是否能积分或积分比较容易的等特点．

【例 1】 计算 $\iint\limits_{D} x\mathrm{d}x\mathrm{d}y$，其中 D 是由直线 $y = x$、$y = 2x$ 及 $x = 2$ 所围成的区域．

解 画出积分区域（图 5-27），D 可表示为 X- 型区域：

$$x \leqslant y \leqslant 2x, \ 0 \leqslant x \leqslant 2$$

于是

$$\iint\limits_{D} x\mathrm{d}x\mathrm{d}y = \int_0^2 \mathrm{d}x \int_x^{2x} x\mathrm{d}y = \int_0^2 x^2 \mathrm{d}x = \left[\frac{1}{3}x^3\right]_0^2 = \frac{8}{3}$$

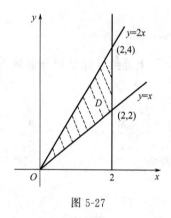

图 5-27

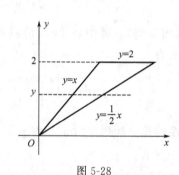

图 5-28

【例 2】 计算 $\iint\limits_{D}(x^2 + y^2 - y)\mathrm{d}x\mathrm{d}y$，其中 D 是由 $y = x$，$y = \frac{1}{2}x$，$y = 2$ 所围成的区域．

解 画出积分区域（图 5-28），D 可表示为 Y- 型区域：

$$y \leqslant x \leqslant 2y, \ 0 \leqslant y \leqslant 2$$

于是

$$\iint\limits_{D}(x^2 + y^2 - y)\mathrm{d}x\mathrm{d}y = \int_0^2 \mathrm{d}y \int_y^{2y} (x^2 + y^2 - y)\mathrm{d}x$$

$$= \int_0^2 \left[\frac{1}{3}x^3 + xy^2 - yx\right]_y^{2y} \mathrm{d}y$$

$$= \int_0^2 \left(\frac{10}{3}y^3 - y^2\right)\mathrm{d}y = \frac{32}{3}$$

【例 3】 计算二重积分 $\iint\limits_{D} \mathrm{e}^{-y^2}\mathrm{d}x\mathrm{d}y$，其中 D 是由直线 $y = x$，$y = 1$，$x = 0$ 所围成的区域．

解 画出积分区域（图 5-29），D 可以表示为 X- 型区域

$$x \leqslant y \leqslant 1, \ 0 \leqslant x \leqslant 1$$

也可以表示为：Y-型区域：

$$0 \leqslant x \leqslant y, \ 0 \leqslant y \leqslant 1$$

若选取 X-型区域，则积分化为

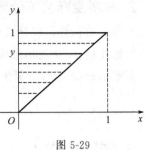

$$\iint\limits_{D} e^{-y^2} dx\, dy = \int_0^1 dx \int_x^1 e^{-y^2} dy$$

由于 e^{-y^2} 的原函数不能用初等函数表示，故上述积

分难以求出. 现选取 Y-型区域，则

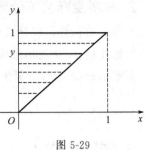

图 5-29

$$\iint\limits_{D} e^{-y^2} dx\, dy = \int_0^1 dy \int_0^y e^{-y^2} dx = \int_0^1 e^{-y^2} [x]_0^y dy = \int_0^1 y e^{-y^2} dy = \frac{1}{2}\left(1 - \frac{1}{e}\right)$$

【例 4】　计算 $\iint\limits_{D} xy\, d\sigma$，其中 D 是由直线 $y = x - 2$ 及抛物线 $y^2 = x$ 所围成的区域.

解　画出积分区域（图 5-30），D 可表示为 Y-型区域：

$$y^2 \leqslant x \leqslant y + 2, \ -1 \leqslant y \leqslant 2$$

于是

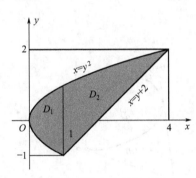

图 5-30

$$\iint\limits_{D} xy\, d\sigma = \int_{-1}^2 dy \int_{y^2}^{y+2} xy\, dx = \int_{-1}^2 \left[\frac{x^2}{2} y\right]_{y^2}^{y+2} dy$$

$$= \frac{1}{2}\int_{-1}^2 [y(y+2)^2 - y^5]\, dy$$

$$= \frac{1}{2}\left[\frac{y^4}{4} + \frac{4}{3}y^3 + 2y^2 - \frac{y^6}{6}\right]_{-1}^2$$

$$= 5\frac{5}{8}$$

如果选取 X-型区域，则积分区域 D 分成两部分 D_1、D_2（图 5-30），其中

D_1 表示为：　　　　$-\sqrt{x} \leqslant y \leqslant \sqrt{x}, \ 0 \leqslant x \leqslant 1$

D_2 表示为：　　　　$x - 2 \leqslant y \leqslant \sqrt{x}, \ 1 \leqslant x \leqslant 4$

于是

$$\iint\limits_{D} xy\, d\sigma = \iint\limits_{D_1} xy\, d\sigma + \iint\limits_{D_2} xy\, d\sigma = \int_0^1 dx \int_{-\sqrt{x}}^{\sqrt{x}} xy\, dy + \int_1^4 dx \int_{x-2}^{\sqrt{x}} xy\, dy$$

$$= \int_0^1 \left[\frac{x}{2} y^2\right]_{-\sqrt{x}}^{\sqrt{x}} dx + \int_1^4 \left[\frac{x}{2} y^2\right]_{x-2}^{\sqrt{x}} dx$$

$$= 0 + \int_1^4 \left(-\frac{1}{2}x^3 + \frac{5}{2}x^2 - 2x\right) dx$$

$$= \left[-\frac{1}{8}x^4 + \frac{5}{6}x^3 - x^2\right]_1^4 = 5\frac{5}{8}$$

由此可见，这里选取 Y-型区域来计算比较简便.

2. 在极坐标系下计算二重积分

有些二重积分，积分区域 D 的边界曲线用极坐标方程来表示比较方便，且被积函数用极坐标变量 ρ、θ 表达比较简便。这时利用极坐标来计算二重积分可能会更容易。

直角坐标 (x, y) 与极坐标 (r, θ) 的关系为

$$\begin{cases} x = r\cos\theta \\ y = r\sin\theta \end{cases}$$

这样被积分函数 $f(x, y)$ 可变换为 $f(r\cos\theta, r\sin\theta)$，下面研究如何用极坐标表示面积元素 $\mathrm{d}\sigma$。

对极坐标系下的积分区域 D，通常用极点 O 为圆心的同心圆族（即 $r=$ 常数）、以极点 O 为端点的射线族（即 $\theta=$ 常数）来划分，一般的小区域 $\Delta\sigma$ 如图 5-31 所示，它可以看成长为 $r\mathrm{d}\theta$、宽为 $\mathrm{d}r$ 的矩形，从而面积元素 $\mathrm{d}\sigma = r\mathrm{d}r\mathrm{d}\theta$。于是二重积分在极坐标系下可表示成

$$\iint\limits_{D} f(x, y)\mathrm{d}\sigma = \iint\limits_{D} f(r\cos\theta, r\sin\theta)r\mathrm{d}r\mathrm{d}\theta$$

下面按积分区域 D 的三种情形，将二重积分在极坐标系下化为二次积分。

（1）如果积分区域 D 由射线 $\theta=\alpha$、$\theta=\beta(>\alpha)$ 以及曲线 $r=\varphi_1(\theta)$、$r=\varphi_2(\theta)$ 围成（图 5-32），即 D 可以表示为

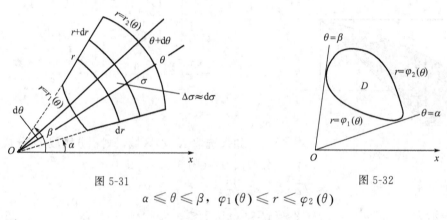

图 5-31

图 5-32

$$\alpha \leqslant \theta \leqslant \beta, \quad \varphi_1(\theta) \leqslant r \leqslant \varphi_2(\theta)$$

则

$$\iint\limits_{D} f(x, y)\mathrm{d}\sigma = \int_{\alpha}^{\beta}\mathrm{d}\theta\int_{\varphi_1(\theta)}^{\varphi_2(\theta)} f(r\cos\theta, r\sin\theta)\mathrm{d}r$$

（2）如果积分区域 D 由射线 $\theta=\alpha$、$\theta=\beta(>\alpha)$ 以及曲线 $r=\varphi(\theta)$ 围成（图 5-33），即 D 可以表示为 $\alpha \leqslant \theta \leqslant \beta$，$0 \leqslant r \leqslant \varphi(\theta)$，则

$$\iint\limits_{D} f(x, y)\mathrm{d}\sigma = \int_{\alpha}^{\beta}\mathrm{d}\theta\int_{0}^{r(\theta)} f(r\cos\theta, r\sin\theta)\mathrm{d}r$$

（3）如果极点 O 落在积分区域 D 的内部，D 由封闭曲线 $r=\varphi(\theta)$ 围成（图 5-34），即 D 可以表示为 $0 \leqslant \theta \leqslant 2\pi$，$0 \leqslant r \leqslant \varphi(\theta)$，则

$$\iint\limits_{D} f(x,\ y)\mathrm{d}\sigma = \int_{0}^{2\pi}\mathrm{d}\theta\int_{0}^{r(\theta)} f(r\cos\theta,\ r\sin\theta)\mathrm{d}r$$

【例5】 计算积分 $\iint\limits_{D}\mathrm{e}^{-x^2-y^2}\mathrm{d}x\mathrm{d}y$，$D$ 是圆心在原点，半径为 R 的闭圆.

解 这里极点落在积分区域 D 的内部，D 可以表示为：

$$0\leqslant\theta\leqslant 2\pi,\ 0\leqslant r\leqslant R$$

又被积函数用极坐标表示为 e^{-r^2}，于是

$$\iint\limits_{D}\mathrm{e}^{-x^2-y^2}\mathrm{d}x\mathrm{d}y = \iint\limits_{D}\mathrm{e}^{-r^2} r\mathrm{d}r\mathrm{d}\theta = \int_{0}^{2\pi}\mathrm{d}\theta\int_{0}^{R} r\,\mathrm{e}^{-r^2}\mathrm{d}r$$

$$= 2\pi\left[-\frac{1}{2}\mathrm{e}^{-r^2}\right]_{0}^{R} = \pi(1-\mathrm{e}^{-R^2}).$$

【例6】 计算 $\iint\limits_{D} 3y\mathrm{d}x\mathrm{d}y$，$D$ 是半圆周 $y=\sqrt{2x-x^2}$ 及 x 轴所围成的闭区域.

解 积分区域如图 5-35 所示，半圆周 $y=\sqrt{2x-x^2}$ 可以用极坐标表示为

$$r=2\cos\theta$$

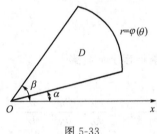

图 5-33

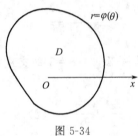

图 5-34

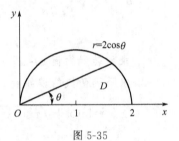

图 5-35

故 D 在极坐标系中可表示为

$$0\leqslant r\leqslant 2a\cos\theta,\ 0\leqslant\theta\leqslant\frac{\pi}{2}$$

于是

$$\iint\limits_{D} 3y\mathrm{d}x\mathrm{d}y = \iint\limits_{D}(3r\sin\theta) r\mathrm{d}r\mathrm{d}\theta = \int_{0}^{\frac{\pi}{2}}\sin\theta\mathrm{d}\theta\int_{0}^{2\cos\theta} 3r^2\mathrm{d}r$$

$$= 8\int_{0}^{\frac{\pi}{2}}\sin\theta\cos^3\theta\mathrm{d}\theta = -2\left[\cos^4\theta\right]_{0}^{\frac{\pi}{2}} = 2$$

四、 思考与练习

（1）计算下列二重积分.

① $\iint\limits_{D}(1+x+2y)\mathrm{d}\sigma$，其中 D 为矩形闭区域：$0\leqslant x\leqslant 2$，$-1\leqslant y\leqslant 3$.

② $\iint\limits_{D}(x^2+y^2)\mathrm{d}\sigma$，其中 D 是由直线 $y=x+1$，$y=x$，$y=0$，$y=3$ 为边的四边形区域.

③ $\iint\limits_{D} \dfrac{x^2}{y^2} \mathrm{d}\sigma$，其中 D 是由直线 $x=2$，$y=x$ 及 $xy=1$ 所围成的区域．

④ $\iint\limits_{D} \dfrac{\sin y}{y} \mathrm{d}\sigma$，其中 D 是由直线 $y=x$ 及抛物线 $x=y^2$ 所围成的区域．

（2）按两种不同次序化二重积分 $\iint\limits_{D} f(x，y)\mathrm{d}x\mathrm{d}y$ 为累次积分，其中 D 为

① 由曲线 $y=\ln x$，直线 $x=2$ 及 x 轴所围成的闭区域；

② 由抛物线 $y=x^2$ 与直线 $2x+y=3$ 所围成的闭区域．

（3）改变下列积分的积分次序．

① $\displaystyle\int_{0}^{1}\mathrm{d}y\int_{y}^{\sqrt{y}} f(x，y)\mathrm{d}x$ ② $\displaystyle\int_{-1}^{1}\mathrm{d}x\int_{0}^{\sqrt{1-x^2}} f(x，y)\mathrm{d}y$

（4）利用极坐标计算下列二重积分．

① $\iint\limits_{D} \sqrt{x^2+y^2}\,\mathrm{d}\sigma$，其中 D：$x^2+y^2 \leqslant 1$．

② $\iint\limits_{D} \sqrt{R^2-x^2-y^2}\,\mathrm{d}\sigma$，其中 D：$x^2+y^2 \leqslant 2x$．

③ $\iint\limits_{D} \arctan\dfrac{y}{x}\mathrm{d}\sigma$，其中 D 为圆 $x^2+y^2=4$ 与直线 $y=x$，$y=0$ 所围成的第一象限内的区域．

复习题

1. 求旋转抛物面 $z=x^2+y^2$ 与平面 $y+z=1$ 的交线在各坐标面上的投影．

2. 求下列函数的偏导数．

（1）$z=\ln(x+\sqrt{x^2+y^2})$，求 $\dfrac{\partial z}{\partial x}$，$\dfrac{\partial z}{\partial y}$ （2）$u=\sin\dfrac{xy^2}{1+z}$，求 $\dfrac{\partial u}{\partial x}$，$\dfrac{\partial u}{\partial y}$，$\dfrac{\partial u}{\partial z}$

（3）$z=yf(x^2-y^2)$，求 $\dfrac{\partial z}{\partial x}$，$\dfrac{\partial z}{\partial y}$ （4）$z=f\left(\dfrac{x}{y}，x^y\right)$，求 $\dfrac{\partial z}{\partial x}$，$\dfrac{\partial z}{\partial y}$

3. 设 $z=f(2x-y)+g(x，xy)$，其中 f 具有二阶导数，g 具有二阶连续偏导数，求 $\dfrac{\partial^2 z}{\partial x \partial y}$．

4. 设方程 $F(x-y，y-z，z-x)=0$ 确定 z 是 x，y 的函数，F 是可微函数，求 $\dfrac{\partial z}{\partial x}$，$\dfrac{\partial z}{\partial y}$ 及 $\mathrm{d}z$．

5. 设 $x-az=f(y-bz)$，试证：$a\dfrac{\partial z}{\partial x}+b\dfrac{\partial z}{\partial y}=1$．

6. 设函数 $z=z(x，y)$ 是由方程 $xe^{x-y-z}=x-y+2z$ 所确定的函数，求 $\dfrac{\partial z}{\partial x}\bigg|_{(0,2,1)}$．

7. 求函数 $z=x^3-y^3+3x^2+3y^2-9x$ 的极值．

8. 某企业为进行生产需购进三种原料：甲种原料 x 吨，乙种原料 y 吨，丙种原料 z 吨，它们的单价（元/吨）分别是 300、200、400，又知企业使用三种原料后的效用函数为 $u=xyz$，试问用 5400 元的采购费用购买甲、乙、丙三种原料各多少吨时能使企业的效用最大？

9. 计算下列二重积分.

(1) $\iint\limits_{D}\sqrt{x}\,\mathrm{d}x\,\mathrm{d}y$，其中 D 为圆形区域：$x^2+y^2\leqslant x$.

(2) $\iint\limits_{D}(12x+3y)\mathrm{d}x\,\mathrm{d}y$，其中 D 是由三条直线 $y=x$，$y=2x$，$x=2$ 所围成的区域.

(3) $\iint\limits_{D}(|x|+|y|)\mathrm{d}x\,\mathrm{d}y$，其中 D：$|x|+|y|\leqslant 1$.

(4) $\iint\limits_{D}|x^2+y^2-4|\mathrm{d}x\,\mathrm{d}y$，其中 D 为圆形区域：$x^2+y^2\leqslant 16$.

(5) $\iint\limits_{D}(x^2+y^2)\mathrm{d}\sigma$，$D=\{(x,y)\mid 2x\leqslant x^2+y^2\leqslant 4,\ x\geqslant 0,\ y\geqslant 0\}$.

(6) $\iint\limits_{D}\ln(1+x^2+y^2)\mathrm{d}\sigma$，$D=\{(x,y)\mid x^2+y^2\leqslant 1,\ 0\leqslant y\leqslant x\}$.

10. 交换下列积分的次序.

(1) $\int_0^1\mathrm{d}x\int_{-\sqrt{x}}^{\sqrt{x}}f(x,y)\mathrm{d}y+\int_1^4\mathrm{d}x\int_{x-2}^{\sqrt{x}}f(x,y)\mathrm{d}y$.

(2) $\int_{-1}^0\mathrm{d}x\int_0^{1+x}f(x,y)\mathrm{d}y+\int_0^1\mathrm{d}x\int_0^{1-x}f(x,y)\mathrm{d}y$.

知识链接

微积分学的应用

微积分学的发展与应用几乎影响了现代生活的所有领域。它与大部分科学分支关系密切，包括医药、护理、工业工程、商业管理、精算、计算机、统计、人口统计，特别是物理学；经济学也经常会用到微积分学。几乎所有现代科学技术，如机械、土木、建筑、航空及航海等工业工程都以微积分学作为基本数学工具。微积分使得数学可以在变量和常量之间互相转化，让人们可以已知一种方式时推导出来另一种方式。

鹦鹉螺的对数螺线是微积分

物理学大量应用微积分；经典力学、热传和电磁学都与微积分有密切联系。已知密度的物体质量，动摩擦力，保守力场的总能量都可用微积分来计算。例如：将微积分应用到牛顿第二定律中，史料一般将导数称为"变化率"。物体动量的变化率等于向物体以同一方向所施的力。今天常用的表达方式是 \ textbf { \ emph {F} } = m \ textbf { \ emph {a} }, 它包括了微分， 因为加速度是速度的导数， 或是位置矢量的二阶导数。 已知物体的加速度， 就可以得出它的路径。

生物学用微积分来计算种群动态， 输入繁殖和死亡率来模拟种群改变。

化学使用微积分来计算反应速率， 放射性衰退。

麦克斯韦尔的电磁学和爱因斯坦的广义相对论都应用了微分。

微积分可以与其他数学分支交叉混合。 例如， 混合线性代数来求得值域中一组数列的 "最佳" 线性近似。 它也可以用在概率论中来确定由假设密度方程产生的连续随机变量的概率。 在解析几何对方程图像的研究中， 微积分可以求得最大值、 最小值、 斜率、 凹度、 拐点等。

格林公式连接了一个封闭曲线上的线积分与一个边界为 C 且平面区域为 D 的双重积分。 它被设计为求积仪工具， 用以量度不规则的平面面积。 例如： 它可以在设计时计算不规则的花瓣床、 游泳池的面积。

在医疗领域， 微积分可以计算血管最优支角， 将血流最大化。 通过药物在体内的衰退数据， 微积分可以推导出服用量。 在核医学中， 它可以为治疗肿瘤建立放射输送模型。

在经济学中， 微积分可以通过计算边际成本和边际利润来确定最大收益。

微积分也被用于寻找方程的近似值； 在实践中， 它用于解微分方程， 计算相关的应用题， 如： 牛顿法、 定点循环、 线性近似等。 例如， 宇宙飞船利用欧拉方法来求得零重力环境下的近似曲线。

项目六

线性代数初步

学习目标

一、 知识目标

（1） 能掌握行列式的计算方法；

（2） 能掌握矩阵的基本运算规律；

（3） 能掌握矩阵的初等变换求矩阵的秩和逆；

（4） 能掌握求解线性方程组的方法．

二、 能力目标

（1） 会求矩阵的秩和逆；

（2） 会熟练求解线性方程组．

项目概述

　　行列式和矩阵是线性代数中的重要概念， 在自然科学、 工程技术及经济等领域中都有着广泛应用． 随着计算机的发展， 行列式和矩阵显得更为重要． 本模块将介绍行列式和矩阵的一些基本概念、 相关运算及其简单应用．

项目实施

模块6-1　　行列式

一、 教学目的

（1） 能够应用行列式的相关性质计算行列式；

（2） 熟练掌握行列式的多种计算方法；

（3） 会用克莱姆法则解线性方程组．

二、 知识要求

（1） 熟练掌握行列式的相关性质；

（2） 熟练掌握行列式的计算方法；

（3）掌握克莱姆法则解线性方程组的方法．

三、 相关知识

1. 行列式的概念

（1）二阶行列式　用消元法解二元一次方程组：

$$\begin{cases} a_{11}x_1 + a_{12}x_2 = b_1 & ① \\ a_{21}x_1 + a_{22}x_2 = b_2 & ② \end{cases} \qquad (6\text{-}1)$$

消去方程②中的 x_1，再消去方程①中的 x_2，得

$$(a_{11}a_{22} - a_{12}a_{21})x_2 = b_2a_{11} - a_{21}b_1$$
$$(a_{11}a_{22} - a_{12}a_{21})x_1 = b_1a_{22} - a_{12}b_2$$

若 $a_{11}a_{22} - a_{12}a_{21} \neq 0$，则方程组的解为

$$\begin{cases} x_1 = \dfrac{b_1a_{22} - a_{12}b_2}{a_{11}a_{22} - a_{12}a_{21}} \\[3mm] x_2 = \dfrac{b_2a_{11} - a_{21}b_1}{a_{11}a_{22} - a_{12}a_{21}} \end{cases}$$

定义1

将四个数 a_{11}，a_{12}，a_{21}，a_{22} 排列成两行两列，两边各加上一条竖直线段，它表示一个数，称之为二阶行列式，$a_{ij}(i, j = 1, 2)$ 为这个行列式的元素，a_{ij} 的下标 i 和 j 表示该元素所处位置在行列式的第 i 行第 j 列．

二阶行列式的计算法则——对角线法则：

$$\begin{vmatrix} a_{11} & a_{12} \\ a_{21} & a_{22} \end{vmatrix} = a_{11}a_{22} - a_{12}a_{21}$$

即主对角线上两元素的乘积减去次对角线上两元素的乘积．

对于线性方程组(6-1)，记 $D = \begin{vmatrix} a_{11} & a_{12} \\ a_{21} & a_{22} \end{vmatrix} = a_{11}a_{22} - a_{12}a_{21} \neq 0$，

$$D_1 = \begin{vmatrix} b_1 & a_{12} \\ b_2 & a_{22} \end{vmatrix} = b_1a_{22} - a_{12}b_2, \quad D_2 = \begin{vmatrix} a_{11} & b_1 \\ a_{22} & b_2 \end{vmatrix} = a_{11}b_2 - b_1a_{21}$$

D_1、D_2 是由方程组(6-1)的右端常数列分别取代 D 的第1列、第2列而得的两个二阶行列式．

则方程组(6-1)的解
$$\begin{cases} x_1 = \dfrac{D_1}{D} \\[3mm] x_2 = \dfrac{D_2}{D} \end{cases}$$

【例1】 解二元线性方程组 $\begin{cases} 2x - 3y = 12 \\ 3x + 7y = -15 \end{cases}$

解 $D = \begin{vmatrix} 2 & -3 \\ 3 & 7 \end{vmatrix} = 23$，$D_1 = \begin{vmatrix} 12 & -3 \\ -15 & 7 \end{vmatrix} = 39$，$D_2 = \begin{vmatrix} 2 & 12 \\ 3 & -15 \end{vmatrix} = -66$

则方程组的解 $\begin{cases} x_1 = \dfrac{D_1}{D} = \dfrac{39}{23} \\ x_2 = \dfrac{D_2}{D} = -\dfrac{66}{23} \end{cases}$

(2) 三阶行列式.

定义2

将 9 个数排成三行三列，并用两根竖线夹起来，可得到三阶行列式，

记为： $D_3 = \begin{vmatrix} a_{11} & a_{12} & a_{13} \\ a_{21} & a_{22} & a_{23} \\ a_{31} & a_{32} & a_{33} \end{vmatrix}$，且

$$\begin{vmatrix} a_{11} & a_{12} & a_{13} \\ a_{21} & a_{22} & a_{23} \\ a_{31} & a_{32} & a_{33} \end{vmatrix}$$

$$= a_{11}a_{22}a_{33} + a_{12}a_{23}a_{31} + a_{13}a_{21}a_{32} - a_{11}a_{23}a_{32} - a_{12}a_{21}a_{33} - a_{13}a_{22}a_{31}$$

利用三阶行列式解三元线性方程组

$$\begin{cases} a_{11}x_1 + a_{12}x_2 + a_{13}x_3 = b_1 \\ a_{21}x_1 + a_{22}x_2 + a_{23}x_3 = b_2 \\ a_{31}x_1 + a_{32}x_2 + a_{33}x_3 = b_3 \end{cases}$$

记为： $D = \begin{vmatrix} a_{11} & a_{12} & a_{13} \\ a_{21} & a_{22} & a_{23} \\ a_{31} & a_{32} & a_{33} \end{vmatrix} \neq 0$

$$D_1 = \begin{vmatrix} b_1 & a_{12} & a_{13} \\ b_2 & a_{22} & a_{23} \\ b_3 & a_{32} & a_{33} \end{vmatrix}, \quad D_2 = \begin{vmatrix} a_{11} & b_1 & a_{13} \\ a_{21} & b_2 & a_{23} \\ a_{31} & b_3 & a_{33} \end{vmatrix}, \quad D_3 = \begin{vmatrix} a_{11} & a_{12} & b_1 \\ a_{21} & a_{22} & b_2 \\ a_{31} & a_{32} & b_3 \end{vmatrix}$$

则 $x_1 = \dfrac{D_1}{D}$，$x_2 = \dfrac{D_2}{D}$，$x_3 = \dfrac{D_3}{D}$

【例2】 解三元线性方程组 $\begin{cases} x - y + 2z = 13 \\ x + y + z = 10 \\ 2x + 3y = 1 \end{cases}$

解
$$D = \begin{vmatrix} 1 & -1 & 2 \\ 1 & 1 & 1 \\ 2 & 3 & 0 \end{vmatrix} = -3$$

$$D_1 = \begin{vmatrix} 13 & -1 & 2 \\ 10 & 1 & 1 \\ 1 & 3 & 0 \end{vmatrix} = 18, \quad D_2 = \begin{vmatrix} 1 & 13 & 2 \\ 1 & 10 & 1 \\ 2 & 1 & 0 \end{vmatrix} = -13, \quad D_3 = \begin{vmatrix} 1 & -1 & 13 \\ 1 & 1 & 10 \\ 2 & 3 & 1 \end{vmatrix} = -35$$

则
$$x_1 = \frac{D_1}{D} = -6, \quad x_2 = \frac{D_2}{D} = \frac{13}{3}, \quad x_3 = \frac{D_3}{D} = \frac{35}{3}$$

（3）n 阶行列式的定义.

定义 3

由 n^2 个数 $a_{ij}(i, j=1, 2, 3, \cdots, n)$ 排成 n 行 n 列，两边各加上一条竖直线段，组成算式

$$\begin{vmatrix} a_{11} & a_{12} & \cdots & a_{1n} \\ a_{21} & a_{22} & \cdots & a_{2n} \\ \vdots & \vdots & & \vdots \\ a_{n1} & a_{2n} & \cdots & a_{nn} \end{vmatrix} \qquad (6\text{-}2)$$

称为 n 阶行列式，简称行列式，常用字母 D 表示，数 a_{ij} 称为行列式的第 i 行第 j 列元素. 划去元素 a_{ij} 所在的第 i 行和第 j 列后，剩下 $(n-1)^2$ 个元素按原来顺序组成的 $n-1$ 阶行列式称为 a_{ij} 的余子式，记为 M_{ij}；在 M_{ij} 的前面冠以符号因子 $(-1)^{i+j}$ 后，称为元素 a_{ij} 的代数余子式，记为 $A_{ij} = (-1)^{i+j} M_{ij}$.

当 $n=1$ 时，规定：$D = |a_{11}| = a_{11}$，即一阶行列式是数 a_{11} 本身.

注意：一阶行列式 $|a_{11}| = a_{11}$ 不要与绝对值记号混淆.

设 $n-1$ 阶行列式已经定义，则 n 阶行列式

$$D = a_{11}A_{11} + a_{12}A_{12} + \cdots + a_{1n}A_{1n} = \sum_{j=1}^{n} a_{ij}A_{ij} \qquad (6\text{-}3)$$

即：n 阶行列式 D 等于它的第一行元素与它们各自的代数余子式乘积的代数和.

例如，当 $n=2$ 时，

$$D = \begin{vmatrix} a_{11} & a_{12} \\ a_{21} & a_{22} \end{vmatrix} = a_{11}A_{11} + a_{12}A_{12} = a_{11}a_{22} - a_{12}a_{21}$$

【例 3】 写出四阶行列式 $\begin{vmatrix} 1 & 0 & -3 & 2 \\ -4 & -1 & 0 & -5 \\ 2 & 3 & -1 & -6 \\ 3 & 3 & -4 & 1 \end{vmatrix}$ 的元素 a_{34} 的余子式和代数余子式.

解
$$M_{34} = \begin{vmatrix} 1 & 0 & -3 \\ -4 & -1 & 0 \\ 3 & 3 & -4 \end{vmatrix},$$

$$A_{34} = (-1)^{3+4} \begin{vmatrix} 1 & 0 & -3 \\ -4 & -1 & 0 \\ 3 & 3 & -4 \end{vmatrix} = - \begin{vmatrix} 1 & 0 & -3 \\ -4 & -1 & 0 \\ 3 & 3 & -4 \end{vmatrix}$$

定理 1 n 阶行列式(6-2)等于它的任意一行元素与它们各自的代数余子式乘积之和

$$a_{i1}A_{i1} + a_{i2}A_{i2} + \cdots + a_{in}A_{in} = \sum_{j=1}^{n} a_{ij}A_{ij} \tag{6-4}$$

其中 $i = 1, 2, \cdots, n$，式(6-4)称为 n 阶行列式按行展开式.

【例 4】   证明四阶上三角行列式

$$D = \begin{vmatrix} a_{11} & a_{12} & a_{13} & a_{14} \\ 0 & a_{22} & a_{23} & a_{24} \\ 0 & 0 & a_{33} & a_{34} \\ 0 & 0 & 0 & a_{44} \end{vmatrix} = a_{11}a_{22}a_{33}a_{44}$$

证明   以第一列进行代数余子式展开，

$$D = a_{11} \begin{vmatrix} a_{22} & a_{23} & a_{24} \\ 0 & a_{33} & a_{34} \\ 0 & 0 & a_{44} \end{vmatrix} = a_{11}a_{22}a_{33}a_{44}$$

【例 5】   计算行列式

$$D = \begin{vmatrix} 0 & a & 0 & 0 \\ 0 & 0 & 0 & b \\ 0 & 0 & 0 & 0 \\ 0 & 0 & d & 0 \end{vmatrix}$$

解   以第一行进行代数余子式展开，

$$D = \begin{vmatrix} 0 & a & 0 & 0 \\ 0 & 0 & 0 & b \\ 0 & 0 & 0 & 0 \\ 0 & 0 & d & 0 \end{vmatrix} = a \begin{vmatrix} 0 & 0 & b \\ 0 & 0 & 0 \\ 0 & d & 0 \end{vmatrix} = 0$$

2. 行列式的性质

定义4

设 D 表示 n 阶行列式(6-2)，则称

$$D' = D^{\mathrm{T}} = \begin{vmatrix} a_{11} & a_{12} & \cdots & a_{n1} \\ a_{21} & a_{22} & \cdots & a_{n2} \\ \vdots & \vdots & & \vdots \\ a_{1n} & a_{2n} & \cdots & a_{nn} \end{vmatrix}$$ 为 D 的转置(行列式).

说明：D' 是 D 的行改为列，列改为行（即行列互换）所得到的 n 阶行列式.

性质 1 行列式 D 与它的转置行列式 D' 相等，即 $D = D'$.

$$例如 \quad D = \begin{vmatrix} a & b \\ c & d \end{vmatrix} = ad - bc = \begin{vmatrix} a & c \\ b & d \end{vmatrix} = D'$$

说明行列式中的行与列具有同等的地位，行列式的性质凡是对行成立的对列也同样成立，反之亦然.

推论 1 n 阶行列式（6-2）等于它的任意一列元素与它们各自的代数余子式乘积之和，即

$$D = a_{1j}A_{1j} + a_{2j}A_{2j} + \cdots + a_{nj}A_{nj} = \sum_{i=1}^{n} a_{ij}A_{ij}, \text{ 其中 } j = 1, 2, \cdots, n$$

性质 2 互换行列式两行（列）的位置得到的行列式与原行列式值反号，即

$$\begin{vmatrix} a_{11} & a_{12} & \cdots & a_{1n} \\ \vdots & \vdots & & \vdots \\ a_{s1} & a_{s2} & \cdots & a_{sn} \\ \vdots & \vdots & & \vdots \\ a_{t1} & a_{t2} & \cdots & a_{tn} \\ \vdots & \vdots & & \vdots \\ a_{n1} & a_{n2} & \cdots & a_{nn} \end{vmatrix} = - \begin{vmatrix} a_{11} & a_{12} & \cdots & a_{1n} \\ \vdots & \vdots & & \vdots \\ a_{t1} & a_{t2} & \cdots & a_{tn} \\ \vdots & \vdots & & \vdots \\ a_{s1} & a_{s2} & \cdots & a_{sn} \\ \vdots & \vdots & & \vdots \\ a_{n1} & a_{n2} & \cdots & a_{nn} \end{vmatrix}$$

推论 2 如果行列式有两行（列）的元素完全相同，则此行列式值等于零.

推论 3 数 k 乘行列式，等于用数 k 乘行列式某一行（列）的每一个元素：

$$k \begin{vmatrix} a_{11} & a_{12} & \cdots & a_{1n} \\ \vdots & \vdots & & \vdots \\ a_{i1} & a_{i2} & \cdots & a_{in} \\ \vdots & \vdots & & \vdots \\ a_{n1} & a_{n2} & \cdots & a_{nn} \end{vmatrix} = \begin{vmatrix} a_{11} & a_{12} & \cdots & a_{1n} \\ \vdots & \vdots & & \vdots \\ ka_{i1} & ka_{i2} & \cdots & ka_{in} \\ \vdots & \vdots & & \vdots \\ a_{n1} & a_{n2} & \cdots & a_{nn} \end{vmatrix}$$

推论 4 如果行列式中有两行（列）元素成比例，则行列式值等于零.

推论 5 如果行列式的某一行（列）的元素都是两数之和，例如

$$D \begin{vmatrix} a_{11} & a_{12} & \cdots & a_{1n} \\ \vdots & \vdots & & \vdots \\ a_{i1}+b_{i1} & a_{i2}+b_{i2} & \cdots & a_{in}+b_{in} \\ \vdots & \vdots & & \vdots \\ a_{n1} & a_{n2} & \cdots & a_{nn} \end{vmatrix}$$

则行列式 D 等于下列两个行列式之和：

$$D=\begin{vmatrix} a_{11} & a_{13} & \cdots & a_{1n} \\ \vdots & \vdots & & \vdots \\ a_{i1} & a_{i2} & \cdots & a_{in} \\ \vdots & \vdots & & \vdots \\ a_{n1} & a_{n2} & \cdots & a_{nn} \end{vmatrix}+\begin{vmatrix} a_{11} & a_{12} & \cdots & a_{1n} \\ \vdots & \vdots & & \vdots \\ b_{i1} & b_{i2} & \cdots & b_{in} \\ \vdots & \vdots & & \vdots \\ a_{n1} & a_{n2} & \cdots & a_{nn} \end{vmatrix}$$

性质3　把行列式某一行(列)各元素乘以同一数 k 后加到另外一行(列)对应元素上,行列式值不变. 即

$$\begin{vmatrix} a_{11} & a_{12} & \cdots & a_{1n} \\ \vdots & \vdots & & \vdots \\ a_{s1} & a_{s2} & \cdots & a_{sn} \\ \vdots & \vdots & & \vdots \\ a_{t1} & a_{t2} & \cdots & a_{tn} \\ \vdots & \vdots & & \vdots \\ a_{n1} & a_{n2} & \cdots & a_{nn} \end{vmatrix}=\begin{vmatrix} a_{11} & a_{12} & \cdots & a_{1n} \\ \vdots & \vdots & & \vdots \\ a_{s1} & a_{s2} & \cdots & a_{sn} \\ \vdots & \vdots & & \vdots \\ ka_{s1}+a_{t1} & ka_{s2}+a_{t2} & \cdots & ka_{sn}+a_{tn} \\ \vdots & \vdots & & \vdots \\ a_{n1} & a_{n2} & \cdots & a_{nn} \end{vmatrix}$$

注意：这里某行元素的 k 倍必须是加到另外一行上,而不是加到本行上.

【**例6**】　计算

$$(1)D=\begin{vmatrix} 3 & 2 & 0 & 1 \\ 2 & 4 & 1 & 9 \\ -1 & 3 & 0 & 2 \\ 0 & 0 & 0 & 5 \end{vmatrix} \qquad (2)D=\begin{vmatrix} 1 & 2 & -3 & 4 \\ 2 & 3 & -4 & 7 \\ -1 & -2 & 5 & -8 \\ 1 & 3 & -5 & 10 \end{vmatrix}$$

解　$(1)D=\begin{vmatrix} 3 & 2 & 0 & 1 \\ 2 & 4 & 1 & 9 \\ -1 & 3 & 0 & 2 \\ 0 & 0 & 0 & 5 \end{vmatrix}=5\times\begin{vmatrix} 3 & 2 & 0 \\ 2 & 4 & 1 \\ -1 & 3 & 0 \end{vmatrix}=5\times1\times(-1)^5\times\begin{vmatrix} 3 & 2 \\ -1 & 3 \end{vmatrix}=-55$

$(2)D=\begin{vmatrix} 1 & 2 & -3 & 4 \\ 2 & 3 & -4 & 7 \\ -1 & -2 & 5 & -8 \\ 1 & 3 & -5 & 10 \end{vmatrix}=\begin{vmatrix} 1 & 2 & -3 & 4 \\ 0 & -1 & 2 & -1 \\ 0 & 0 & 2 & -4 \\ 0 & 1 & -2 & 6 \end{vmatrix}=\begin{vmatrix} 1 & 2 & -3 & 4 \\ 0 & -1 & 2 & -1 \\ 0 & 0 & 2 & -4 \\ 0 & 0 & 0 & 5 \end{vmatrix}=-10$

【**例7**】　计算 $D=\begin{vmatrix} a & 1 & 1 & 1 \\ 1 & a & 1 & 1 \\ 1 & 1 & a & 1 \\ 1 & 1 & 1 & a \end{vmatrix}$

解

$$D = \begin{vmatrix} a & 1 & 1 & 1 \\ 1 & a & 1 & 1 \\ 1 & 1 & a & 1 \\ 1 & 1 & 1 & a \end{vmatrix} = \begin{vmatrix} a+3 & a+3 & a+3 & a+3 \\ 1 & a & 1 & 1 \\ 1 & 1 & a & 1 \\ 1 & 1 & 1 & a \end{vmatrix}$$

$$= (a+3) \begin{vmatrix} 1 & 1 & 1 & 1 \\ 1 & a & 1 & 1 \\ 1 & 1 & a & 1 \\ 1 & 1 & 1 & a \end{vmatrix} = (a+3) \begin{vmatrix} 1 & 1 & 1 & 1 \\ 1 & a & 1 & 1 \\ 1 & 1 & a & 1 \\ 1 & 1 & 1 & a \end{vmatrix}$$

$$= (a+3) \begin{vmatrix} 1 & 1 & 1 & 1 \\ 0 & a-1 & 0 & 0 \\ 0 & 0 & a-1 & 0 \\ 0 & 0 & 0 & a-1 \end{vmatrix} = (a+3)(a-1)^3$$

【例8】 计算 n 阶行列式 $(n>1)$

$$D = \begin{vmatrix} a & b & 0 & 0 & \cdots & 0 & 0 & 0 \\ 0 & a & b & 0 & \cdots & 0 & 0 & 0 \\ 0 & 0 & a & b & \cdots & 0 & 0 & 0 \\ \vdots & \vdots & \vdots & \vdots & & \vdots & \vdots & \vdots \\ 0 & 0 & 0 & 0 & \cdots & 0 & a & b \\ b & 0 & 0 & 0 & \cdots & 0 & 0 & a \end{vmatrix}$$

【例9】 求证：$\begin{vmatrix} a_{11} & b_{12} & 0 & 0 \\ a_{21} & a_{22} & 0 & 0 \\ c_{11} & c_{12} & b_{11} & b_{12} \\ c_{21} & c_{22} & b_{21} & b_{22} \end{vmatrix} = \begin{vmatrix} a_{11} & a_{12} \\ a_{21} & a_{22} \end{vmatrix} \begin{vmatrix} b_{11} & b_{12} \\ b_{21} & b_{22} \end{vmatrix}$

例8和例9的计算方法是：将一个 n 阶行列式按某行(列)展开成 n 个 $n-1$ 阶行列式，每个 $n-1$ 阶行列式又按某行(列)展开成 $n-1$ 个 $n-2$ 阶行列式，如此不断地降低行列式的阶数，直到最后降为三阶或二阶行列式，这是行列式的又一个计算方法——降阶法.

例9结论可推广到一般情形，用数学归纳法可以证明以下结论：

$$\begin{vmatrix} A & 0 \\ C & B \end{vmatrix} = |A||B|$$

式中 A 为 n 阶方阵，B 为 m 阶方阵.

按行列式展开式定理，把 n 阶行列式转化为 $n-1$ 阶行列式，减少计算量，这是计算行列式又一个基本方法.

3. 克莱姆(Cramer)法则

设含有 n 个未知量 n 个方程的线性方程组

$$\begin{cases} a_{11}x_1 + a_{12}x_2 + \cdots + a_{1n}x_n = b_1 \\ a_{21}x_1 + a_{22}x_2 + \cdots + a_{2n}x_n = b_2 \\ \qquad\qquad\qquad \vdots \\ a_{n1}x_1 + a_{n2}x_2 + \cdots + a_{nn}x_n = b_n \end{cases} \tag{6-5}$$

若 b_1，b_2，$\cdots$，b_n 不全为零，称方程组(6-5)为非齐次线性方程组；若 $b_1 = b_2 = \cdots = b_n = 0$，称方程组(6-5)为齐次线性方程组．

定理 2 ［克莱姆(Cramer)法则］如果非齐次线性方程组(6-5)由它的系数组成的行列式

$$D = \begin{vmatrix} a_{11} & a_{12} & \cdots & a_{1n} \\ a_{21} & a_{22} & \cdots & a_{2n} \\ \vdots & \vdots & & \vdots \\ a_{n1} & a_{n2} & \cdots & a_{nn} \end{vmatrix} \neq 0,\ \text{则方程组(6-5)有唯一解:}$$

$$x_1 = \frac{D_1}{D},\ x_2 = \frac{D_2}{D},\ \cdots,\ x_n = \frac{D_n}{D} \tag{6-6}$$

其中 $D_j (j = 1, 2, \cdots, n)$ 是用方程组右端常数列 $[b_1, b_2, \cdots, b_n]^T$ 依次替代 D 中第 j 列后得到的 n 阶行列式，即

$$D_j = \begin{vmatrix} a_{11} & \cdots & a_{1,j-1} & b_1 & a_{1,j+1} & \cdots & a_{1n} \\ a_{21} & \cdots & a_{2,j-1} & b_2 & a_{2,j+1} & \cdots & a_{2n} \\ \vdots & & \vdots & \vdots & \vdots & & \vdots \\ a_{n1} & \cdots & a_{n,j-1} & b_n & a_{n,j+1} & \cdots & a_{nn} \end{vmatrix},\ j = 1, 2, \cdots, n$$

定理的条件是：n 个方程 n 个未知量组成的线性方程组(6-5)，它的系数行列式 $D \neq 0$；结论是：方程组(6-5)有唯一解，且由解式(6-6)给出．

推论 6 当 $D \neq 0$ 时，齐次线性方程组只有零解 $x_1 = x_2 = \cdots = 0$(称为零解)．换言之，齐次线性方程组有非零解，必然 $D = 0$．

四、 模块小结

关键概念：行列式；代数余子式；克莱姆法则；线性方程组．

关键技能：会应用行列式性质解线性方程组．

五、 思考与练习

(1) 求方阵 $A = \begin{vmatrix} -3 & 0 & -4 \\ 5 & 0 & 3 \\ 2 & -2 & 1 \end{vmatrix}$ 对应的元素 2 和 -2 的代数余子式．

(2) 已知 4 阶方阵 A 中第 3 列元素依次为：1，-2，1，0，它们的余子式依次为：

5，3，7，−4. 求方阵 A 的行列式.

(3) 计算下列行列式.

①
$$\begin{vmatrix} 1 & 2 \\ 1 & 3 \end{vmatrix}$$

②
$$\begin{vmatrix} a & b \\ a^2 & b^2 \end{vmatrix}$$

③
$$\begin{vmatrix} 1 & -1 & 0 \\ 4 & -5 & -3 \\ 2 & 3 & 6 \end{vmatrix}$$

④
$$\begin{vmatrix} -ab & ac & ae \\ bd & -cd & de \\ bf & cf & -ef \end{vmatrix}$$

⑤
$$\begin{vmatrix} 6 & 0 & 8 & 0 \\ 5 & -1 & 3 & -2 \\ 0 & 2 & 0 & 0 \\ 1 & 0 & 4 & -3 \end{vmatrix}$$

⑥
$$\begin{vmatrix} 3 & 1 & 1 & 1 \\ 1 & 3 & 1 & 1 \\ 1 & 1 & 3 & 1 \\ 1 & 1 & 1 & 3 \end{vmatrix}$$

(4) 解方程
$$\begin{vmatrix} 0 & 1 & x & 1 \\ 1 & 0 & 1 & x \\ x & 1 & 0 & 1 \\ 1 & x & 1 & 0 \end{vmatrix} = 0$$

模块6-2 矩阵

一、 教学目的

(1) 掌握矩阵的基本运算规律；

(2) 能利用矩阵的初等变换求矩阵的秩和逆；

(3) 会求解线性方程组.

二、 知识要求

(1) 了解矩阵的概念及几个特殊矩阵；

(2) 掌握矩阵的初等变换的概念；

(3) 了解矩阵的秩的含义；

(4) 掌握逆矩阵的概念；

(5) 会用高斯消元法求解线性方程组.

三、 相关知识

1. 矩阵的概念

(1) 矩阵的定义和分类.

先看两个案例：

案例 6-1 某公司生产四种型号的彩电：A、B、C、D，第一季度的销量分别如表 6-1 所示.

表 6-1

月份 \ 产品	销量/台			
	A	B	C	D
一月	300	250	220	180
二月	320	230	200	200
三月	310	280	210	220

为了研究方便,在数学中常把表中的说明去掉,将上表简化为如下的矩形数表:

$$A = \begin{pmatrix} 300 & 250 & 220 & 180 \\ 320 & 230 & 200 & 200 \\ 310 & 280 & 210 & 220 \end{pmatrix}$$

由这 3×4 个数构成的数表,其中每个数都有实际意义.如第 2 行第 2 列的数 230 表示二月份 B 型号彩电的销量是 230 台.

案例 6-2   线性方程组

$$\begin{cases} a_{11}x_1 + a_{12}x_2 + \cdots + a_{1n}x_n = b_1 \\ a_{21}x_1 + a_{22}x_2 + \cdots + a_{2n}x_n = b_2 \\ \vdots \\ a_{m1}x_1 + a_{m2}x_2 + \cdots + a_{mn}x_n = b_m \end{cases}$$

它的系数按方程组中的相对位置也排出如下矩形数表:

$$\begin{pmatrix} a_{11} & a_{12} & \cdots & a_{1n} \\ a_{21} & a_{22} & \cdots & a_{2n} \\ \vdots & \vdots & \ddots & \vdots \\ a_{m1} & a_{m2} & \cdots & a_{mn} \end{pmatrix}$$

以上两例中所含的矩形数表就是矩阵.

定义1

由 $m \times n$ 个数 $a_{ij}(i=1,2,\cdots,m;j=1,2,\cdots,n)$,排成的 m 行 n 列的数表

$$\begin{pmatrix} a_{11} & a_{12} & \cdots & a_{1n} \\ a_{21} & a_{22} & \cdots & a_{2n} \\ \vdots & \vdots & \ddots & \vdots \\ a_{m1} & a_{m2} & \cdots & a_{mn} \end{pmatrix}$$

叫做 m 行 n 列矩阵(或 $m \times n$ 矩阵).其中 $m \times n$ 是矩阵的阶数,m 是行数,n 是列数;a_{ij} 是位于矩阵的第 i 行第 j 列的数,称为矩阵的元素.

矩阵通常用大写英文字母 A、B、C、$\cdots$ 来表示,定义中 $m \times n$ 矩阵可记为 $A_{m \times n}$ 或 $(a_{ij})_{m \times n}$,有时简记为 A 或 (a_{ij}).

如矩阵 $A = \begin{pmatrix} 1 & 3 & 0 \\ 4 & 0 & -1 \end{pmatrix}$ 是 2×3 矩阵,其中元素 $a_{12}=3$,$a_{23}=-1$.

下面看几种特殊的矩阵.

① **方阵**：矩阵 A 的行数与列数相等，即 $m=n$ 时，矩阵 A 称为 n 阶方阵，记为 A_n.

则
$$A_n=\begin{pmatrix} a_{11} & a_{12} & \cdots & a_{1n} \\ a_{21} & a_{22} & \cdots & a_{2n} \\ \vdots & \vdots & \ddots & \vdots \\ a_{n1} & a_{n2} & \cdots & a_{nn} \end{pmatrix}$$

方阵的左上角到右下角的连线称为主对角线，其上的元素 a_{11}，a_{22}，$\cdots$，a_{nn} 称为主对角线上的元素.

② **行阵**：只有一行的矩阵称为行矩阵（或行向量），如 $D=(1\quad 3\quad -2\quad 5)$.

③ **列阵**：只有一列的矩阵称为列矩阵，也称为列向量，如 $C=\begin{pmatrix} 1 \\ 1 \\ 2 \end{pmatrix}$.

④ **零矩阵**：元素都为 0 的矩阵，记为 O，如 $O=\begin{pmatrix} 0 & 0 & 0 \\ 0 & 0 & 0 \end{pmatrix}$.

⑤ **对角矩阵**：除主对角线外，其余元素均为 0 的方阵，即

$$A=\begin{pmatrix} a_{11} & 0 & \cdots & 0 \\ 0 & a_{22} & \cdots & 0 \\ \vdots & \vdots & \ddots & \vdots \\ 0 & 0 & \cdots & a_{nn} \end{pmatrix}.$$

⑥ **单位矩阵**：主对角线上元素全为 1 的对角矩阵叫做单位矩阵，记作 I_n（或 I 或 E）.

如：
$$I_2=\begin{pmatrix} 1 & 0 \\ 0 & 1 \end{pmatrix},\quad I_3=\begin{pmatrix} 1 & 0 & 0 \\ 0 & 1 & 0 \\ 0 & 0 & 1 \end{pmatrix}$$

⑦ **上(下)三角矩阵**：主对角线以下(上)的元素全为 0 的方阵叫做上(下)三角矩阵.

$$A=\begin{pmatrix} a_{11} & a_{12} & \cdots & a_{1n} \\ & a_{22} & \cdots & a_{2n} \\ 0 & & \ddots & \vdots \\ & & & a_{nn} \end{pmatrix}$$ 为上三角矩阵，$$A=\begin{pmatrix} a_{11} & & & 0 \\ a_{21} & a_{22} & & \\ \vdots & \vdots & \ddots & \\ a_{n1} & a_{n2} & \cdots & a_{nn} \end{pmatrix}$$ 为下三角矩阵.

由上可知，矩阵有多种类型. 那么要两个矩阵相等，其含义为：矩阵 $A=B$ 当且仅当 A 和 B 的阶数相同，而且对应位置上的元素相等.

（2）矩阵的运算.

① **矩阵的加法.**

案例 6-3　某物资（单位：吨）从三个产地运往四个城市销售，2007 年第一、二两个季度的供应方案分别由矩阵 A 和矩阵 B 给出：

$$A = \begin{pmatrix} 200 & 150 & 220 & 100 \\ 120 & 240 & 200 & 250 \\ 210 & 230 & 200 & 220 \end{pmatrix}, \quad B = \begin{pmatrix} 100 & 150 & 160 & 80 \\ 100 & 180 & 90 & 150 \\ 120 & 100 & 95 & 110 \end{pmatrix}$$

问：这两个季度三个产地运往四个城市的各供应量是多少？

解 分别用 a_{ij} 和 b_{ij} 表示矩阵 A 与矩阵 B 中的元素，则 $a_{23} = 200$ 和 $b_{23} = 90$ 分别表示第一季度和第二季度由第二个产地运往第三个城市的供应量．显然

$$a_{23} + b_{23} = 200 + 90$$

就是两个季度由第二个产地运往第三个城市的供应量．因此矩阵 A 与 B 矩阵对应位置的元素相加，即用矩阵

$$C = \begin{pmatrix} 200+100 & 150+150 & 220+160 & 100+80 \\ 120+100 & 240+180 & 200+90 & 250+150 \\ 210+120 & 230+100 & 200+95 & 220+110 \end{pmatrix}$$

便可表示出两个季度三个产地运往四个城市的各供应量．这种由矩阵 A 与矩阵 B 得到矩阵 C 的运算就是矩阵的加法．

定义2

设矩阵 $A = (a_{ij})_{m \times n}$，$B = (b_{ij})_{m \times n}$，则 A 与 B 之和记为 $A + B$，定义为

$$A + B = \begin{pmatrix} a_{11}+b_{11} & a_{12}+b_{12} & \cdots & a_{1n}+b_{1n} \\ a_{21}+b_{21} & a_{22}+b_{22} & \cdots & a_{2n}+b_{2n} \\ \vdots & \vdots & \ddots & \vdots \\ a_{m1}+b_{m1} & a_{m2}+b_{m2} & \cdots & a_{mn}+b_{mn} \end{pmatrix}$$

或简记为 $\qquad A + B = (a_{ij})_{m \times n} + (b_{ij})_{m \times n} = (a_{ij} + b_{ij})_{m \times n}$

如 矩阵 $A = \begin{pmatrix} 1 & 0 & -5 \\ 2 & 3 & 1 \end{pmatrix}$，$B = \begin{pmatrix} 0 & -2 & 3 \\ 6 & 4 & -5 \end{pmatrix}$，则

$$A + B = \begin{pmatrix} 1+0 & 0+(-2) & -5+3 \\ 2+6 & 3+4 & 1+(-5) \end{pmatrix} = \begin{pmatrix} 1 & -2 & -2 \\ 8 & 7 & -4 \end{pmatrix}$$

矩阵的加法说明：只有阶数相同的矩阵才能做加法运算．

由定义可知，矩阵的加法具有以下性质：

交换律：$A + B = B + A$

结合律：$(A + B) + C = A + (B + C)$

（其中 A，B，C 都是 $m \times n$ 矩阵）

② **数与矩阵的乘法**．

定义3

设矩阵 $A = (a_{ij})_{m \times n}$，$k$ 是任意一个实数，则数 k 与矩阵 A 相乘定义为：

$$kA = k\begin{pmatrix} a_{11} & a_{12} & \cdots & a_{1n} \\ a_{21} & a_{22} & \cdots & a_{2n} \\ \vdots & \vdots & \ddots & \vdots \\ a_{m1} & a_{m2} & \cdots & a_{mn} \end{pmatrix} = \begin{pmatrix} ka_{11} & ka_{12} & \cdots & ka_{1n} \\ ka_{21} & ka_{22} & \cdots & ka_{2n} \\ \vdots & \vdots & \ddots & \vdots \\ ka_{m1} & ka_{m2} & \cdots & ka_{mn} \end{pmatrix}$$

即数乘矩阵是用数乘矩阵的每一个元素.

如 矩阵 $A = \begin{pmatrix} -2 & 0 & 3 \\ 1 & -1 & 4 \end{pmatrix}$, 则

$$5A = \begin{pmatrix} 5\times(-2) & 5\times0 & 5\times3 \\ 5\times1 & 5\times(-1) & 5\times4 \end{pmatrix} = \begin{pmatrix} -10 & 0 & 15 \\ 5 & -5 & 20 \end{pmatrix}$$

由数乘矩阵的定义,容易得到如下性质:

分配律:$k(A+B)=kA+kB$,$(k+h)A=kA+hA$

结合律:$k(hA)=(kh)A$

(其中,A,B 都是 $m\times n$ 矩阵,k,h 为任意常数)

特别地,$k=-1$ 时,$(-1)A=(-a_{ij})$ 称为矩阵 A 的负矩阵,记为 $-A$.

显然有 $A+(-A)=0$.

有了负矩阵的概念,就可以定义矩阵的减法运算,即若 A 与 B 都是 $m\times n$ 矩阵,则定义 A 与 B 的差为:$A-B=A+(-B)$.

【例1】 求满足方程:$3\begin{pmatrix} 1 & 0 & -2 \\ 5 & 1 & -3 \\ 4 & 5 & 2 \end{pmatrix}+X=\begin{pmatrix} 0 & 2 & 3 \\ -1 & 0 & 5 \\ 4 & 5 & -6 \end{pmatrix}$ 的矩阵 X.

解 $X=\begin{pmatrix} 0 & 2 & 3 \\ -1 & 0 & 5 \\ 4 & 5 & -6 \end{pmatrix}-3\begin{pmatrix} 1 & 0 & -2 \\ 5 & 1 & -3 \\ 4 & 5 & 2 \end{pmatrix}$

$=\begin{pmatrix} 0 & 2 & 3 \\ -1 & 0 & 5 \\ 4 & 5 & -6 \end{pmatrix}-\begin{pmatrix} 3 & 0 & -6 \\ 15 & 3 & -9 \\ 12 & 15 & 6 \end{pmatrix}=\begin{pmatrix} -3 & 2 & 9 \\ -16 & -3 & 14 \\ -8 & -10 & -12 \end{pmatrix}$

③ **矩阵与矩阵的乘法.**

案例6-4 某厂生产两种产品,第一季度的销售额如表6-2所示(单位:千元),表6-3为产品质量全为一等品或全为二等品时的利润表.

表6-2

月份＼产品	甲	乙
一月	5	7
二月	6	10
三月	8	12

表6-3

产品＼等级	一等品	二等品
甲	20%	10%
乙	30%	15%

因此，该厂产品若全为一等品或全为二等品时利润如表 6-4 所示．

表 6-4

月份 \ 等级	一等品	二等品
一月	$5\times0.2+7\times0.3=3.1$	$5\times0.1+7\times0.15=1.55$
二月	$6\times0.2+10\times0.3=4.2$	$6\times0.1+10\times0.15=2.1$
三月	$8\times0.2+12\times0.3=5.2$	$8\times0.1+12\times0.15=2.6$

上述三个数表，用矩阵依次表示为：

$$A=\begin{pmatrix}5 & 7\\6 & 10\\8 & 12\end{pmatrix},\ B=\begin{pmatrix}0.2 & 0.1\\0.3 & 0.15\end{pmatrix}$$

$$C=\begin{pmatrix}3.1 & 1.55\\4.2 & 2.1\\5.2 & 2.6\end{pmatrix}=\begin{pmatrix}5\times0.2+7\times0.3 & 5\times0.1+7\times0.15\\6\times0.2+10\times0.3 & 6\times0.1+10\times0.15\\8\times0.2+12\times0.3 & 8\times0.1+12\times0.15\end{pmatrix}$$

不难发现：矩阵 C 中的元素 c_{ij} 恰好是矩阵 A 的第 i 行与矩阵 B 的第 j 列相对应的元素乘积之和．

如：　　$c_{32}=8\times0.1+12\times0.15$

即：　　$c_{32}=a_{31}\times b_{12}+a_{32}\times b_{22}$

这种运算就是矩阵乘法的要点．

定义4

设矩阵 $A=(a_{ij})_{m\times s}$，$B=(b_{ij})_{s\times n}$，则定义矩阵 A 与 B 的乘积是一个 $m\times n$ 矩阵 $C=(c_{ij})_{m\times n}$，记为 $C=AB$．

其中　　　　　$c_{ij}=a_{i1}b_{1j}+a_{i2}b_{2j}+\cdots+a_{is}b_{sj}=\sum_{k=1}^{s}a_{ik}b_{kj}$

即矩阵 C 中第 i 行第 j 列的元素等于左边矩阵 A 的第 i 行与右边矩阵 B 的第 j 列对应元素的乘积之和．

注意：矩阵 A 与 B 的乘积 AB 有意义的充要条件是：左矩阵 A 的列数等于右矩阵 B 的行数．且 AB 仍是一个矩阵，它的行数等于左边矩阵的行数，列数等于右边矩阵的列数．

【例 2】　设 $A=\begin{pmatrix}1 & 0 & 2\\-1 & 2 & 1\end{pmatrix}$，$B=\begin{pmatrix}1 & 2\\3 & 0\\4 & 1\end{pmatrix}$ 求 AB．

解　　　　$AB=\begin{pmatrix}1 & 0 & 2\\-1 & 2 & 1\end{pmatrix}\begin{pmatrix}1 & 2\\3 & 0\\4 & 1\end{pmatrix}$

$$= \begin{pmatrix} 1\times1+0\times3+2\times4 & 1\times2+0\times0+2\times1 \\ -1\times1+2\times3+1\times4 & -1\times2+2\times0+1\times1 \end{pmatrix} = \begin{pmatrix} 9 & 4 \\ 9 & -1 \end{pmatrix}$$

【例3】 $A = (3 \quad 4 \quad 5)$，$B = \begin{pmatrix} 1 \\ 2 \\ 3 \end{pmatrix}$，求 AB，BA.

解 由矩阵乘法的定义可知，

$$AB = (3 \quad 4 \quad 5)\begin{pmatrix} 1 \\ 2 \\ 3 \end{pmatrix} = (3\times1+4\times2+5\times3) = 26$$

$$BA = \begin{pmatrix} 1 \\ 2 \\ 3 \end{pmatrix}(3 \quad 4 \quad 5) = \begin{pmatrix} 3 & 4 & 5 \\ 6 & 8 & 10 \\ 9 & 12 & 15 \end{pmatrix}$$

由此例可以看出，一般情况下，$AB \neq BA$. 即矩阵的乘法不满足交换律.

【例4】 设矩阵 $A = \begin{pmatrix} 1 & 1 \\ -1 & -1 \end{pmatrix}$，$B = \begin{pmatrix} 1 \\ -1 \end{pmatrix}$，求 AB.

解 $$AB = \begin{pmatrix} 0 \\ 0 \end{pmatrix}$$

此例说明两个非零矩阵的乘积可以是零矩阵. 因此，通常的约分律在矩阵部分不成立.

矩阵的乘法具有下列性质：

分配律：$A(B+C) = AB+AC$，$(B+C)A = BA+CA$

结合律：$(AB)C = A(BC)$，$k(AB) = (kA)B = A(kB)$

（其中 A，B，C 为矩阵，k 为任意的数）

④ 矩阵的转置.

定义5

将矩阵 $A_{m\times n}$ 的行换成同序数的列，列换成同序数的行所得的 $n\times m$ 矩阵称为 A 的转置矩阵，记作 A^T.

如 矩阵 $A = \begin{pmatrix} 1 & 2 & -4 \\ -3 & 0 & 5 \end{pmatrix}$ 的转置矩阵 $A^T = \begin{pmatrix} 1 & -3 \\ 2 & 0 \\ -4 & 5 \end{pmatrix}$

结合矩阵的基本运算，转置矩阵具有下列性质：

ⅰ. $(A^T)^T = A$ ⅱ. $(A+B)^T = A^T+B^T$

ⅲ. $(kA)^T = kA^T$ ⅳ. $(AB)^T = B^T A^T$

由矩阵的转置运算，可定义一些重要矩阵.

定义6

对于一个 n 阶方阵:

ⅰ. 若 $A^T = A$(即 $a_{ij} = a_{ji}$),则 A 称为对称矩阵.

ⅱ. 若 $A^T = -A$(即 $a_{ij} = -a_{ji}$),则 A 称为反对称矩阵. 这时 $a_{ii} = 0(i = 1, 2, \cdots, n)$.

ⅲ. 若 $A^T A = AA^T = I_n$,则 A 称为正交矩阵.

如 $\begin{pmatrix} 4 & 3 \\ 3 & 1 \end{pmatrix}$,$\begin{pmatrix} 2 & 0 & -5 \\ 0 & 3 & 4 \\ -5 & 4 & -1 \end{pmatrix}$ 都是对称矩阵;$\begin{pmatrix} 0 & -4 & -7 \\ 4 & 0 & -2 \\ 7 & 2 & 0 \end{pmatrix}$ 是反对称矩阵.

观察发现:对称矩阵的元素关于主对角线对称;反对称矩阵的元素关于主对角线位置上的元素成相反数,且主对角线上元素全为 0.

2. 矩阵的初等变换

(1)矩阵的初等变换及相关概念.

定义7

对矩阵实行下列三种变换称为矩阵的初等行变换:

ⅰ. **对换变换**:互换第 i 行与第 j 行(记作 $r_i \leftrightarrow r_j$);

ⅱ. **倍乘变换**:以数 $k \neq 0$ 乘以第 i 行(记作 kr_i);

ⅲ. **倍加变换**:将第 j 行各元素乘以数后 k 加到第 i 行的对应元素上去(记作 $r_i + kr_j$).

相应地,矩阵的三种初等列变换的记号只需将 r 换成 c.

如 $\begin{pmatrix} 3 & 8 & 4 & -3 \\ 5 & 4 & 7 & -2 \\ 1 & 3 & 2 & 0 \end{pmatrix} \xrightarrow{r_1 \leftrightarrow r_3} \begin{pmatrix} 1 & 3 & 2 & 0 \\ 5 & 4 & 7 & -2 \\ 3 & 8 & 4 & -3 \end{pmatrix} \xrightarrow{2r_2} \begin{pmatrix} 1 & 3 & 2 & 0 \\ 10 & 8 & 14 & -4 \\ 3 & 8 & 4 & -3 \end{pmatrix}$

矩阵的初等行变换和列变换统称为矩阵的初等变换,对一个矩阵实施任何一次初等变换后,所得矩阵与之前的矩阵一般都不相等,因此用符号"→"连接它们.

本模块中,主要对矩阵实施行初等变换来进行一些计算.

对一个矩阵实施初等变换可将其化为更简单的矩阵,如阶梯形矩阵与行标准形矩阵.

定义8

若一个矩阵满足下列条件:

ⅰ. 每行首位非零元素的列标随着行标的增大而严格增大;

ⅱ. 若有元素全为零的行,则位于非零行下方.

则称该矩阵为行阶梯形矩阵,简称阶梯形矩阵.

如 矩阵 $\begin{pmatrix} 3 & 2 & 4 \\ 0 & 1 & 3 \\ 0 & 0 & -2 \end{pmatrix}$,$\begin{pmatrix} 1 & 4 & 1 \\ 0 & 0 & 1 \\ 0 & 0 & 0 \end{pmatrix}$,$\begin{pmatrix} 1 & 3 & 1 & 0 \\ 0 & 0 & 1 & 3 \\ 0 & 0 & 0 & 0 \end{pmatrix}$ 都是阶梯形矩阵.

而矩阵 $\begin{pmatrix} 0 & 0 & 0 \\ 0 & 1 & 0 \end{pmatrix}$，$\begin{pmatrix} 0 & 1 \\ 1 & 0 \end{pmatrix}$，$\begin{pmatrix} 4 & 2 & 5 \\ 0 & 0 & 1 \\ 0 & 2 & -3 \end{pmatrix}$ 都不是阶梯形矩阵.

定义9

若一个阶梯形矩阵满足下列条件：

ⅰ. 每一行首位非零元素是数1；

ⅱ. 每行首位非零元素所在的列除该元素外全为0.

则称该矩阵为行标准形矩阵.

如　矩阵　$\begin{pmatrix} 1 & 0 & 0 \\ 0 & 1 & 0 \\ 0 & 0 & 1 \end{pmatrix}$，$\begin{pmatrix} 1 & 4 & 0 \\ 0 & 0 & 1 \\ 0 & 0 & 0 \end{pmatrix}$，$\begin{pmatrix} 1 & 3 & 0 & 4 \\ 0 & 0 & 1 & 3 \\ 0 & 0 & 0 & 0 \end{pmatrix}$

都是行标准形矩阵.

通常依据一些步骤，可以将一个矩阵化为阶梯形.

定理 1　任何一个矩阵都可以用初等行变换化为阶梯形.

【例 5】　用初等变换把下列矩阵化为阶梯形.

① $A = \begin{pmatrix} 1 & 0 & 1 \\ 2 & 1 & 0 \\ -3 & 2 & 5 \end{pmatrix}$ ② $A = \begin{pmatrix} 0 & 0 & 1 & 2 \\ 1 & 3 & -2 & 2 \\ 2 & 6 & -8 & 0 \end{pmatrix}$

解　① $A = \begin{pmatrix} 1 & 0 & 1 \\ 2 & 1 & 0 \\ -3 & 2 & 5 \end{pmatrix} \xrightarrow[r_3+3r_1]{r_2+(-2)r_1} \begin{pmatrix} 1 & 0 & 1 \\ 0 & 1 & -2 \\ 0 & 2 & 8 \end{pmatrix} \xrightarrow{r_3+(-2)r_2} \begin{pmatrix} 1 & 0 & 1 \\ 0 & 1 & -2 \\ 0 & 0 & 12 \end{pmatrix}$

② $A = \begin{pmatrix} 0 & 0 & 1 & 2 \\ 1 & 3 & -2 & 2 \\ 2 & 6 & -8 & 0 \end{pmatrix} \xrightarrow{r_1 \leftrightarrow r_2} \begin{pmatrix} 1 & 3 & -2 & 2 \\ 0 & 0 & 1 & 2 \\ 2 & 6 & -8 & 0 \end{pmatrix}$

$\xrightarrow{r_3+(-2)r_1} \begin{pmatrix} 1 & 3 & -2 & 2 \\ 0 & 0 & 1 & 2 \\ 0 & 0 & -4 & -4 \end{pmatrix} \xrightarrow{r_3+4r_2} \begin{pmatrix} 1 & 3 & -2 & 2 \\ 0 & 0 & 1 & 2 \\ 0 & 0 & 0 & 4 \end{pmatrix}$

从上例中，可以看到一个矩阵化为阶梯形的基本方法是：若矩阵的第 1 列不全为零，则可用初等变换"$r_i \leftrightarrow r_j$"，使 $a_{11} \neq 0$，再利用变换"$r_j + kr_1$"，把该列其他元素化为 0，这样从上至下，即可利用每一行首个非零元素把其列的下方元素化为 0，从而得到阶梯形.

同时看到，矩阵的阶梯形矩阵不是唯一的.

（2）用初等变换求矩阵的秩.

定义10

矩阵 $A_{m \times n}$ 的秩是和 A 等价的阶梯形矩阵的非零行的数目 r，记为 $r(A)=r$.

由定义，显然 r 是一个正整数，且矩阵的秩不超过它的行数和列数.

当 $r=m$ 时，称矩阵 A 为行满秩矩阵；$r=n$ 时，称 A 为列满秩矩阵.

当 $r=m=n$ 时，称 A 为满秩矩阵.

求一个矩阵的秩，只需将其化为阶梯形即可.

【例 6】 求下列矩阵的秩.

$$①A=\begin{pmatrix} 1 & -2 & 3 \\ 2 & -5 & 1 \\ 1 & -4 & -7 \end{pmatrix} \qquad ②B=\begin{pmatrix} 1 & -2 & 1 & 1 & 2 \\ -1 & 3 & 0 & 2 & -2 \\ 0 & 1 & 1 & 3 & 4 \\ 1 & 2 & 5 & 13 & 5 \end{pmatrix}$$

解 ①将矩阵 A 用初等行变换化为阶梯形

$$A=\begin{pmatrix} 1 & -2 & 3 \\ 2 & -5 & 1 \\ 1 & -4 & -7 \end{pmatrix} \rightarrow \begin{pmatrix} 1 & -2 & 3 \\ 0 & -1 & -5 \\ 0 & -2 & -10 \end{pmatrix} \rightarrow \begin{pmatrix} 1 & -2 & 3 \\ 0 & -1 & -5 \\ 0 & 0 & 0 \end{pmatrix}$$

A 的阶梯形有两行不是零行，所以 $r(A)=2$.

②将矩阵 B 用初等行变换化为阶梯形

$$B=\begin{pmatrix} 1 & -2 & 1 & 1 & 2 \\ -1 & 3 & 0 & 2 & -2 \\ 0 & 1 & 1 & 3 & 4 \\ 1 & 2 & 5 & 13 & 5 \end{pmatrix} \rightarrow \begin{pmatrix} 1 & -2 & 1 & 1 & 2 \\ 0 & 1 & 1 & 3 & 0 \\ 0 & 1 & 1 & 3 & 4 \\ 0 & 4 & 4 & 12 & 3 \end{pmatrix}$$

$$\rightarrow \begin{pmatrix} 1 & -2 & 1 & 1 & 2 \\ 0 & 1 & 1 & 3 & 0 \\ 0 & 0 & 0 & 0 & 4 \\ 0 & 0 & 0 & 0 & 3 \end{pmatrix} \rightarrow \begin{pmatrix} 1 & -2 & 1 & 1 & 2 \\ 0 & 1 & 1 & 3 & 0 \\ 0 & 0 & 0 & 0 & 4 \\ 0 & 0 & 0 & 0 & 3 \end{pmatrix} \rightarrow \begin{pmatrix} 1 & -2 & 1 & 1 & 2 \\ 0 & 1 & 1 & 3 & 0 \\ 0 & 0 & 0 & 0 & 4 \\ 0 & 0 & 0 & 0 & 0 \end{pmatrix}$$

B 的阶梯形有三行不是零行，所以 $r(B)=3$.

矩阵的秩是两个等价的矩阵之间具有的共同的数字特征，是一个比较抽象的概念，要在后面的学习中逐步体会矩阵秩的概念.

3. 矩阵的逆矩阵

对于一元方程 $ax=b(a\neq 0)$，其求解过程是：给方程两边同时乘以 a^{-1}，得 $1\times x=a^{-1}b$，即 $x=\dfrac{b}{a}$.

为求解矩阵方程 $AX=B$，对照数 a 及其倒数 a^{-1} 的关系式 $aa^{-1}=a^{-1}a=1$，下面引进逆矩阵的概念.

（1）逆矩阵的定义.

定义11

设 A 是一个 n 阶方阵，若存在 n 阶方阵 B，使

$$AB = BA = I_n$$

则称方阵 A 可逆. 而 B 为 A 的逆矩阵.

若 B、C 均是 A 的逆矩阵,则有

$$B = BI = B(AC) = (BA)C = IC = C$$

所以 A 的逆矩阵是唯一的,通常用符号 A^{-1} 表示 A 的逆矩阵.

方阵 A 的行列式:把方阵 A 的元素按原序组成的行列式,叫方阵 A 的行列式,记

为:$|A|$ 或 $\det A$. 如 $\boldsymbol{A} = \begin{bmatrix} 1 & 2 & 0 \\ 0 & 1 & 2 \\ 0 & 1 & 3 \end{bmatrix}$,则

$$|A| = \begin{vmatrix} 1 & 2 & 0 \\ 0 & 1 & 2 \\ 0 & 1 & 3 \end{vmatrix} = \begin{vmatrix} 1 & 2 \\ 1 & 3 \end{vmatrix} = 3 - 2 = 1$$

显然若 A 为 B 的逆矩阵,即则 B 也为 A 的逆矩阵.

例如,矩阵

$$\begin{pmatrix} 1 & 2 \\ 2 & 5 \end{pmatrix} \begin{pmatrix} 5 & -2 \\ -2 & 1 \end{pmatrix} = \begin{pmatrix} 5 & -2 \\ -2 & 1 \end{pmatrix} \begin{pmatrix} 1 & 2 \\ 2 & 5 \end{pmatrix} = \begin{pmatrix} 1 & 0 \\ 0 & 1 \end{pmatrix}$$

则

$$\begin{pmatrix} 1 & 2 \\ 2 & 5 \end{pmatrix}^{-1} = \begin{pmatrix} 5 & -2 \\ -2 & 1 \end{pmatrix}$$

而

$$\begin{pmatrix} 5 & -2 \\ -2 & 1 \end{pmatrix}^{-1} = \begin{pmatrix} 1 & 2 \\ 2 & 5 \end{pmatrix}.$$

(2) 逆矩阵的性质.

定理 2 若 A,B 均为 n 阶可逆方阵,k 是一个数,则 A^{-1},$(\lambda A)^{-1}$,AB,A^{T} 都可逆,且

ⅰ. $(A^{-1})^{-1} = A$ ⅱ. $(\lambda A)^{-1} = \dfrac{1}{\lambda} A^{-1}$

ⅲ. $(AB)^{-1} = B^{-1} A^{-1}$ ⅳ $(A^{\mathrm{T}})^{-1} = (A^{-1})^{\mathrm{T}}$

只证明 ⅲ,其余读者可自行证明.

因为 $(AB)(B^{-1} A^{-1}) = A(BB^{-1})A^{-1} = AA^{-1} = I$

$$(B^{-1} A^{-1})(AB) = B^{-1}(A^{-1} A)B = B^{-1} B = I$$

所以由逆矩阵的定义知,$(AB)^{-1} = B^{-1} A^{-1}$.

推论 1 若 A_1,A_2,$\cdots$,A_m 均为 n 阶可逆矩阵,则

$$(A_1, A_2, \cdots, A_m)^{-1} = A_m^{-1} \cdots A_2^{-1} A_1^{-1}$$

那么矩阵何时可逆?若可逆,该如何求它的逆矩阵呢?下面就来研究这个问题.

(3) 矩阵可逆的条件及逆矩阵的求法.

① 伴随矩阵法.

定义12

设矩阵 $A=(a_{ij})_{n\times n}$，A_{ij} 是其元素 a_{ij} 的代数余子式

i，$j=1,2,\cdots,n$. 矩阵 $A^*=\begin{pmatrix} A_{11} & A_{21} & \cdots & A_{n1} \\ A_{12} & A_{22} & \cdots & A_{n2} \\ \vdots & \vdots & \ddots & \vdots \\ A_{1n} & A_{2n} & \cdots & A_{nn} \end{pmatrix}$ 称为矩阵 A 的伴随矩阵.

显然

$$AA^*=\begin{pmatrix} a_{11} & a_{12} & \cdots & a_{1n} \\ a_{21} & a_{22} & \cdots & a_{2n} \\ \vdots & \vdots & \ddots & \vdots \\ a_{m1} & a_{m2} & \cdots & a_{mn} \end{pmatrix}\begin{pmatrix} A_{11} & A_{21} & \cdots & A_{n1} \\ A_{12} & A_{22} & \cdots & A_{n2} \\ \vdots & \vdots & \ddots & \vdots \\ A_{1n} & A_{2n} & \cdots & A_{nn} \end{pmatrix}=\begin{pmatrix} |A| & 0 & \cdots & 0 \\ 0 & |A| & \cdots & 0 \\ \vdots & \vdots & \ddots & \vdots \\ 0 & 0 & \cdots & |A| \end{pmatrix}$$

$$A^*A=\begin{pmatrix} A_{11} & A_{21} & \cdots & A_{n1} \\ A_{12} & A_{22} & \cdots & A_{n2} \\ \vdots & \vdots & \ddots & \vdots \\ A_{1n} & A_{2n} & \cdots & A_{nn} \end{pmatrix}\begin{pmatrix} a_{11} & a_{12} & \cdots & a_{1n} \\ a_{21} & a_{22} & \cdots & a_{2n} \\ \vdots & \vdots & \ddots & \vdots \\ a_{m1} & a_{m2} & \cdots & a_{mn} \end{pmatrix}=\begin{pmatrix} |A| & 0 & \cdots & 0 \\ 0 & |A| & \cdots & 0 \\ \vdots & \vdots & \ddots & \vdots \\ 0 & 0 & \cdots & |A| \end{pmatrix}$$

即　$AA^*=A^*A=|A|I_n$. 则 $|A|\neq 0$ 时，

$$A\frac{1}{|A|}A^*=\frac{1}{|A|}A^*A=I_n$$

由逆矩阵的定义，知　　　　　$A^{-1}=\frac{1}{|A|}A^*$

由上可知，下面结论成立.

定理 3　方阵 A 存在逆矩阵的充要条件是 $|A|\neq 0$，且 $A^{-1}=\frac{1}{|A|}A^*$

利用该结论可判定逆矩阵的是否存在，进而求出逆矩阵.

【例 7】 求矩阵 $A=\begin{pmatrix} 1 & 2 \\ 2 & 5 \end{pmatrix}$ 的逆矩阵.

解　$|A|=\begin{vmatrix} 1 & 2 \\ 2 & 5 \end{vmatrix}=1\neq 0$，故 A 可逆.

又　　　　　　　　$A_{11}=5$，$A_{12}=-2$，$A_{21}=-2$，$A_{22}=1$

则　　　　　　　　$A^*=\begin{pmatrix} 5 & -2 \\ -2 & 1 \end{pmatrix}$

所以　　　　　　$A^{-1}=\frac{1}{|A|}A^*=\begin{pmatrix} 5 & -2 \\ -2 & 1 \end{pmatrix}$

这种求逆矩阵的方法称为伴随矩阵法.

可以看到,用伴随矩阵法求 n 阶矩阵的逆矩阵时,要求一个 n 阶行列式和 n 个 $n-1$ 阶行列式,当 $n \geqslant 3$ 时,就很不方便.下面介绍一种更一般的方法——初等变换法.

② 初等变换法.

由初等变换与初等矩阵的关系可知:$(A \mid I) \xrightarrow{\text{初等行变换}} (I \mid A^{-1})$

【例8】 求矩阵 $A = \begin{pmatrix} 1 & 2 & 3 \\ 2 & 2 & 1 \\ 3 & 4 & 3 \end{pmatrix}$ 的逆矩阵.

解　$(A \mid I) = \begin{pmatrix} 1 & 2 & 3 & 1 & 0 & 0 \\ 2 & 2 & 1 & 0 & 1 & 0 \\ 3 & 4 & 3 & 0 & 0 & 1 \end{pmatrix} \xrightarrow[r_3+(-3)r_1]{r_2+(-2)r_1} \begin{pmatrix} 1 & 2 & 3 & 1 & 0 & 0 \\ 0 & -2 & -5 & -2 & 1 & 0 \\ 0 & -2 & -6 & -3 & 0 & 1 \end{pmatrix}$

$$\xrightarrow{r_3+(-1)r_2} \begin{pmatrix} 1 & 2 & 3 & 1 & 0 & 0 \\ 0 & -2 & -5 & -2 & 1 & 0 \\ 0 & 0 & -1 & -1 & -1 & 1 \end{pmatrix}$$

$$\xrightarrow[(-1)\ r_3]{\left(-\frac{1}{2}\right)r_2} \begin{pmatrix} 1 & 2 & 3 & 1 & 0 & 0 \\ 0 & 1 & 5/2 & 1 & -1/2 & 0 \\ 0 & 0 & 1 & 1 & 1 & -1 \end{pmatrix}$$

$$\xrightarrow[r_2+\left(-\frac{5}{2}\right)r_3]{r_1+(-3)r_3} \begin{pmatrix} 1 & 2 & 0 & -2 & -3 & 3 \\ 0 & 1 & 0 & -3/2 & -3 & 5/2 \\ 0 & 0 & 1 & 1 & 1 & -1 \end{pmatrix}$$

$$\xrightarrow{r_1+(-2)r_2} \begin{pmatrix} 1 & 0 & 0 & 1 & 3 & -2 \\ 0 & 1 & 0 & -3/2 & -3 & 5/2 \\ 0 & 0 & 1 & 1 & 1 & -1 \end{pmatrix}$$

所以　　　　　　　　　$A^{-1} = \begin{pmatrix} 1 & 3 & -2 \\ -3/2 & -3 & 5/2 \\ 1 & 1 & -1 \end{pmatrix}$

（4）逆矩阵的应用——解矩阵方程组.

【例9】 解方程组 $\begin{cases} x_1 + 2x_2 + 3x_3 = 1 \\ 2x_1 + 2x_2 + x_3 = -1 \\ 3x_1 + 4x_2 + 3x_3 = 3 \end{cases}$

解　由矩阵乘法的定义,将方程组写为矩阵方程

$$\begin{bmatrix} 1 & 2 & 3 \\ 2 & 2 & 1 \\ 3 & 4 & 3 \end{bmatrix} \begin{bmatrix} x_1 \\ x_2 \\ x_3 \end{bmatrix} = \begin{bmatrix} 1 \\ -1 \\ 3 \end{bmatrix}, \qquad \text{简记为 } AX = B$$

由于 $|A|=2\neq0$，则 A 可逆，故 $X=A^{-1}B$

而
$$A^{-1}=\begin{bmatrix} 1 & 3 & -2 \\ -3/2 & -3 & 5/2 \\ 1 & 1 & -1 \end{bmatrix}$$

故
$$X=A^{-1}B=\begin{bmatrix} 1 & 3 & -2 \\ -3/2 & -3 & 5/2 \\ 1 & 1 & -1 \end{bmatrix}\begin{bmatrix} 1 \\ -1 \\ 3 \end{bmatrix}=\begin{bmatrix} -8 \\ 9 \\ -3 \end{bmatrix}$$

即 $x_1=-8$，$x_2=9$，$x_3=-3$

4. 线性方程组

前面介绍了矩阵的许多概念，即相关性质和计算，运用这些知识点可以求解线性方程组.

线性方程组的一般形式为：

$$\begin{cases} a_{11}x_1+a_{12}x_2+\cdots+a_{1n}x_n=b_1 \\ a_{21}x_1+a_{22}x_2+\cdots+a_{2n}x_n=b_2 \\ \quad\quad\quad\quad\vdots \\ a_{m1}x_1+a_{m2}x_2+\cdots+a_{mn}x_n=b_m \end{cases} \quad\quad (6\text{-}7)$$

方程组(6-7)可以用矩阵表示为 $AX=B$.

其中 $A=\begin{pmatrix} a_{11} & a_{12} & \cdots & a_{1n} \\ a_{21} & a_{22} & \cdots & a_{2n} \\ \vdots & \vdots & & \vdots \\ a_{m1} & a_{m2} & \cdots & a_{mn} \end{pmatrix}$ 称为方程组(6-7)的系数矩阵，$B=\begin{pmatrix} b_1 \\ b_2 \\ \vdots \\ b_m \end{pmatrix}$ 称为方程

组(6-7)的常数项矩阵，$\overline{A}=\begin{pmatrix} a_{11} & a_{12} & \cdots & a_{1n} & b_1 \\ a_{21} & a_{22} & \cdots & a_{2n} & b_2 \\ \vdots & \vdots & & \vdots & \vdots \\ a_{m1} & a_{m2} & \cdots & a_{mn} & b_m \end{pmatrix}$ 称为增广矩阵，$X=\begin{pmatrix} x_1 \\ x_2 \\ \vdots \\ x_n \end{pmatrix}$ 称为 n

元未知量矩阵.

当 $b_i(i=1,2,\cdots,m)$ 全为 0 时，方程组称为齐次线性方程组；否则，称为非齐次线性方程组.

方程组的主要问题是求解，下面介绍方程组的求解方法：高斯消元法.

中学所学消元法的实质是对线性方程组进行如下变换：

ⅰ. 互换两个方程的位置；

ⅱ. 用一个非零的数乘某个方程的两端；

ⅲ. 用一个数乘某个方程的两端加到另一个方程上去.

显然，线性方程组经过上述任意一种变换，所得方程组与原方程组同解. 利用对方程组的这种同解变换，逐步消元，先求出一个未知数后，再逐步回代，就可求出其他未知数.

由于线性方程组是由其增广矩阵完全确定的,因此对线性方程组进行上述变换,相当于对其增广矩阵实施相应的行初等变换,这种解法叫高斯消元法.

而线性方程组 $AX=B$ 是否有解,能否由其增广矩阵决定呢?有以下定理成立.

定理 4 (线性方程组有解的判定定理)线性方程组有解的充要条件是:方程组 $AX=B$ 的系数矩阵 A 的秩与增广矩阵 $\overline{A}$ 的秩相等,即 $r(\overline{A})=r(A)=r$,且

ⅰ.当 $r=n$(未知数的个数)时,方程组有唯一一组解;

ⅱ.当 $r<n$ 时,方程组有无穷多组解.只是自由未知量的个数为 $n-r$ 个.

结合定理,下面用例子说明用高斯消元法如何解方程组.

【例 10】 解线性方程组 $\begin{cases} 2x_1+2x_2+3x_3=1 \\ x_1-x_2=2 \\ -x_1+2x_2+x_3=-2 \end{cases}$

解 对方程组的增广矩阵实施行初等变换化为阶梯形矩阵

$$\overline{A}=\begin{pmatrix} 2 & 2 & 3 & 1 \\ 1 & -1 & 0 & 2 \\ -1 & 2 & 1 & -2 \end{pmatrix} \longrightarrow \begin{pmatrix} 1 & -1 & 0 & 2 \\ 2 & 3 & 3 & 1 \\ -1 & 2 & 1 & -2 \end{pmatrix} \longrightarrow \begin{pmatrix} 1 & -1 & 0 & 2 \\ 0 & 4 & 3 & -3 \\ 0 & 1 & 1 & 0 \end{pmatrix}$$

$$\longrightarrow \begin{pmatrix} 1 & -1 & 0 & 2 \\ 0 & 1 & 1 & 0 \\ 0 & 4 & 3 & -3 \end{pmatrix} \longrightarrow \begin{pmatrix} 1 & -1 & 0 & 2 \\ 0 & 1 & 1 & 0 \\ 0 & 0 & -1 & -3 \end{pmatrix}=P$$

可以看出,$r(\overline{A})=r(A)=3$,所以方程组有解,且有唯一解.

故原方程组同解于 $\begin{cases} x_1-x_2=2 \\ x_2+x_3=0, \\ -x_3=-3 \end{cases}$ 即 $\begin{cases} x_1=-1 \\ x_2=-3 \\ x_3=3 \end{cases}$

这就是方程组的解.

【例 11】 解线性方程组 $\begin{cases} x_1-2x_2+3x_3-x_4=1 \\ 3x_1-x_2+5x_3-3x_4=2 \\ 2x_1+x_2+2x_3-2x_4=3 \end{cases}$

解 对增广矩阵 $\overline{A}$ 进行初等行变换化成阶梯形:

$$\overline{A}=\begin{pmatrix} 1 & -2 & 3 & -1 & 1 \\ 3 & -1 & 5 & -3 & 2 \\ 2 & 1 & 2 & -2 & 3 \end{pmatrix} \xrightarrow[r_3+(-2)r_1]{r_2+(-3)r_1} \begin{pmatrix} 1 & -2 & 3 & -1 & 1 \\ 0 & 5 & -4 & 0 & -1 \\ 0 & 5 & -4 & 0 & 1 \end{pmatrix}$$

$$\xrightarrow{r_3+(-1)r_2} \begin{pmatrix} 1 & -2 & 3 & -1 & 1 \\ 0 & 5 & -4 & 0 & -1 \\ 0 & 0 & 0 & 0 & 2 \end{pmatrix}$$

可见，$r(A)=2$，$r(\overline{A})=3$，故方程组无解.

一般若方程组有解，直接将其增广矩阵化为阶梯形即可.

【例 12】 解线性方程组 $\begin{cases} x_1-x_2-x_3+x_4=0 \\ -3x_1-x_2+x_3+x_4=1 \\ 3x_1-x_2-2x_3+x_4=-\dfrac{1}{2} \end{cases}$

解 对增广矩阵 $\overline{A}$ 进行初等行变换：

$$\overline{A}=\begin{pmatrix} 1 & -1 & -1 & 1 & 0 \\ -3 & -1 & 1 & 1 & 0 \\ 3 & -1 & -2 & 1 & -\dfrac{1}{2} \end{pmatrix} \xrightarrow[r_3+(-3)r_1]{r_2+3r_1} \begin{pmatrix} 1 & -1 & -1 & 1 & 0 \\ 0 & -4 & -2 & 4 & 1 \\ 0 & 2 & 1 & -2 & -\dfrac{1}{2} \end{pmatrix}$$

$$\xrightarrow[r_3+(-2)r_2]{r_2\times(-\frac{1}{4})} \begin{pmatrix} 1 & -1 & -1 & 1 & 0 \\ 0 & 1 & \dfrac{1}{2} & -1 & -\dfrac{1}{4} \\ 0 & 0 & 0 & 0 & 0 \end{pmatrix} \xrightarrow{r_1+(-1)r_2} \begin{pmatrix} 1 & 0 & -\dfrac{1}{2} & 1 & -\dfrac{1}{4} \\ 0 & 1 & \dfrac{1}{2} & -1 & -\dfrac{1}{4} \\ 0 & 0 & 0 & 0 & 0 \end{pmatrix}$$

原方程组同解于 $\begin{cases} x_1-\dfrac{1}{2}x_3+x_4=-\dfrac{1}{4} \\ x_2+\dfrac{1}{2}x_3-x_4=-\dfrac{1}{4} \end{cases}$

因为 $r(A)=r(\overline{A})=2<4=n$，所以方程组有无穷多组解. 取 x_3，x_4 为自由变量，则有

$$\begin{cases} x_1=\dfrac{1}{2}x_3-x_4-\dfrac{1}{4} \\ x_2=-\dfrac{1}{2}x_3+x_4-\dfrac{1}{4} \end{cases}$$

令 $x_3=C_1$，$x_4=C_2$. 则方程组的一般解为：

$$\begin{cases} x_1=\dfrac{1}{2}C_1-C_2-\dfrac{1}{4} \\ x_2=-\dfrac{1}{2}C_1+C_2-\dfrac{1}{4} \\ x_3=C_1 \\ x_4=C_2 \end{cases}$$

【例 13】 试问：a，b 取何值时，线性方程组

$$\begin{cases} x_1+x_2-2x_3=0 \\ 2x_1+x_2+ax_3=1 \\ x_1+3x_2-6x=b \end{cases}$$

无解，有唯一解，有无穷多组解？

解 对方程组的增广矩阵实施初等行变换化为阶梯形

$$\overline{A} = \begin{pmatrix} 1 & 1 & -2 & 0 \\ 2 & 1 & a & 1 \\ 1 & 3 & -6 & b \end{pmatrix} \longrightarrow \begin{pmatrix} 1 & 1 & -2 & 0 \\ 0 & -1 & a+4 & 1 \\ 0 & 2 & -4 & b \end{pmatrix} \longrightarrow \begin{pmatrix} 1 & 1 & -2 & 0 \\ 0 & -1 & a+4 & 1 \\ 0 & 0 & 2a+4 & b+2 \end{pmatrix}$$

(1) 当 $2a+4=0$ 且 $b+2\neq0$，即 $a=-2$ 且 $b\neq-2$ 时，$r(A)\neq r(\overline{A})$，方程组无解；

(2) 当 $2a+4\neq0$，即 $a\neq-2$ 时，$r(A)=r(\overline{A})=3=n$，方程组有唯一解；

(3) 当 $2a+4=0$ 且 $b+2=0$，即 $a=-2$ 且 $b=-2$ 时，$r(A)=r(\overline{A})=2<3=n$，方程组有无穷多组解．

说明：对于齐次线性方程组 $AX=0$，恒有 $r(\overline{A})=r(A)=r$，则它一定有解，且

(1) $r=n$ 时，有唯一解——零解；

(2) $r<n$ 时，有无穷多组解．

一般求解齐次线性方程组时，只需对其系数矩阵实施变换．

【例 14】 解齐次线性方程组

$$\begin{cases} x_1+x_2+x_3+x_4+x_5=0 \\ 3x_1+2x_2+x_3+x_4-2x_5=0 \\ x_2+2x_3+2x_4+5x_5=0 \\ 5x_1+4x_2+3x_3+3x_4=0 \end{cases}$$

解 对方程组的系数矩阵实施初等行变换

$$A = \begin{pmatrix} 1 & 1 & 1 & 1 & 1 \\ 3 & 2 & 1 & 1 & -2 \\ 0 & 1 & 2 & 2 & 5 \\ 5 & 4 & 3 & 3 & 0 \end{pmatrix} \rightarrow \begin{pmatrix} 1 & 1 & 1 & 1 & 1 \\ 0 & -1 & -2 & -2 & -5 \\ 0 & 1 & 2 & 2 & 5 \\ 0 & -1 & -2 & -2 & -5 \end{pmatrix}$$

$$\rightarrow \begin{pmatrix} 1 & 1 & 1 & 1 & 1 \\ 0 & -1 & -2 & -2 & -5 \\ 0 & 0 & 0 & 0 & 0 \\ 0 & 0 & 0 & 0 & 0 \end{pmatrix} \rightarrow \begin{pmatrix} 1 & 0 & -1 & -1 & -4 \\ 0 & 1 & 2 & 2 & 5 \\ 0 & 0 & 0 & 0 & 0 \\ 0 & 0 & 0 & 0 & 0 \end{pmatrix}$$

故原方程组同解于 $\begin{cases} x_1-x_3-x_4-4x_5=0 \\ x_2+2x_3+2x_4+5x_5=0 \end{cases}$

因为 $r(A)=2<5=n$，所以方程组有无穷多组解．取 x_3，x_4，x_5 为自由变量，并令 $x_3=C_1$，$x_4=C_2$，$x_5=C_3$．则方程组的一般解为：

$$\begin{cases} x_1=C_1+C_2+4C_3 \\ x_2=-2C_1-2C_2-5C_3 \\ x_3=C_1 \\ x_4=C_2 \\ x_5=C_3 \end{cases}$$

四、 模块小结

关键概念：频率；概率；公理化定义；有限可加性.

关键技能：会应用概率的相关性质对实际问题进行概率运算.

五、 思考与练习

(1) 设 $A = \begin{pmatrix} 3 & 1 & 4 \\ -2 & 0 & 1 \\ 1 & 2 & 2 \end{pmatrix}$，$B = \begin{pmatrix} 1 & 0 & 2 \\ -3 & 1 & 1 \\ 2 & -4 & 1 \end{pmatrix}$.

计算：①$2A$；②$A + B$；③$(2A)^{\mathrm{T}} - (3B)^{\mathrm{T}}$；④若 X 满足 $A + X = B$，求 X.

(2) 下列各对矩阵是否可作矩阵的乘法运算，若可以，给出计算结果.

① $(1 \quad 2 \quad 3) \begin{pmatrix} 4 \\ 5 \\ 6 \end{pmatrix}$
② $\begin{pmatrix} 1 \\ 2 \\ 3 \end{pmatrix} (4 \quad 5 \quad 6)$
③ $\begin{pmatrix} 4 & 3 & 1 \\ 3 & -2 & 3 \\ 5 & 7 & 0 \end{pmatrix} \begin{pmatrix} 7 \\ 2 \\ 1 \end{pmatrix}$

④ $\begin{pmatrix} 2 & 0 & 1 \\ 1 & 2 & -1 \end{pmatrix} \begin{pmatrix} 1 & 0 \\ -1 & 3 \\ 2 & 4 \end{pmatrix}$
⑤ $\begin{pmatrix} 1 & 0 & 3 \\ 2 & 1 & -1 \end{pmatrix} \begin{pmatrix} -1 & 1 & 4 \\ 3 & -2 & 1 \\ 0 & 0 & 2 \end{pmatrix} \begin{pmatrix} -2 \\ 1 \\ 0 \end{pmatrix}$

(3) 用初等行变换把下列矩阵化为阶梯形,进而化为行标准形.

① $A = \begin{bmatrix} 1 & 2 & 1 & 0 \\ 2 & 5 & 0 & 1 \\ -1 & 2 & 1 & -2 \end{bmatrix}$
② $B = \begin{bmatrix} 0 & 1 & 1 & 1 & 2 \\ 1 & 0 & 1 & 0 & 0 \\ 4 & 1 & 0 & 1 & 2 \\ 2 & 0 & 1 & 1 & 2 \end{bmatrix}$

(4) 用初等变换求下列矩阵的秩.

$A = \begin{bmatrix} 1 & 2 & 0 \\ 0 & 1 & 2 \\ 0 & 1 & 3 \end{bmatrix}$，$B = \begin{bmatrix} 1 & 2 & 0 & 4 \\ 1 & 0 & 3 & 1 \\ 2 & 2 & 3 & 5 \end{bmatrix}$，$C = \begin{bmatrix} 3 & 1 \\ 1 & 0 \\ 5 & 1 \end{bmatrix}$

(5) 求下列矩阵的逆矩阵.

$A = \begin{bmatrix} 2 & 0 & 0 \\ 0 & 3 & 0 \\ 0 & 0 & 5 \end{bmatrix}$，$B = \begin{bmatrix} 1 & 2 & 1 \\ 0 & 1 & 1 \\ 0 & 0 & 1 \end{bmatrix}$，$C = \begin{bmatrix} 1 & 2 & 3 \\ -1 & 0 & 1 \\ 3 & 3 & 4 \end{bmatrix}$，$D = \begin{bmatrix} 1 & 2 \\ 3 & 4 \end{bmatrix}$

(6) 解矩阵方程：$\begin{pmatrix} 0 & 1 & 0 \\ 1 & 0 & 0 \\ 0 & 0 & 1 \end{pmatrix} \times \begin{pmatrix} 1 & 0 & 0 \\ 0 & 0 & 1 \\ 0 & 1 & 0 \end{pmatrix} = \begin{pmatrix} 1 & -4 & 3 \\ 2 & 0 & -1 \\ 1 & -2 & 0 \end{pmatrix}$

(7) 求解下列齐次线性方程组.

① $\begin{cases} x_1 - x_2 + 5x_3 - x_4 = 0 \\ x_1 + x_2 - 2x_3 + 3x_4 = 0 \\ 3x_1 - x_2 + 8x_3 + x_4 = 0 \end{cases}$
② $\begin{cases} 5x_1 - 2x_2 + 4x_3 - 3x_4 = 0 \\ -3x_1 + 5x_2 - x_3 + 2x_4 = 0 \\ x_1 - 3x_2 + 2x_3 + x_4 = 0 \end{cases}$

(8) 解下列非齐次线性方程组.

① $\begin{cases} x_1 - x_2 = 3 \\ 2x_1 - x_2 - x_3 = -8 \\ x_1 + x_2 - 3x_3 = 0 \end{cases}$ ② $\begin{cases} x_1 + x_2 - 3x_3 - x_4 = 1 \\ 3x_1 - x_2 - 3x_3 + 4x_4 = 4 \\ x_1 - 5x_2 - 9x_3 - 8x_4 = 0 \end{cases}$

③ $\begin{cases} x_1 + x_2 + x_3 + x_4 + x_5 = 2 \\ x_1 + 2x_2 - 4x_5 = -2 \\ x_1 + 2x_3 + 2x_4 + 6x_5 = 6 \\ 4x_1 + 5x_2 + 3x_3 + 3x_4 - x_5 = 4 \end{cases}$ ④ $\begin{cases} x_1 + 2x_2 + x_3 = 5 \\ 2x_1 - x_2 + 3x_3 = 7 \\ 3x_1 + x_2 + x_3 = 6 \end{cases}$

(9)已知线性方程组

$$\begin{cases} x_1 + 3x_2 + x_3 = 0 \\ 3x_1 + 2x_2 + 3x_3 = -1 \\ -x_1 + 4x_2 + ax_3 = b \end{cases}$$

试问：在 a，b 为何值时，方程组有①唯一解；②无穷多解；③无解．

复习题

一、填空题

1. $\begin{vmatrix} 1 & 2 \\ 3 & 4 \end{vmatrix} = $ _____．

2. $\begin{vmatrix} c & c^2 \\ d & d^2 \end{vmatrix} = $ _____．

3. 设 $D = \begin{vmatrix} 1 & 1 & 1 \\ a & b & c \\ a^2 & b^2 & c^2 \end{vmatrix}$，则元素 b 的代数余子式 = _____；元素 c 的余子式 =

_____；元素 c 的代数余子式 = _____；D 的值 = _____．

4. 三阶行列式 $\begin{vmatrix} 0 & a & 0 \\ b & 0 & c \\ 0 & d & 0 \end{vmatrix} = $ _____．

5. $\begin{bmatrix} 1 & 0 \\ 0 & 0 \end{bmatrix} + 2\begin{bmatrix} 0 & 1 \\ 0 & 0 \end{bmatrix} + 3\begin{bmatrix} 0 & 0 \\ 1 & 0 \end{bmatrix} + 4\begin{bmatrix} 0 & 0 \\ 0 & 1 \end{bmatrix} = $ _____．

6. 若等式 $\begin{bmatrix} 1 & 0 & a \\ 2 & -1 & 0 \\ 0 & 1 & 1 \end{bmatrix} \begin{bmatrix} 1 \\ 0 \\ -1 \end{bmatrix} = \begin{bmatrix} a \\ 2 \\ -1 \end{bmatrix}$ 成立，则元素 $a = $ _____．

7. 若二阶方阵 $A = \begin{bmatrix} a_{11} & a_{12} \\ a_{21} & a_{22} \end{bmatrix}$，则二阶方阵 A 的伴随矩阵 $A^* = $ _____．

二、选择题

1. 若二阶行列式 $D = \begin{vmatrix} a_{11} & a_{12} \\ a_{21} & a_{22} \end{vmatrix}$，则元素 a_{12} 的代数余子式 $A_{12} = $ （　　）．

A. $-a_{21}$ B. a_{21} C. $-a_{22}$ D. a_{22}

2. 若四阶行列式 D 中第 4 行的元素自左向右依次为 1，2，0，0，余子式 $M_{41}=2$，$M_{42}=3$，则四阶行列式 $D=$（　　）.

A. -8　　　　B. 8　　　　C. -4　　　　D. 4

3. 若四阶行列式 $\begin{vmatrix} 0 & 0 & 0 & 1 \\ x & 0 & 0 & -1 \\ 0 & 2 & 0 & -1 \\ 0 & 0 & 1 & -1 \end{vmatrix}=1$，则元素 $x=$（　　）.

A. -2　　　　B. 2　　　　C. $-\dfrac{1}{2}$　　　　D. $\dfrac{1}{2}$

4. 若三阶行列式 $\begin{vmatrix} a_{11} & a_{12} & a_{13} \\ a_{21} & a_{22} & a_{23} \\ a_{31} & a_{32} & a_{33} \end{vmatrix}=1$，则三阶行列式 $\begin{vmatrix} 4a_{11} & 5a_{11}+3a_{12} & a_{13} \\ 4a_{21} & 5a_{21}+3a_{22} & a_{23} \\ 4a_{31} & 5a_{31}+3a_{32} & a_{33} \end{vmatrix}=$（　　）.

A. 12　　　　B. 15　　　　C. 20　　　　D. 60

5. 若矩阵 $A=(a_{ij})_{m\times l}$，$B=(b_{ij})_{l\times n}$，$C=(c_{ij})_{n\times m}$，则下列运算中（　　）无意义.

A. ABC　　　　B. BCA　　　　C. $A+BC$　　　　D. $A^{\mathrm{T}}+BC$

三、计算题

1. 计算下列行列式.

(1) $D=\begin{vmatrix} a & b & 0 \\ c & 0 & b \\ 0 & c & a \end{vmatrix}$　　　　(2) $D=\begin{vmatrix} 1 & 2 & 3 & 4 \\ 2 & 3 & 4 & 0 \\ 3 & 4 & 0 & 0 \\ 4 & 0 & 0 & 0 \end{vmatrix}$

(3) $D=\begin{vmatrix} 0 & 1 & 0 & 1 \\ 0 & 0 & 1 & 1 \\ 0 & 0 & 0 & 1 \\ 1 & 0 & 0 & 1 \end{vmatrix}$　　　　(4) $D=\begin{vmatrix} 5 & 0 & 4 & 2 \\ 1 & -1 & 2 & 1 \\ 4 & 1 & 2 & 0 \\ 1 & 1 & 1 & 1 \end{vmatrix}$

(5) $D=\begin{vmatrix} 3 & 1 & -1 & 2 \\ -5 & 1 & 3 & -4 \\ 2 & 0 & 1 & -1 \\ 1 & -5 & 3 & -3 \end{vmatrix}$

2. 计算下列矩阵的积.

(1) $\begin{bmatrix} -1 & 3 & 0 \\ 1 & -2 & 0 \\ 4 & 1 & 2 \end{bmatrix}\begin{bmatrix} 1 & 2 \\ 0 & 1 \\ 3 & -1 \end{bmatrix}$　　(2) $\begin{bmatrix} 1 & -1 & 2 \end{bmatrix}\begin{bmatrix} 1 & 1 & 2 \\ 3 & 2 & 1 \\ 0 & 1 & 3 \end{bmatrix}$　　(3) $\begin{bmatrix} 1 \\ 2 \\ 3 \end{bmatrix}\begin{bmatrix} 3 & 2 & 1 \end{bmatrix}$

3. 利用初等变换将下列矩阵化为阶梯形矩阵.

(1) $\begin{bmatrix} 1 & 3 \\ 2 & 1 \\ 3 & -1 \end{bmatrix}$　　　　(2) $\begin{bmatrix} 1 & 2 & 3 \\ 3 & 7 & 1 \\ 1 & 0 & 2 \end{bmatrix}$

4. 求下列矩阵的秩.

(1) $\begin{bmatrix} 1 & 2 & 3 & 4 \\ 1 & 10 & 2 & 1 \\ -2 & -4 & -6 & -8 \end{bmatrix}$ (2) $\begin{bmatrix} 1 & 2 & 3 & 4 \\ 1 & -2 & 4 & 5 \\ 1 & 10 & 1 & 2 \end{bmatrix}$

5. 判断下列方阵 A 是否可逆，若可逆，则求出逆矩阵 A^{-1}.

(1) $A = \begin{bmatrix} 2 & 1 \\ 5 & 3 \end{bmatrix}$ (2) $A = \begin{bmatrix} 0 & 1 & 2 \\ 1 & 1 & 4 \\ 2 & 1 & 0 \end{bmatrix}$

6. 解矩阵方程：$X \begin{bmatrix} 2 & 1 \\ 1 & 2 \end{bmatrix} = \begin{bmatrix} 1 & 2 \\ -1 & 4 \end{bmatrix}$

7. 解下列非齐次线性方程组.

(1) $\begin{cases} x_1 + x_2 + x_3 + x_4 + x_5 = 2 \\ x_1 + 2x_2 - 4x_5 = -2 \\ x_1 + 2x_3 + 2x_4 + 6x_5 = 6 \\ 4x_1 + 5x_2 + 3x_3 + 3x_4 - x_5 = 4 \end{cases}$ (2) $\begin{cases} x_1 + 2x_2 + x_3 = 5 \\ 2x_1 - x_2 + 3x_3 = 7 \\ 3x_1 + x_2 + x_3 = 6 \end{cases}$

知识链接

矩阵的历史

矩阵的研究历史悠久，拉丁方阵和幻方在史前年代已有人研究。

作为解决线性方程的工具，矩阵也有不短的历史。成书最迟在东汉前期的《九章算术》中，用分离系数法表示线性方程组，得到了其增广矩阵。在消元过程中，使用的把某行乘以某一非零实数、从某行中减去另一行等运算技巧，相当于矩阵的初等变换。但那时并没有现今理解的矩阵概念，虽然它与现有的矩阵形式上相同，但在当时只是作为线性方程组的标准表示与处理方式。

矩阵正式作为数学中的研究对象出现，则是在行列式的研究发展起来后。逻辑上，矩阵的概念先于行列式，但在实际的历史上则恰好相反。日本数学家关孝和（1683 年）与微积分的发现者之一戈特弗里德·威廉·莱布尼茨（1693 年）近乎同时地独立建立了行列式论。其后行列式作为解线性方程组的工具逐步发展。1750 年，加布里尔·克拉默发现了克莱姆法则。

矩阵的现代概念在 19 世纪逐渐形成。1800 年，高斯和威廉·若尔当建立了高斯—若尔当消去法。1844 年，德国数学家费迪南·艾森斯坦（F. Eisenstein）讨论了"变换"（矩阵）及其乘积。1850 年，英国数学家詹姆斯·约瑟夫·西尔维斯特（James Joseph Sylvester）首先使用"矩阵"一词。

英国数学家凯利被公认为矩阵论的奠基人。他开始将矩阵作为独立的数学对象研究时，许多与矩阵有关的性质已经在行列式的研究中被发现了，这也使得凯利认为矩阵的引进是十分自然的。他说："我决然不是通过四元数而获得矩阵概念的；它或是直接从行列式的概念而来，或是作为一个表达线性方程组的方便方法而来的。"他从 1858 年开始，发表了《矩阵论的研究报告》等一系列关于矩阵的专门论文，研究了矩阵的运算律、矩阵的逆以及转置和特征多项式方程。凯利还提出了凯莱-哈密尔顿定理，并验证了 3×3 矩阵的情况，又说进一步的证明是不必要的。哈密尔顿证明了 4×4 矩阵的情况，而一般情况下的证明是德

国数学家弗罗贝尼乌斯（F. G. Frohenius）于 1898 年给出的。

　　1854 年时法国数学家埃尔米特（C. Hermite）使用了"正交矩阵"这一术语，但他的正式定义直到 1878 年才由费罗贝尼乌斯发表。1879 年，费罗贝尼乌斯引入矩阵秩的概念。至此，矩阵的体系基本上建立起来了。

　　无限维矩阵的研究始于 1884 年。庞加莱在两篇不严谨地使用了无限维矩阵和行列式理论的文章后开始了对这一方面的专门研究。1906 年，希尔伯特引入无限二次型（相当于无限维矩阵）对积分方程进行研究，极大地促进了无限维矩阵的研究。在此基础上，施密茨、赫林格和特普利茨发展出算子理论，而无限维矩阵成为研究函数空间算子的有力工具。

　　矩阵的概念最早在 1922 年见于中文。1922 年，程廷熙在一篇介绍文章中将矩阵译为"纵横阵"。1925 年，科学名词审查会算学名词审查组在《科学》第十卷第四期刊登的审定名词表中，矩阵被翻译为"矩阵式"，方块矩阵翻译为"方阵式"，而各类矩阵如"正交矩阵""伴随矩阵"中的"矩阵"则被翻译为"方阵"。1935 年，中国数学会审查后，教育部审定的《数学名词》（并"通令全国各院校一律遵用，以昭划一"）中，"矩阵"作为译名首次出现。1938 年，曹惠群在接受科学名词审查会委托就数学名词加以校订的《算学名词汇编》中，认为应当的译名是"长方阵"。中华人民共和国成立后编订的《数学名词》中，则将译名定为"（矩）阵"。1993 年，中国自然科学名词审定委员会公布的《数学名词》中，"矩阵"被定为正式译名，并沿用至今。

项目七

随机事件与概率

学习目标

一、 知识目标

(1) 能掌握随机事件之间的关系及运算；

(2) 能掌握概率的公理化定义及概率的性质；

(3) 能掌握古典概型和几何概型的概念；

(4) 能掌握条件概率公式、乘法公式、全概率公式、贝叶斯公式和二项式公式；

(5) 能掌握事件的独立性的意义.

二、 能力目标

(1) 会正确处理事件之间的关系；

(2) 会熟练使用基本的概率公式进行实际问题的处理.

项目概述

对于自然界和人们在实践活动中所遇到的种种现象，一般来说可分为两类：一类是必然现象，或称确定现象；另一类是随机现象，或称不确定现象．这种随机性的现象在大量重复试验中往往遵从一定的客观规律性，这种规律性称为随机现象的统计规律性．概率论与数理统计是研究和揭示随机现象统计规律性的一门数学学科．

项目实施

模块7-1 随机事件及其运算

一、 教学目的

(1) 能够对随机事件进行分析；

(2) 会对随机事件进行运算.

二、 知识要求

(1) 了解随机试验的特征；

(2) 理解样本空间、随机事件；

(3) 掌握随机事件之间的关系及运算．

三、相关知识

1. 随机试验与样本空间

为了确定随机现象的规律性，需要对随机现象进行多次观察或实验，我们把这些工作统称为试验．由于概率论研究的对象是随机现象，因此，要求所做的试验都具有如下共同特点：

(1) 试验可以在相同的条件下重复进行(可重复性)；

(2) 每次试验的可能结果不止一个，但事先明确试验的所有可能结果(确定性)；

(3) 每次试验前不能确定哪个结果将出现(随机性)．

具有上述三个特点的试验称为随机试验，简称试验，记为 E．

下面是几个试验的例子：

E_1：向上抛掷一枚骰子，观察它下落后出现的点数；

E_2：袋中有相同规格的红、白、黄三个乒乓球，现随机摸取两个球，一次取一个，取两次，观察其颜色；

E_3：记录某电话交换台 1min 内接到的呼叫次数；

E_4：某一时段在某交通路口，观察机动车流量．

定义1

对于随机试验 E，我们把其最简单的不能再分的事件称为基本事件，或称为样本点，若干个基本事件组合而成的事件成为复合事件．由全体样本点组成的集合，称为随机试验 E 的样本空间，用 Ω 表示．

【例1】 掷一枚骰子，观察其出现的点数，所有可能出现的结果有 6 个：1 点，2 点，…，6 点，分别用 1，2，…，6 表示，则样本空间为 $\Omega=\{1, 2, 3, 4, 5, 6\}$．

【例2】 一射手进行射击，直到击中目标为止，观察射击的次数．用"第一次击中目标所需要的射击次数为 i 次"($i=1, 2, 3, \cdots$)，则样本空间为：$\Omega=\{1, 2, 3,\}$．

【例3】 在一批日光灯中任意抽取一只，测试其寿命，用 t (单位：h)表示日光的寿命，则 t 可取所有非负实数：$t \geq 0$ 对应了试验的所有可能结果，则样本空间为：$\Omega=\{t \mid t \geq 0\}$．

通过上面的例子我们可以看到，随机试验的样本空间可能有有限个样本点，也可能有可列无穷多个样本点，也可能有不可列无穷多个样本点．

2. 随机事件

定义2

在随机试验中，对一次试验来说，可能出现也可能不出现的事情称为随机事件，简称事件，用大写字母 A，B，C 等表示．例如在例 1 中

$A=$ 〔出现 2 点〕；

$B = \{$出现 5 点$\}$；

$C = \{$出现偶数点$\}$．

这些都是随机事件．由一个样本点构成的事件即为基本事件，如 $A = \{$出现 2 点$\}$．由若干个基本事件构成的事件，称为复合事件，如 $C = \{$出现偶数点$\} = \{$出现 2 点，出现 4 点，出现 6 点$\}$．在每一次试验中必然会发生的事件称为必然事件，在每次随机试验中一定不会发生的事件称为不可能事件．必然事件用 Ω 表示，不可能事件用 Φ 表示．不可能事件和必然事件本来不是随机事件，但为了以后讨论方便，把它们看作是一种特殊的随机事件．

3. 事件间的关系与运算

在研究随机现象时，一个随机试验往往包含许多事件，其中有些比较简单，有些比较复杂．为了通过较简单事件寻找较复杂事件的性质和规律，根据随机事件的概念，我们可以用集合论来处理事件间的关系和运算．

（1）事件的包含．

🖐 定义3

若事件 A 发生必导致事件 B 发生，则称事件 A 包含于事件 B 中，或称事件 B 包含事件 A，记作 $A \subseteq B$ 或 $B \supseteq A$，如图 7-1 所示．

显然对任一事件 A 有：$\Phi \subset A \subset \Omega$．若 $A \subseteq B$ 且 $B \subseteq A$ 则称事件 A 与事件 B 相等，记作 $A = B$．

【例4】 一批产品中有合格品和不合格品，合格品中有一等品、二等品．记 $A = \{$一等品$\}$，$B = \{$合格品$\}$，从中任取一件，若为一等品，显然也是合格品，即有 $A \subseteq B$．

（2）事件的和（或并）．

若事件 A 与事件 B 中至少有一个发生，这样构成的事件，称为事件 A 与事件 B 的并事件（或称 A 与 B 的和事件），记作 $A \cup B$ 或 $A + B$．显然事件 $A \cup B$ 表示事件"或者 A 发生，或者 B 发生，或者 A 与 B 都发生"．如图 7-2 中的阴影部分所示．

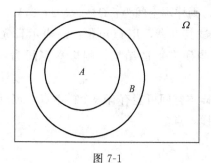

图 7-1   图 7-2

类似地，"事件 A_1，A_2，$\cdots$，A_n 中至少有一个发生"称为 n 个事件 A_1，A_2，$\cdots$，A_n 的和事件，记作 $A_1 \cup A_2 \cup \cdots \cup A_n$ 或 $A_1 + A_2 + \cdots + A_n$，简记为 $\bigcup\limits_{i=1}^{n} A_i$ 或 $\sum\limits_{i=1}^{n} A_i$．

【例5】 在参军体检中，设 $A = \{$身高合格$\}$，$B = \{$血压合格$\}$，则 $A + B$ 表示 $\{$身

高血压至少有一项合格）.

（3）事件的交.

定义4

由事件 A 与事件 B 同时发生而构成的事件，称为事件 A 与 B 的交事件（或称为事件 A 与 B 的积事件），记作 $A \bigcap B$，或简记为 AB. 如图 7-3 中的阴影部分所示.

类似地，"事件 A_1，A_2，$\cdots$，A_n 同时发生"称为 n 个事件 A_1，A_2，$\cdots$，A_n 的积事件，记作 $A_1 \bigcap A_2 \bigcap \cdots \bigcap A_n$ 或 $A_1 A_2 \cdots A_n$，简记为 $\bigcap\limits_{i=1}^{n} A$ 或 $\prod\limits_{i=1}^{n} A_i$.

（4）事件的差.

定义5

事件 A 发生而事件 B 不发生，这样构成的事件，称为事件 A 与事件 B 的差事件，记作 $A-B$. 如图 7-4 中的阴影部分所示.

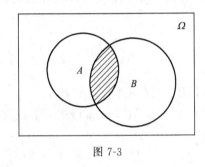

图 7-3

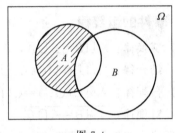

图 7-4

（5）互不相容事件.

定义6

若事件 A 与事件 B 不能同时发生，则称事件 A 与事件 B 互不相容（或互斥），记作 $AB = \Phi$. A 与 B 互不相容关系如图 7-5 所示，表示事件 A 与事件 B 没有共同的样本点. 例如，掷一枚骰子，A 表示"出现 2 点"，B 表示"出现 5 点"，则 A 与 B 为互不相容事件.

一般地，若事件 A_1，A_2，$\cdots$，A_n 中任意两个事件都互不相容，则称此 n 个事件互不相容，可表为 $A_i A_j = \Phi$，$i \neq j$，i，$j = 1$，2，3，n，$\cdots$. 类似地，若事件 A_1，A_2，$\cdots$，A_n，$\cdots$ 中任意两个事件都互不相容，则称此可数个事件互不相容，可表为 $A_i A_j = \Phi$，$i \neq j$，i，$j = 1$，2，3，$\cdots$，n，$\cdots$.

（6）对立事件.

定义7

若事件 A 与事件 B 二者必有且仅有一个发生，则称事件 A 与事件 B 为对立事件（或为互逆事件），通常把 A 的对立事件记作 $\overline{A}$，（即 $B = \overline{A}$），$\overline{A}$ 也称为 A 的逆事件，例如，掷一枚硬币，用 A 表示"出现国徽面"，而事件 B 表示"出现币值面"，则 A 与 B 为对立事件．如图 7-6 所示．

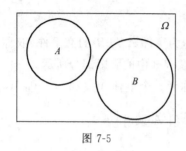

图 7-5

图 7-6

显然，$A \cup \overline{A} = \Omega$，$A \cap \overline{A} = \Phi$．

要特别注意互斥事件与对立事件的区别：事件 A 与事件 B 互为对立事件它们必须满足两个关系式：$A \cup B = \Omega$，$A \cap B = \Phi$；而事件 A 与事件 B 为互斥事件，它们只须满足一个关系式：$A \cap B = \Phi$. 这就是说，若事件 A 与 B 对立，则事件 A 与 B 互不相容，反之不然．

4. 事件的运算律．

(1) 交换律：$A \cup B = B \cup A$，$A \cap B = B \cap A$；

(2) 结合律：$(A \cup B) \cup C = A \cup (B \cup C)$，$(A \cap B) \cap C = A \cap (B \cap C)$；

(3) 分配律：$A \cap (B \cup C) = (A \cap B) \cup (A \cap C)$，$A \cup (B \cap C) = (A \cup B) \cap (A \cup C)$；

(4) 对偶律：$\overline{A \cup B} = \overline{A} \cap \overline{B}$．

对偶律也叫做德·摩根定律．

【例6】 袋中有分别标有号码 1～10 的 10 只球，现从中任取一球，设 A = "取得球的号码是偶数"，B = "取得球的号码是奇数"，C = "取得球的号码小于5"，问下述运算表示什么事件：(1) $A \cup B$；(2) AB；(3) AC；(4) $\overline{A}\,\overline{B}$.

解 (1) 必然事件；　　　　　　　　(2) 不可能事件；

(3) 取到球的号码是 2 或 4；　　　　(4) 取到球的号码是 6、8、10

【例7】 以 A，B，C 分别表示某城市居民订阅早报、晚报和体育报．试用 A，B，C 表示以下事件：

(1) 只订阅早报；　　　　　　　　(2) 只订一种报；

(3) 正好订两种报；　　　　　　　(4) 至少订阅一种报；

(5) 至多订阅一种报；　　　　　　(6) 三种报纸不全订阅．

解 (1) $A \overline{B}\,\overline{C}$；　　　　　　(2) $A \overline{B}\,\overline{C} + \overline{A}B\,\overline{C} + \overline{A}\,\overline{B}C$；

(3) $AB\overline{C} + A\overline{B}C + \overline{A}BC$；　　　(4) $A + B + C$；

(5) $\overline{A}\,\overline{B}\,\overline{C} + \overline{A}\,\overline{B}C + \overline{A}B\,\overline{C} + A\,\overline{B}\,\overline{C}$ 或 $\overline{A}\,\overline{B} + \overline{A}\,\overline{C} + \overline{B}\,\overline{C}$；(6) $\overline{A} + \overline{B} + \overline{C}$

【例8】 两门火炮同时向一架飞机射击，依常识，"击落飞机"等价于"击中驾驶员"或者"同时击中两台发动机"．记 $B_i = \{$击中发动机$\}$，$i = 1, 2$；$C = \{$击中驾驶员$\}$，试表示事件 $\{$击落飞机$\}$ 和 $\{$未击落飞机$\}$．

工程数学

解　设 $A =$ {击落飞机}，则 $A = B_1 B_2 + C$，并且

$$\overline{A} = \overline{B_1 B_2 + C} = \overline{(B_1 + B_2)}\,\overline{C} = \overline{B_1}\,\overline{C} + \overline{C}\,\overline{B_2}，即$$

未击中驾驶员并且发动机 1、2 至少有一台未击中.

　　在实际问题中遇到的事件往往是比较复杂的，在求解相关问题时，其中关键的一步是需要将较复杂的事件表示成简单事件的"组合".

四、 模块小结

关键概念：随机事件；样本空间；互不相容事件；对立事件.

关键技能：会对实际问题进行事件表示，会进行事件之间的运算.

五、 思考与练习

(1) 下列是随机事件中，一次试验各指的什么？它们各有几次试验？

① 某天中，从北京开往成都的 3 列列车，全部正点到达；

② 三名乒乓球运动员进行热身赛，两两各对阵一次；

③ 某人射箭 5 次，其中分别中 8 环 3 次，6 环 1 次，还有 1 箭脱靶.

(2) 对着飞机连续发射两枚导弹，每次发射一枚导弹，设

① $A =$ {两次都击中飞机}；

② $B =$ {两次都没有击中飞机}；

③ $C =$ {恰有一次击中飞机}；

④ $D =$ {至少有一次击中飞机}.

其中彼此互斥的事件是_____.

互为对立事件的是_____.

(3) 指出下列命题中哪些成立，哪些不成立？

① $\overline{AB} = A \cup B$ 　　　　　　　　② $\overline{A \cup B} = \overline{A} \cup B$

③ $\overline{A \cup B} = \overline{A}\,\overline{B}\,\overline{C}$ 　　　　　　④ 若 $A \subset B$，则 $A \cup B = A$

⑤ 若 $AB = \Phi$，且 $C \subset A$，则 $BC = \Phi$ 　　⑥ 若 $B \subset A$，则 $A = AB$

(4) 在掷两颗骰子的试验中，事件 A，B，C，D 分别表示"点数之和为偶数"，"点数之和小于 5"，"点数相等"，"至少有一颗骰子的点数为 3". 试写出样本空间及事件 AB，$A+B$，$\overline{A}C$，BC，$A-B-C-D$ 中的样本点.

(5) 甲、乙、丙三人对靶射击，用 A，B，C 分别表示"甲击中"、"乙击中"和"丙击中"，试用 A，B，C 表示下列事件：

① 甲、乙都击中而丙未击中；

② 只有甲击中；

③ 靶被击中；

④ 三人中最多两人击中.

(6) 甲、乙、丙三人各射击一次，事件 A_1、A_2、A_3 分别表示甲、乙、丙射中. 试说明下列事件所表示的结果：$\overline{A_2}$，$A_2 + A_3$，$\overline{A_1 A_2}$，$\overline{A_1} + A_2$，$A_1 A_2 \overline{A_3}$，$A_1 A_2 + A_2 A_3 + A_1 A_3$.

模块7-2　随机事件的概率

一、 教学目的

（1）理解概率的公理化定义；

（2）熟练应用概率的基本性质解决问题．

二、 知识要求

（1）理解随机事件的频率及概率的含义；

（2）掌握随机事件概率的基本性质；

（3）概率的公理化定义及概率的性质．

三、 相关知识

1. 随机事件的频率

定义1

若在相同条件下重复 n 次试验，事件 A 在 n 次试验中发生了 m 次，则称 m 为事件 A 发生的频数，比值 $\dfrac{m}{n}$ 称为事件 A 发生的频率，记为 $f_n(A)=\dfrac{m}{n}$．

易知频率具有下列性质：

（1）$0 \leqslant f_n(A) \leqslant 1$；

（2）$f_n(\Omega)=1$；

（3）若 A_1，A_2，$\cdots$，A_r 为 r 个两两互不相容事件，则 $f_n(A_1+A_2+\cdots+A_r)=f_n(A_1)+f_n(A_2)+\cdots+f_n(A_r)$，即 $f_n(\bigcup\limits_{i=1}^{n} A_i)=\sum\limits_{i=1}^{n} f_n(A_i)$．

性质（3）称为频率的有限可加性，它在定义概率时起到重要作用．

事件的频率这一概念我们平时经常用到，例如：检验产品质量标准之一的"产品的合格率"$=\dfrac{\text{合格品个数}}{\text{产品总数}}$；检验某种药物疗效的"治愈率"$=\dfrac{\text{治愈人数}}{\text{用药人总数}}$；检验射击技术标准之一的"命中率"$=\dfrac{\text{命中总数}}{\text{射击总次数}}$，等等．人们经过长期的实践发现，当重复试验的次数 n 增大时，事件出现的频率在 $0\sim1$ 之间的某个确定的常数附近摆动，并逐渐稳定于此常数，也就是说事件的频率具有一定的稳定性．历史上曾有几位数学家作过掷一均匀硬币的试验，结果见表 7-1.

表 7-1

试验者	投硬币次数	出正面次数	频率
蒲丰	4040	2048	0.5069
皮尔逊	12000	6019	0.5016
皮尔逊	24000	12012	0.5005

在上述掷硬币的试验中，当试验次数 n 很大时，出现正面的频率在 $\frac{1}{2}$ 这个常数附近摆动．这个确定的常数客观存在，说明通过大量的试验所得到的随机事件的频率具有稳定性，这种规律性称为统计规律性．

2. 概率的统计定义

定义2

在相同条件下重复进行 n 次试验，事件 A 出现的频率 $f_n(A)$ 在某个常数 p 附近摆动，而且 p 随试验次数 n 的增大，摆动的幅度将减小，则称这个常数 p 为事件 A 出现的概率，记作 $P(A)=p$，且称为概率的统计定义．

任一随机事件 A 的概率是客观存在的，但是在实际问题中，常常并不知道 $P(A)$ 为哪一个常数，此时，人们用当试验次数 n 充分大时的频率 $f_k(A)$ 作为事件 A 的概率 $P(A)$ 的近似值．

当试验次数 n 增大时，频率 $f_k(A)$ 稳定于概率 $P(A)$，因此当 n 很大时，常取频率作为概率的近似值：$P(A) \approx f_k(A)$，类似地，概率的统计定义也满足频率的三条性质．

(1) $0 \leqslant P(A) \leqslant 1$；

(2) $P(\Omega) = 1$；

(3) 若 A_1，A_2，$\cdots$，A_n 为 r 个两两互不相容事件，则 $P(A_1 + A_2 + \cdots + A_r) = P(A_1) + P(A_2) + \cdots + P(A_n)$，

即
$$P\left(\bigcup_{i=1}^{n} A_i\right) = \sum_{i=1}^{n} P(A_i)$$

【例1】 经统计，在某储蓄所的一个窗口等候的人数及相应的概率如表7-2所示．

表7-2

人数(r)	0	1	2	3	4	5人或5人以上
P	0.1	0.16	0.3	0.3	0.1	0.04

求：(1) 至多两人排队等候的概率；

(2) 至少三人排队等候的概率．

解 设 $A_i = \{$等候人数为 i 人$\}$($i = 0$，1，2，3，4)，

$B = \{$等候人数为 5 人或 5 人以上$\}$，易知 A_0，A_1，A_2，A_3，A_4，B 两两互斥．

(1) 设 $C = \{$至多两人等候$\}$，则 $C = A_0 \cup A_1 \cup A_2$．

所以 $P(C) = P(A_0 \cup A_1 \cup A_2) = P(A_0) + P(A_1) + P(A_2)$
$= 0.1 + 0.16 + 0.3 = 0.56$

(2) 记 $D = \{$至少三人排队等候$\}$

解法 1 $P(D) = P(A_3 + A_4 + B) = P(A_3) + P(A_4) + P(B) = 0.3 + 0.1 + 0.04 = 0.44$

解法 2 $P(D) = 1 - P(C) = 1 - 0.56 = 0.44$

3. 概率的公理化定义及概率的性质

（1）概率的公理化定义．

定义3

（概率的公理化定义）设 E 是一个随机试验，如果对于 E 的每一个事件 A 都规定一个实数 $P(A)$ 与之对应，而且这种规定满足下列三条公理：

公理1 非负性：对任意事件 A，$0 \leqslant P(A) \leqslant 1$；

公理2 规范性：$P(\Omega) = 1$；

公理3 可列可加性：若可列个事件 $A_1 A_2 \cdots A_n \cdots$ 两两互不相容，即当 $i \neq j$ 时，$A_i A_j = \Phi$，则有

$$P\left(\bigcup_{i=1}^{n} A_i\right) = \sum_{i=1}^{n} P(A_i)$$

则称 $P(A)$ 为事件 A 的概率．

（2）概率的基本性质．

在概率的三条公理的基础上，可以推出概率的下列简单性质．

性质1 $P(\Phi) = 0$

证明 因 $\Omega = \Omega + \Phi + \Phi + \cdots$，由公理3有

$$P(\Omega) = P(\Omega) + P(\Phi) + P(\Phi) + \cdots$$

再由公理2与公理1有

$$P(\Phi) = 0$$

性质2 （有限可加性）设 A_1，A_2，$\cdots$，A_n 为 n 个两两互不相容事件，即当 $i \neq j$ 时，$A_i A_j = \Phi$，则

$$P\left(\bigcup_{i=1}^{n} A_i\right) = \sum_{i=1}^{n} P(A_i) \tag{7-1}$$

式（7-1）称为概率的有限可加性．

证明 在公理3中取 $A_{n+1} = A_{n+2} = \cdots = \Phi$，由性质1知 $P(\Phi) = 0$ 得

$$P\left(\bigcup_{i=1}^{n} A_i\right) = P\left(\bigcup_{i=1}^{\infty} A_i\right) = \sum_{i=1}^{\infty} P(A_i) = \sum_{i=1}^{n} P(A_i)$$

性质3 对任意事件 A 有：

$$P(A) = 1 - P(\overline{A}). \tag{7-2}$$

证明 因 $A \cup \overline{A} = \Omega$ 且 $A\overline{A} = \Phi$，由式（7-1），得

$$1 = P(\Omega) = P(A \cup \overline{A}) = P(A) + P(\overline{A})$$

即

$$P(A) = 1 - P(\overline{A})$$

性质4 设 A，B 为两个事件，且 $A \subset B$，则

$$P(B-A)=P(B)-P(A) \qquad (7\text{-}3)$$

证明 因 $A \subset B$，故 $B=A+(B-A)$，且 $A \bigcap (B-A)=\Phi$，由性质2：

$$P(B)=P(A)-P(B-A)$$

即 $$P(B-A)=P(B)-P(A)$$

推论 1 设 A，B 为两个事件，且 $A \subseteq B$，则

$$P(A) \leqslant P(B) \qquad (7\text{-}4)$$

此性质称为概率的单调性.

证明 由性质4及公理1得：$P(B-A)=P(B)-P(A) \geqslant 0$

推论 2 对任意事件 A 有：$0 \leqslant P(A) \leqslant 1$

证明 因 $\Phi \subseteq A \subseteq \Omega$，由推论1有

$$P(\Phi) \leqslant P(A) \leqslant P(\Omega)$$

再由公理2及性质1有 $0 \leqslant P(A) \leqslant 1$

性质 5 设 A，B 为任意两个事件，则

$$P(A \bigcup B)=P(A)+P(B)-P(AB) \qquad (7\text{-}5)$$

此性质称为概率的加法定理.

证明 因 $A \bigcup B=A+(B-AB)$ 且 $A \bigcap (B-AB)=\Phi$，由性质2：

$$P(B \bigcup A)=P(A)-P(B-AB)$$

又因 $AB \subset B$，由性质4：$P(B-AB)=P(B)-P(AB)$

故 $$P(A \bigcup B)=P(A)+P(B)-P(AB)$$

一般地，若 A_i（$i=1, 2, \cdots, n$）为 n 个事件，则有

$$P(\bigcup_{i=1}^{n} A_i)=\sum_{i=1}^{n} P(A_i)-\sum_{1 \leqslant i < j \leqslant n} P(A_i A_j)+\sum_{1 \leqslant i < j < k \leqslant n} P(A_i A_j A_k)+\cdots+$$
$$(-1)^{n-1} P(A_1 A_2 \cdots A_n)$$

特别地，对三个事件 A，B，C 有

$$P(A \bigcup B \bigcup C)=P(A)+P(B)+P(C)-P(AB)-P(AC)-P(BC)+P(ABC)$$

【例 2】 已知随机事件 A，B，且 $P(A)=P(B)$，$P(AB)=0.3$，$P(A \bigcup B)=0.6$

求 ① $P(\overline{A}\,\overline{B})$ ② $P(A\overline{B})$ ③ $P(A \bigcup \overline{B})$

解 ① 因为 $\overline{A}\,\overline{B}=\overline{A \bigcup B}$，

所以 $P(\overline{A}\,\overline{B})=P(\overline{A \bigcup B})=1-P(A \bigcup B)=1-0.6=0.4$

② 因为 $P(A)=P(B)$，$P(A \bigcup B)=P(A)+P(B)-P(AB)$

于是 $$P(A)=\frac{P(A \bigcup B)+P(AB)}{2}=\frac{0.9}{2}=0.45$$

③ 因为 $P(A) = P(B)$，所以 $P(\overline{B}) = 1 - P(B) = 1 - P(A)$

故
$$P(A \cup \overline{B}) = P(A) + P(\overline{B}) - P(A\overline{B})$$
$$= 1 - P(A\overline{B}) = 1 - 0.45 = 0.55$$

【例3】 在 20 个电子元件中，有 15 个正品、5 个次品，从中任意抽取 4 个，问至少抽到 2 个次品的概率是多少？

解 设事件 $A = \{抽到两个次品\}$，$B = \{抽到三个次品\}$，$C = \{抽到四个次品\}$.

容易看出，A，B，C 互不相容，由式(7-3)得

设
$$D = \{至少抽到两个次品\} = P(A + B + C)$$

$$= \frac{C_{15}^2 C_5^2}{C_{20}^4} + \frac{C_{15}^1 C_5^3}{C_{20}^4} + \frac{C_5^4}{C_{20}^4} = 0.25$$

【例4】 甲、乙下围棋，和棋的概率为 $\frac{1}{2}$，乙获胜的概率为 $\frac{1}{3}$，求：

①甲获胜的概率　　　　　②甲不输的概率

分析 甲、乙下围棋，其结果有甲胜、和棋、乙胜三种. 它们是互斥事件，甲获胜可以看做是"和棋或乙胜"的对立事件；"甲不输"可看做"甲胜"、"和棋"这两个互斥事件的并事件，也可以看做"乙胜"对立事件.

设 $A = \{甲获胜\}$，$B = \{甲不输\}$，则

① $P(A) = 1 - \frac{1}{2} - \frac{1}{3} = \frac{1}{6}$

② **解法 1**　$P(B) = \frac{1}{6} + \frac{1}{2} = \frac{2}{3}$

解法 2　$P(B) = 1 - \frac{1}{3} = \frac{2}{3}$

四、 模块小结

关键概念：频率；概率；公理化定义；有限可加性.

关键技能：会应用概率的相关性质对实际问题进行概率运算.

五、 思考与练习

(1) 已知 $A \subset B$，$P(A) = 0.4$，$P(B) = 0.6$，计算：

①$P(A \cup B)$　　　　　②$P(AB)$　　　③$P(\overline{A}B)$，$P(\overline{B}A)$，$P(\overline{A}\,\overline{B})$

(2) 设 A，B，C 为三个事件，已知 $ABC \neq \Phi$，试用一些互不相容事件的和表示下列事件.

①$A \cup B$　　　　　②$AC \cup B$　　　③$C - AB$

(3) 设 A，B 为两个事件，且 $P(A) = 0.6$，$P(B) = 0.7$，那么

① 在什么条件下，$P(AB)$ 取到最大值，并求出最大值；

② 在什么条件下，$P(AB)$ 取到最小值，并求出最小值.

(4) 设 $P(A) = \frac{1}{3}$，$P(B) = \frac{1}{4}$，$P(A + B) = \frac{1}{2}$，计算 $P(\overline{A} + \overline{B})$.

(5) 已知 $P(A)=a$，$P(B)=b$，$ab \neq 0$ $b > 0.3a$， $P(A-B)=0.7a$，

计算：①$P(A \cup B)$ ②$P(\overline{A} \cup \overline{B})$

(6) 某单位有 40% 的员工买了国库券，26% 员工买了股票，24% 员工既买了国库券又买了股票．现随机调查一人，求：

① 此人至少买了一种票的概率；

② 此人两种票都没有买的概率．

模块7-3 常见的概率模型

一、 教学目的

(1) 掌握古典概率的算法；

(2) 掌握几何概率的算法．

二、 知识要求

(1) 掌握古典概型的定义；

(2) 会使用古典概型概率的公式计算基本的等概率问题．

三、 相关知识

1. 古典概率

在概率论发展的初期，人们研究的是一种特殊的随机试验，即

(1) 只有有限个样本点；（有限性）

(2) 各样本点的出现是等可能的．（随机性）

我们称具备以上两个条件的随机试验为古典概型的随机试验．

定义1

（概率的古典定义）设随机试验中基本事件总数为 n，事件 A 包含基本事件个数为 m（或者说有利于事件 A 的基本事件个数有 m 个），则事件 A 的概率为

$$P(A)=\frac{m}{n}=\frac{A \text{ 中包含基本事件个数}}{\text{基本事件总数}} \tag{7-6}$$

此定义称为概率的古典定义．

【例1】 将一枚硬币连抛 3 次，求：

(1) 只出现一次正面的概率；

(2) 至少出现一次正面的概率．

解 （1）设 A_i（$i=1$，2，3）表示第 i 次出现正面，$B=\{$只出现一次正面$\}$，$C=\{$至少出现一次正面$\}$，

于是样本空间

$\Omega = \{A_1A_2A_3$、$A_1\overline{A_2}A_3$、$A_1A_2\overline{A_3}$、$A_1\overline{A_2}\overline{A_3}$、$\overline{A_1}\,\overline{A_2}A_3$、$\overline{A_1}A_2\overline{A_3}$、$A_1\overline{A_2}\,\overline{A_3}$、$\overline{A_1}\,\overline{A_2}\,\overline{A_3}\}$，

Ω 包含基本事件数为 8 个，于是 $P(B)=\dfrac{3}{8}$．

(2) $P(B) = \dfrac{3}{8}$，$P(C) = 1 - P(\overline{C}) = \dfrac{7}{8}$

【例2】 在100件产品中，有10件次品，今从中任取5件，求其中：

(1) 恰有2件次品的概率；

(2) 没有次品的概率．

解 (1) 基本事件总数 $n = C_{100}^3$，设 A 表事件"任取的5件产品中恰有2件次品"，则 A 事件所包含的基本事件数可以这样计算：从10件次品中任取2件次品，有 C_{10}^2 种取法；从90件正品中取得3件正品，共有 C_{100}^3 种取法，因而 $m = C_{10}^2 C_{90}^3$．根据概率的古典定义得

$$P(A) = \frac{C_{10}^2 C_{90}^3}{C_{100}^5} \approx 0.0702$$

(2) 用 A_0 表示没有次品，则 A_0 事件所包含的基本事件数 $m = C_{90}^5$，故

$$P(A_0) = \frac{C_{90}^5}{C_{100}^5} \approx 0.5838$$

【例3】 用红、黄、蓝三种颜色给三个矩形涂色，每个矩形只涂一种颜色，求：

(1) 三个矩形颜色都相同的概率；

(2) 三个矩形颜色都不相同的概率．

分析 所有可能的基本事件数27个：

$$
红\begin{cases}红\begin{cases}红\\黄\\蓝\end{cases}\\黄\begin{cases}红\\黄\\蓝\end{cases}\\蓝\begin{cases}红\\黄\\蓝\end{cases}\end{cases}
\quad
黄\begin{cases}红\begin{cases}红\\黄\\蓝\end{cases}\\黄\begin{cases}红\\黄\\蓝\end{cases}\\蓝\begin{cases}红\\黄\\蓝\end{cases}\end{cases}
\quad
蓝\begin{cases}红\begin{cases}红\\黄\\蓝\end{cases}\\黄\begin{cases}红\\黄\\蓝\end{cases}\\蓝\begin{cases}红\\黄\\蓝\end{cases}\end{cases}
$$

解 (1) 设 $A = \{$三个矩形都涂同颜色一种$\}$

则 A 包含的基本事件数为 $1 \times 3 = 3$(个)

所以
$$P(A) = \frac{3}{27} = \frac{1}{9}$$

(2) $B = \{$三个矩形涂的颜色都不同$\}$

则 A 包含的基本事件数为 $2 \times 3 = 6$(个)

所以
$$P(B) = \frac{6}{27} = \frac{2}{9}$$

【例4】 甲、乙二人参加某次普法知识竞赛，竞赛共有 10 道不同题目，其中选择题 6 道，判断题 4 道，甲、乙二人依次各抽一题．求：

(1) 甲抽到一道选择题，乙抽到判断题的概率；

(2) 甲、乙二人中至少有一人抽到选择题的概率．

解 设 $A=$ "甲抽到一道选择题，乙抽到判断题".

甲抽从 6 道选择题中抽一题的可能结果有 6 种，乙抽从 4 道判断题中抽一题的可能结果有 4 种，故甲抽到一道选择题，乙抽到判断题的可能结果有 24 种，而甲、乙二人依次各抽一题的可能结果有 90 种，

$$P(A)=\frac{24}{90}=\frac{4}{15}$$

设 $B=$ "甲、乙二人中至少有一人抽到选择题"，甲、乙二人依次抽到判断题的可能结果有 $4\times3=12$ 种，$P(B)=1-P(\overline{B})=1-\frac{12}{90}=\frac{13}{15}$

【例5】 (生日问题)求 r 个人中至少有 2 人在同一天出生的概率．

解 设 $A=\{r$ 个人中至少有 2 人在同一天出生$\}$，则 $\overline{A}=\{r$ 个人各人的生日互不相同$\}$，因为每个人的生日有 365 种可能，且生于哪一天与他人无关．现随机访问第一人，他的生日有 365 种可能；访问第二人，因为各人的生日互不相同，那么第二人的生日有 364 种可能；⋯访问最后一人，他的生日有 $(365-r+1)$ 种可能．所有可能事件数 $m=365\times364\times\cdots\times(365-r+1)$，于是

$$P(\overline{A})=\frac{m}{n}=\frac{365\times364\times\cdots\times(365-r+1)}{365^r}$$

由此所求概率为 $P(A)=1-P(\overline{A})$．

表 7-3 列出当 $r=6$，10，20，30，40，50，60，70 时，至少有两人在同一天出生的概率．数据表明，在随机组成的 50 人以上的集体中，至少有两人在同一天出生的可能性几乎是 100%．

表 7-3

人数(r)	5	10	20	30	40	50	60	70
P	0.027	0.117	0.411	0.706	0.891	0.97	0.9991	0.9999

2. 几何概型

概率的古典定义是对特殊的随机试验给出的，即假设试验的样本点只有有限个，且各样本点具有等可能性．当试验的样本点有无穷多个的情形时，如果将古典定义作必要的推广，使其能适用于样本点是无穷多个而且具有等可能性的试验．这就是将要讨论的数学模型——几何概型，首先考查几个简单的例子．

某十字路口自动交通信号灯的红绿灯周期为 60s，其中由南至北方向红灯时间为 15s．试求随机到达(由南至北)该路口的一辆汽车恰遇红灯的概率．从直观上看，这个概率应该

是 $\frac{15}{60}=0.25$.

如果在一个人 5 万平方公里的海域里有表面积达 $40\,\mathrm{km}^2$ 的大陆架储藏着石油，假如在这海域里随意选定一点钻探，问钻到石油的概率是多少？从直观上看，这个概率应该是 $\frac{40}{50000}=0.0008$.

在 $400\,\mathrm{mL}$ 自来水中有一个大肠杆菌，从中随机取出 $2\,\mathrm{mL}$ 水样放到显微镜下观察，求发现大肠杆菌的概率. 从直观上看，这个概率应该是 $\frac{2}{400}=0.01$.

下面给出几何概型的定义及其算法.

定义2

如果试验 E 的可能结果可以几何地表示为某区域 Ω 中的一个点（区域可以是一维、二维、三维的……），并且点落在 Ω 中的某 A 的概率与 A 的测度（长度，面积，体积等）成正比，而与 A 的位置无关，则随机点落在区域 A 的概率为

$$P(A)=\frac{A\ 的几何度量}{\Omega\ 的几何度量}$$

称为几何概率.

【例 6】 在区间 $[-1,1]$ 上随机取一个实数 x，求使 $\cos\dfrac{\pi x}{2}$ 的值位于 $\left[0,\dfrac{1}{2}\right]$ 区间的概率.

分析 在区间 $[-1,1]$ 上随机取一个实数 x，$\cos\dfrac{\pi x}{2}$ 的值位于 $[0,1]$ 区间，若使 $\cos\dfrac{\pi x}{2}$ 的值位于 $\left[0,\dfrac{1}{2}\right]$ 区间，则 $x\in\left[-1,-\dfrac{2}{3}\right]\cup\left[\dfrac{2}{3},1\right]$，这两个区间 $\left[-1,-\dfrac{2}{3}\right]$，$\left[\dfrac{2}{3},1\right]$ 的长度均为 $\dfrac{1}{3}$.

根据几何概型公式

$$P=\frac{2\times\dfrac{1}{3}}{2}=\frac{1}{3}$$

【例 7】 （会面问题）甲、乙二人约定于 12 时至 13 时在某地会面，假定二人在这段时间内的每一时刻到达会面地点的可能性是相同的，先到者等候 20min 后就离去，试求二人能会面的概率.

解 用 x 及 y 分别表示甲、乙二人到达时刻（单位：m），他们都等可能地取区间 $[0,60]$ 上的任一值：

$$0\leqslant x\leqslant 60,0\leqslant y\leqslant 60$$

以 (x,y) 表示 xOy 平面上一点，则样本空间是由边长为 60 的正方形上的点组成的区域：

$$\Omega = \{(x,y) \mid 0 \leqslant x \leqslant 60, 0 \leqslant y \leqslant 60\}$$

二人要能会面，则后来者晚到的时间不能超过 20min，即

$$|x-y| \leqslant 20$$

若用 A 表事件"二人能会面"，则 A 是由正方形内满足上式的点组成的区域 $A \subset \Omega$，如图 7-7 阴影部分所示．

$$A = \{(x,y) \mid |x-y| \leqslant 20\}$$

由定义式得

$$P(A) = \frac{A\ 的面积}{\Omega\ 的面积} = \frac{60^2 - (60-20)^2}{60^2} = \frac{5}{9}$$

几何概率也有类似于古典概率的三条性质．

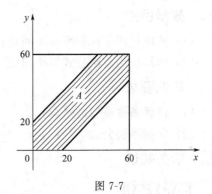

图 7-7

四、 模块小结

关键概念：概率的古典定义；几何概型．

关键技能：会应用古典概率和几何概率进行概率运算．

五、 思考与练习

(1) 从 2 名女生和 4 名男生任选 3 人参加学校的演讲比赛．求：

① 所选出的三人都是男生的概率；

② 所选出的三人恰有一名女生的概率；

③ 所选出的三人至少有一名女生的概率．

(2) 两名同学各自参加学校的 3 个社团中的一个，每位同学参加各个社团的可能性相同，求两名同学参加同一社团的概率．

(3) 甲从正方形的四个顶点中任意选择两点连成直线，乙也从正方形的四个顶点中任意选择两点连成直线，则所得两条直线相互垂直的概率是多少？

(4) 把甲、乙、丙三名学生依次随机地分配到 5 间宿舍中去，假定每间宿舍最多可住 8 人．试求：①这三名学生住在不同宿舍的概率；②至少有两名学生住在同一宿舍中的概率．

(5) 某班一天上午第四节课后教室里剩下 2 名女同学和 3 名男同学，如果没有两名同学一起走出教室，求第二位走出教室是女同学的概率．

(6) 某公交车站上午 7 时起每隔 15min 发出一辆车，一乘客在 7：00 至 7：30 之间随机到达车站，试求：

① 该乘客等候时间不到 5min 乘上车的概率；

② 该乘客等候时间超过 10min 才乘上车的概率．

(7) 某公司生产的 CX 型彩色电视机的一等品率为 90%，二等品率为 8%，次品率为 2%，某女士买了一台该型号彩色电视机，求：

① 这台彩色电视机是正品（一等品或二等品）的概率；

② 这台彩色电视机不是一等品的概率.

（8）某单位内部电话号码为 6 位，且第一位为 6 或 8，现随机抽取一号码，该号码是①数字不重复的，②末位数字是 8 的，试分别求①、②的概率.

模块7-4 条件概率与乘法公式

一、教学目的

（1）熟练应用条件概率解决问题；

（2）熟练应用乘法公式解决问题.

二、知识要求

（1）理解条件概率的概念；

（2）掌握乘法公式.

三、相关知识

1. 条件概率

在许多概率计算问题中，往往会遇到在事件 B 已经发生的条件下，求事件 A 发生的概率，这时由于新增加事件 B 已经发生了这个条件，所以它与事件 A 的概率意义是不同的，把这种概率叫做事件 B 发生条件下事件 A 发生的条件概率，记为 $P(A|B)$. 请先看下例.

【例 1】 甲乙两台车床加工同一种机械零件，质量情况如表 7-4 所示.

表 7-4

名称	正品数	次品数	总计
甲车床	35	5	40
乙车床	50	10	60
总计	85	15	100

现在从这 100 个零件中任取一个进行检验，求

（1）取出的一个为正品的概率；

（2）取出的一个为甲车床的产品的概率；

（3）取出的一个为甲车床的正品的概率；

（4）已知取出的一个为甲车床的产品，求其为正品的概率.

解 设 $A=\{$取出一个正品$\}$，$B=\{$取出一个为甲车床的产品$\}$，则所求的概率分别记为 $P(A),P(B),P(AB),P(A|B)$.

由概率的古典定义，可得

$$P(A)=\frac{85}{100},P(B)=\frac{40}{100},P(AB)=\frac{35}{100},P(A|B)=\frac{35}{40}$$

这里，$P(A|B)$ 表示 B 已经发生的条件下，A 发生的概率，因 B 已发生了，这时样

本空间所含样本点的总数为 40，原来的样本空间（包含 100 个样本点）被缩小，显然 $P(A) \neq P(A|B)$，仔细观察后发现，$P(A|B)$ 与 $P(B)P(AB)$ 之间有如下关系

$$P(A|B) = \frac{35}{45} = \frac{\frac{35}{100}}{\frac{45}{100}} = \frac{P(AB)}{P(B)}$$

同理，可以得到

$$P(B|A) = \frac{35}{85} = \frac{\frac{35}{100}}{\frac{85}{100}} = \frac{P(AB)}{P(A)}$$

这两个式子对一般情况也成立．为此，我们给出条件概率的定义：

定义1

设 A、B 为属于随机试验 E 的两事件，且 $P(A) > 0$，称

$$P(B|A) = \frac{P(AB)}{P(A)}, P(A) > 0 \tag{7-7}$$

为在事件 A 已发生的条件下事件 B 发生的条件概率．

类似地，在事件 B 已发生的条件下且 $P(B) > 0$，事件 A 发生的条件概率定义为

$$P(A|B) = \frac{P(AB)}{P(B)}$$

不难验证，条件概率满足概率的公理化法则，即

(1) $P(B|A) \geq 0$；

(2) $P(\Omega|A) = 1$；

(3) 设可数个事件 A_1、A_2、$\cdots$ 两两互不相容，则

$$P[(A_1 + A_2 + \cdots)|A] = P(A_1|A) + P(A_2|A) + \cdots = \sum_{k=1}^{\infty} P(A_k|A)$$

特别，设 B 为任意事件，有

$$P(B|A) + P(\overline{B}|A) = 1$$

【例2】 盒中装有 6 个电子元件，其中 4 个正品、2 个次品，现从盒中随机连取两次，每次取一个，作不放回抽样．求：

(1) 两次都取到正品的概率；

(2) 已知第一次取到正品，第二次也取到正品的概率．

解 设 $A_i = \{$第 i 次取到的是正品$\}$ $i = 1, 2$

(1) $P(A_1 A_2) = \frac{A_4^2}{A_6^2} = \frac{2}{5}$

(2) **方法1** 由于 $P(A_1) = \dfrac{A_4^1 A_3^1}{A_6^2} = \dfrac{2}{3}$，因此

$$P(A_2 | A_1) = \frac{P(A_1 A_2)}{P(A_1)} = \frac{\dfrac{2}{5}}{\dfrac{2}{3}} = \frac{3}{5}$$

方法2 由于第一次已经取到一个正品元件，在此情况下取第二个元件时，盒中剩下 5 个电子元件，其中，3 个正品，2 个次品，所以

$$P(A_2 | A_1) = \frac{A_3^1}{A_5^1} = \frac{3}{5}$$

【例3】 为了防止意外，在矿内同时装有两种报警系统 I 和 II. 两种报警系统单独使用时，系统 I 和 II 有效的概率分别为 0.92 和 0.93，在系统 I 失灵的条件下，系统 II 仍有效的概率为 0.85，求：

(1) 两种报警系统 I 和 II 都有效的概率；

(2) 系统 II 失灵而系统 I 有效的概率；

(3) 在系统 II 失灵的条件下，系统 I 仍有效的概率.

解 令 $A = \{$系统 I 有效$\}$，$B = \{$系统 II 有效$\}$

则 $P(A) = 0.92, P(B) = 0.93, P(B | \overline{A}) = 0.85$

(1) $P(AB) = P(B - \overline{A}B) = P(B) - P(\overline{A}B)$

$\qquad\qquad = P(B) - P(\overline{A})P(B | \overline{A}) = 0.93 - (1 - 0.92) \times 0.85 = 0.862$

(2) $P(\overline{B}A) = P(A - AB) = P(A) - P(AB) = 0.92 - 0.862 = 0.058$

(3) $P(A | \overline{B}) = \dfrac{P(A\overline{B})}{P(\overline{B})} = \dfrac{0.058}{1 - 0.93} = 0.8286$

归纳：条件概率 $P(B|A)$ 的计算方法有两种：

(1) 公式法：$P(B|A) = \dfrac{P(AB)}{P(A)}$；

(2) 由试验条件缩减样本空间直接计算.

2. 乘法定理

设 $P(A) > 0$，由条件概率立刻可得

$$P(AB) = P(A)P(B | A)$$

或若 $P(B) > 0$

$$P(AB) = P(B)P(A | B)$$

注：以上两公式称为概率的乘法公式，该公式可以推广到多个事件上去. 比如，当 $P(AB) > 0$ 有

$$P(ABC) = P(A)P(B | A)P(C | AB)$$

一般地，设 A_1、A_2、$\cdots$、A_n 是 n 个事件 $(n \geqslant 2)$，且 $P(A_1 A_2 \cdots A_{n-1}) > 0$，则有

$$P(A_1 A_2 \cdots A_n) = P(A_1)P(A_2|A_1)P(A_3|A_1 A_2)\cdots P(A_n|A_1 A_2 \cdots A_{n-1})$$

利用乘法公式可计算两个或多个事件同时发生的概率.

【例4】 某公司生产的 100 台电冰箱中有 10 台次品，现采用不放回抽样依次抽取 3 次，每次抽 1 台，试求第三次才抽到合格品的概率.

解 设 $A_i = \{$第 i 次取到的是合格品$\}$ $i = 1, 2, 3$

则所求概率为：$P(\overline{A_1}\,\overline{A_2}A_3) = P(\overline{A_1})P(\overline{A_2}|\overline{A_1})P(A_3|\overline{A_1}\,\overline{A_2})$

$$= \frac{10}{100} \times \frac{9}{99} \times \frac{90}{98} \approx 0.00835$$

【例5】 包装了的玻璃器皿第一次扔下被打破的概率为 0.4，若未破，第二次扔下被打破的概率为 0.6，若又未破，第三次扔下被打破的概率为 0.9. 求将这种包装了的器皿连续扔下三次而未打破的概率.

解 以第 i 次扔下器皿被打破的事件为 $A_i (i=1,2,3)$，以 B 表示事件"扔下三次而未打破". 因为 $B = \overline{A_1}\,\overline{A_2}\,\overline{A_3}$ 故有

$$P(B) = P(\overline{A_1}\,\overline{A_2}\,\overline{A_3}) = P(\overline{A_1})P(\overline{A_2})P(\overline{A_3}|\overline{A_1}\,\overline{A_2})$$

依题意知：$P(A_1) = 0.4$ $P(A_2|\overline{A_1}) = 0.6$ $P(A_3|\overline{A_1}\,\overline{A_2}) = 0$

从而 $P(\overline{A_1}) = 0$ $P(\overline{A_2}|\overline{A_1}) = 0.4$ $P(\overline{A_3}|\overline{A_1}\,\overline{A_2}) = 0$

于是 $P(B) = 0.6 \times 0.4 \times 0.1 = 0.024$

另解，$\overline{B} = A_1 \cup \overline{A_1}A_2 \cup \overline{A_1}\,\overline{A_2}A_3$，显然 $A_1, \overline{A_1}A_2, \overline{A_1}\,\overline{A_2}A_3$ 是互不相容的，故

$$P(\overline{B}) = P(A_1) + P(\overline{A_1}A_2) + P(\overline{A_1}\,\overline{A_2}A_3)$$
$$= P(A_1) + P(\overline{A_1})P(A_2|\overline{A_1}) + P(\overline{A_1})P(\overline{A_2}|\overline{A_1})P(A_3|\overline{A_1}\,\overline{A_2})$$
$$= 0.4 + 0.6 \times 0.6 + 0.6 \times 0.4 \times 0.9 = 0.976$$

$$P(B) = 1 - 0.976 = 0.024$$

四、 模块小结

关键概念：条件概率；乘法公式.

关键技能：会应用条件概率公式和乘法公式进行概率运算.

五、 思考与练习

(1) 假设一批产品中一、二、三等品各占 60%、30%、10%，从中任取一件，结果不是三等品，求取到的是一等品的概率.

(2) 设 10 件产品中有 4 件不合格品，从中任取 2 件，已知所取 2 件产品中有 1 件不合格品，求另一件也是不合格品的概率.

(3) 某元件用满 6000h 没坏的概率是 $\frac{3}{4}$，用满 10000h 没坏的概率是 $\frac{1}{2}$，现有一个此

种元件，已经用了 6000h 没坏，求它能用到 10000h 的概率．

（4）某人有一笔资金，他投入基金的概率为 0.58，购买股票的概率为 0.28，两项投资都做的概率为 0.19.

①已知他已投资基金，再购买股票的概率是多少？

②已知他已购买股票，再投资基金的概率是多少？

（5）某单位内部电话号码为 6 位，且第一位为 6 或 8，现随机抽取一号码，该号码是：①数字不重复的；②末位数字是 8 的．试分别求①、②的概率．

模块7-5 全概率公式与贝叶斯公式

一、 教学目的

（1）熟练应用全概率公式；

（2）会利用贝叶斯公式进行概率计算．

二、 知识要求

（1）掌握全概率公式和贝叶斯公式；

（2）会利用公式进行概率计算．

三、 相关知识

1. 全概率公式

首先来考察一个例子．

【例 1】 设有甲、乙两个袋子，甲袋中装有 2 个红球和 3 个白球；乙袋中装有 1 个红球和 3 个白球．今任选一个袋子，然后从选到的袋子中任取一个球，问取到的球是红球的概率为多少？

解 记 $B=$ "取得红球"；

$A_1=$ "从甲袋中取球"，且 $P(A_1)=\dfrac{1}{2}$

$A_2=$ "从乙袋中取球"，且 $P(A_2)=\dfrac{1}{2}$

B 发生只有两种可能：$B=A_1B+A_2B$，由加法公式得

$$P(B)=P(A_1B)+P(A_2B)$$

再由乘法定理有

$$P(B)=P(A_1)P(B|A_1)+P(A_2)P(B|A_2)$$

依题意有

$$P(B|A_1)=\frac{2}{5},P(B|A_2)=\frac{1}{4}$$

故

$$P(B) = \frac{1}{2} \times \frac{2}{5} + \frac{1}{2} \times \frac{1}{4} = 0.325$$

上述分析的实质是把一个复杂事件分解为若干个互不相容的简单事件，再将概率的加法公式和乘法定理结合起来，这就产生了所谓的全概率公式.

定义1

设 Ω 为随机试验 E 的样本空间，$A_1, A_2, \cdots, A_n$ 为 E 的一组事件. 若

(1) $A_i A_j = \Phi, i \neq j, i, j = 1, 2, 3, \cdots, n$

(2) $A_1 \cup A_2 \cup \cdots \cup A_n = \Omega$

则称 $A_1, A_2, \cdots, A_n$ 为样本空间 Ω 的一个划分或完备事件组.

若 $A_1, A_2, \cdots, A_n$ 为样本空间 Ω 的一个划分，那么，对每次试验，事件 $A_1, A_2, \cdots,$ A_n 中必有一个且仅有一个发生.

例如，设试验 E 为"掷一颗骰子观察其点数"，它的样本空间 $\Omega = \{1, 2, 3, 4\}$. E 的一组事件 $B_1 = \{1, 2, 3\}$，$B_2 = \{4, 5\}$，$B_3 = \{6\}$ 是 Ω 的一个划分. 而组事件 $C_1 = \{1, 2, 3\}$，$C_2 = \{4, 5\}$，$C_3 = \{5, 6\}$ 不是 Ω 的一个划分.

定理1 设 Ω 为试验 E 的样本空间，B 为 E 的事件，$A_1, A_2, \cdots, A_n$ 为 Ω 的一个划分，且 $P(A_i) > 0 (i = 1, 2, 3, \cdots, n)$，则

$$P(B) = \sum_{i=1}^{n} P(A_i) P(B \mid A_i) \tag{7-8}$$

式(7-8)称全概率公式.

【例2】 某工厂有 4 个车间生产同一种产品，其产量分别占总产量的 15%、20%、30% 和 35%，各车间的次品率依次为 0.05、0.04、0.03 及 0.02. 现在从出厂产品中任意取一件，问恰好抽到次品的概率是多少？

解 设 $A_i = \{$任取一件，恰取到第 i 车间的产品$\}$，$i = 1, 2, 3, 4$；$B = \{$任取一件，恰取到次品$\}$.

则 A_1, A_2, A_3, A_4 为样本空间 Ω 的一个划分，依题意有

$$P(A_1) = \frac{15}{100}, P(A_2) = \frac{20}{100}, P(A_3) = \frac{30}{100}, P(A_4) = \frac{35}{100},$$

$$P(B|A_1) = 0.05, P(B|A_2) = 0.04, P(B|A_3) = 0.03, P(B|A_4) = 0.02$$

于是由全概率公式可得

$$P(B) = \sum_{i=1}^{n} P(A_i) P(B \mid A_i)$$
$$= \frac{15}{100} \times 0.05 + \frac{20}{100} \times 0.04 + \frac{30}{100} \times 0.03 + \frac{35}{100} \times 0.02 = 0.0315$$

【例3】 12 个乒乓球都是新球，每次比赛时取出 3 个用完后放回去，求第三次比赛时取到的 3 个球都是新球的概率.

解 设事件 A_i, B_i, C_i 分别表示第一、二、三次比赛时取到 i 个新球（$i = 0, 1, 2,$ 3)，显然，$A_0 = A_1 = A_2 = \Phi, A_3 = \Omega$ 并且 $A_3 = \Omega, B_0, B_1, B_2, B_3$ 构成一个完备事件组，

根据概率的古典定义得

$$P(B_i) = \frac{C_9^i C_3^{3-i}}{C_{12}^3}, i = 0, 1, 2$$

$$P(C_3 \mid B_i) = \frac{C_9^i C_3^{3-i}}{C_{12}^3}, i = 0, 1, 2$$

$$P(C_3) = \sum_{i=0}^{3} P(B_i) P(C_3 \mid B_i)$$

$$= \sum_{i=0}^{3} \frac{C_9^i C_3^{3-i}}{C_{12}^3} \times \frac{C_{9-i}^3}{C_{12}^3}$$

$$\approx 0.14$$

2. 贝叶斯(Bayes)公式

定理 2 设 Ω 为试验 E 的样本空间,B 为 E 的事件,A_1, A_2, A_3, $\cdots$, A_n 为 Ω 的一个划分,且 $P(B) > 0, P(A_i) > 0(i = 1, 2, 3, \cdots, n)$,则

$$P(A_i \mid B) = \frac{P(A_i) P(B \mid A_i)}{\sum\limits_{j=1}^{n} P(A_j) P(B \mid A_j)}, i = 1, 2, 3, \cdots, n \qquad (7\text{-}9)$$

称此公式(7-9)为贝叶斯公式.

【**例 4**】 甲、乙、丙三家工厂生产一批相同型号的产品,其中 50% 的产品由工厂生产,其余的 50% 由另外的两家工厂生产且各 25%;已知甲工厂、乙工厂产品次品率均为 0.02,丙工厂次品率为 0.04. 现从这批产品中随机抽取一件产品,试求:

(1) 该件产品是次品的概率;

(2) 若该件产品经检验是次品,问该次品最有可能不是哪家工厂生产的?

解 设 $B =$ {取出的产品是次品},$A_i =$ {取出的一件是第 i 家工厂的产品},则有

$$P(B \mid A_1) = 0.02, P(B \mid A_2) = 0.02, P(B \mid A_3) = 0.04$$

(1) 由全概率公式有

$$P(B) = \sum_{i=1}^{3} P(A_i) P(B \mid A_i) = 0.5 \times 0.02 + 0.25 \times 0.02 + 0.25 \times 0.04 = 0.025$$

即从箱中任取一件,该件是次品的概率为 2.5%.

(2) 由贝叶斯公式有

$$P(A_1 \mid B) = \frac{P(A_1) P(B \mid A_1)}{P(B)} = \frac{0.5 \times 0.02}{0.025} = 0.4$$

$$P(A_2 \mid B) = \frac{P(A_2) P(B \mid A_2)}{P(B)} = \frac{0.25 \times 0.02}{0.025} = 0.2$$

$$P(A_3 \mid B) = \frac{P(A_3) P(B \mid A_3)}{P(B)} = \frac{0.25 \times 0.04}{0.025} = 0.4$$

由于 $P(A_2 \mid B) < P(A_1 \mid B)$，$P(A_2 \mid B) < P(A_3 \mid B)$，有理由认为所取次品最有可能不是乙工厂生产的.

注：在应用全概率公式及贝叶斯公式时，常常把事件 A 及其对立事件 $\overline{A}$ 作为 Ω 的一个完备事件组.

【例5】 设患肺病的人经过检查，被查出的概率为 95%，而未患肺病的人经过检查，被误认为有肺病的概率为 2%；又设全城居民中患有肺病的概率为 0.04%，若从居民中随机抽一人检查，诊断为有肺病，求这个人确实患有肺病的概率.

解 以 A 表示某居民患肺病的事件，$\overline{A}$ 即表示无肺病. 设 B 为检查后诊断为有肺病的事件，要求 $P(A \mid B)$. A 与 $\overline{A}$ 为样本空间 Ω 的一个划分，由贝叶斯公式可得

$$P(A \mid B) = \frac{P(A)P(B \mid A)}{P(A)P(B \mid A) + P(\overline{A})P(B \mid \overline{A})}$$

$$P(A) = 0.0004, P(\overline{A}) = 0.9996$$

$$P(B \mid A) = 0.95, P(B \mid \overline{A}) = 0.02$$

故

$$P(A \mid B) = \frac{0.0004 \times 0.95}{0.0004 \times 0.95 + 0.9996 \times 0.02} \approx 0.0187$$

因此，虽然检验法相当可靠，但是一次检验诊断为有肺病的人确实患有肺病的可能性不大. 换言之，一次检验提供的信息量不足以作出判断.

四、 模块小结

关键概念：全概率公式；贝叶斯公式.

关键技能：会应用全概率公式和贝叶斯公式进行概率运算.

五、 思考与练习

（1）一大批产品的优质品率为 30%，每次任取 1 件，连续抽取 5 次，计算下列事件的概率：

① 取到的 5 件产品中恰有 2 件是优质品；

② 在取到的 5 件产品中已发现有 1 件是优质品，这 5 件中恰有 2 件是优质品.

（2）每箱产品有 10 件，其次品数从 0 到 2 是等可能的. 开箱检验时，从中任取 1 件，如果检验是次品，则认为该箱产品不合格而拒收. 假设由于检验有误，1 件正品被误检是次品的概率是 2%，1 件次品被误判是正品的概率是 5%，试计算：

① 抽取的 1 件产品为正品的概率；

② 该箱产品通过验收的概率.

（3）假设一厂家生产的仪器，以概率 0.70 可以直接出厂，以概率 0.30 需进一步调试，经调试后以概率 0.80 可以出厂，并以概率 0.20 定为不合格品不能出厂. 现该厂新生产了 $n(n \geqslant 2)$ 台仪器（假设各台仪器的生产过程相互独立），求：

① 全部能出厂的概率；

② 其中恰有 2 件不能出厂的概率；

③ 其中至少有 2 件不能出厂的概率.

(4) 进行一系列独立试验, 每次试验成功的概率均为 p, 试求以下事件的概率：

① 直到第 r 次才成功；

② 第 r 次成功之前恰失败 k 次；

③ 在 n 次中取得 $r(1 \leqslant r \leqslant n)$ 次成功；

④ 直到第 n 次才取得 $r(1 \leqslant r \leqslant n)$ 次成功.

(5) 人们为了解一支股票未来一定时期内价格的变化, 往往会去分析影响股票价格的基本因素, 比如利率的变化. 人们经分析, 估计未来利率下调的概率为 60%, 利率不下调的概率为 40%, 根据经验, 人们估计在利率下调的情况下该股票上涨的概率为 80%, 在利率不下调的情况下上涨的概率为 40%, 求该股票未来上涨的概率.

模块7-6 事件的独立性

一、 教学目的

(1) 能利用事件独立性进行概率计算；

(2) 掌握二项式公式的应用.

二、 知识要求

(1) 了解随机事件独立性的概念；

(2) 能利用事件独立性进行概率计算；

(3) 熟悉 n 重贝努利概型；

(4) 掌握二项式公式及应用.

三、 相关知识

1. 事件的独立性

设 A, B 为任意两个事件, $P(A) = 0$, 则条件概率 $P(B \mid A)$ 是有定义的. 这时就可能有以下两种情形：

(1) $P(B \mid A) \neq P(B)$ (2) $P(B \mid A) = P(B)$

情形 (1) 说明事件 A 的发生对事件 B 的发生是有影响的, 就是说, B 的概率因 A 的发生而变化. 情形 (2) 说明事件 B 发生的概率不受事件 A 发生这个条件的影响, 因此当 $P(B \mid A) = P(B)$ 时, 自然称事件 B 不依赖于事件 A, 或称 B 对于 A 是独立的.

【例 1】 设 100 件产品中有 5 件次品, 用放回抽取的方法, 抽取 2 件, 求：

(1) 在第一次抽得次品的条件下第二次抽得次品的概率；

(2) 求第二次抽得次品的概率.

解 设 $A = \{第一次抽得次品\}$, $B = \{第二次抽得次品\}$

因为是放回抽取, 第二次抽取时产品的组成与第一次抽取时完全相同, 由古典概率计算公式可知

$$P(A) = P(B) = 0.05$$

$$P(AB) = \frac{5 \times 5}{100 \times 100} = 0.25$$

$$P(B \mid A) = \frac{P(AB)}{P(A)} = 0.5 = P(B)$$

易见，这时等式

$$P(AB) = P(A)P(B)$$

成立．从直观上讲，采用的是有放回抽取方法，因此 A 发生对 B 发生的概率是不会有影响的．

🖐 定义1

对于任意两个事件 A 与 B，若

$$P(AB) = P(A)P(B) \tag{7-10}$$

则称事件 A 与 B 为相互独立．

关于两个事件的独立性，不难证明有如下定理成立．

定理 1　当 $P(A) > 0, P(B) > 0$ 时，事件 A 与 B 相互独立的充分必要条件是

$$P(B \mid A) = P(B) \text{ 或 } P(A \mid B) = P(A)$$

定理 2　若事件 A 与 B 独立，则下列三对事件：A 与 $\overline{B}$；$\overline{A}$ 与 B；$\overline{A}$ 与 $\overline{B}$ 也相互独立．

证明　下面只证 A 与 B 独立(其余两对的证法类似，留给读者自己证明)．

$$\begin{aligned} P(A\overline{B}) &= P(A - AB) = P(A) - P(AB) \\ &= P(A) - P(A)P(B) \\ &= P(A)[1 - P(B)] = P(A)P(\overline{B}) \end{aligned}$$

故 A 与 $\overline{B}$ 也相互独立．

两个事件相互独立的概念可推广到有限多个事件的情形；

🖐 定义2

设 A_1，A_2，$\cdots$，A_n 为 $n(n \geqslant 2)$ 个事件，若对于所有可能的组合 $1 \leqslant i < j < k < \cdots \leqslant n$ 同时有

$$\begin{cases} P(A_i A_j) = P(A_i)P(A_j) \\ P(A_i A_j A_k) = P(A_i)P(A_j)P(A_k) \\ \quad\cdots\cdots \\ P(A_1 A_2 \cdots A_n) = P(A_1)P(A_2)\cdots P(A_n) \end{cases}$$

成立，则称 $A_1, A_2, \cdots, A_n$ (总起来)相互独立．

在定义中，第一行等式代表 C_n^2 个等式，第二行等式代表 C_n^3 个等式，$\cdots$，最后一行等式代表 C_n^n 个等式，则共有

$$C_n^2 + C_n^3 + \cdots + C_n^n = (C_n^0 + C_n^1 + C_n^2 + \cdots + C_n^n) - C_n^0 - C_n^1$$
$$= (1+1)^n - n - 1 = 2^n - n - 1$$

所以只有当上面 $2^n - n - 1$ 个等式同时都成立时才能称 n 个事件 $A_1, A_2, \cdots, A_n$（总起来）相互独立.

事件的独立性是概率论中的一个重要概念，原则上应根据定义来判断 n 个事件是否独立，但是这是比较困难的. 在很多实际问题中，往往是分析实际关系来判断 n 个事件是否独立.

【例2】 某医院的一主管医生负责甲、乙、丙三个病人，若三个病人是否需要该医生在病室照顾是互相独立的，已知在某一小时内，甲、乙需要该医生照顾的概率为 0.05，甲、丙需要该医生照顾的概率为 0.1，乙、丙需要该医生照顾的概率为 0.125，求：

(1) 甲、乙、丙三个病人在这一小时内需要该医生照顾的概率；

(2) 在这一小时内至少有一个病人需要该医生照顾的概率.

解 设在这一小时内甲、乙、丙三个病人需要该医生照顾的事件分别为 A，B，C.

(1) 由已知 $\qquad P(AB) = P(A)P(B) = 0.05$

$$P(AC) = P(A)P(C) = 0.1, P(BC) = P(B)P(C) = 0.125$$

解得 $\qquad P(A) = 0.2, P(B) = 0.25, P(C) = 0.5$

(2) $P(A+B+C) = 1 - P(\bar{A}\bar{B}\bar{C}) = 1 - P(\bar{A})P(\bar{B})P(\bar{C}) = 1 - 0.8 \times 0.75 \times 0.5 = 0.7$

【例3】 假设有 4 个同样的球，其中 3 球上分别标有数字 1，2，3，剩下的 1 个球上同时标有 1，2，3 三个数字. 现在从 4 个球中任取 1 个，以 A_i 表示 {在取出的球上标有数字 i}（$i = 1, 2, 3$），求证 A_1, A_2, A_3 两两相互独立，但（总起来）不相互独立.

证明： 由题意知

$$P(A_1) = \frac{1}{2}, P(A_2) = \frac{1}{2}, P(A_3) = \frac{1}{2}$$

$$P(A_1 A_2) = P(A_1 A_3) = P(A_2 A_3) = \frac{1}{4}$$

由于 $\qquad P(A_1 A_2) = \frac{1}{4} = P(A_1)P(A_2)$

$$P(A_1 A_3) = \frac{1}{4} = P(A_1)P(A_3)$$

$$P(A_2 A_3) = \frac{1}{4} = P(A_2)P(A_3)$$

所以 A_1, A_2, A_3 两两相互独立. 又由题意知 $P(A_1 A_2 A_3) = \frac{1}{4}$.

由于 $P(A_1 A_2 A_3) = \frac{1}{4}$ $\quad P(A_1)P(A_2)P(A_3) = \frac{1}{8}$，有

$$P(A_1 A_2 A_3) \neq P(A_1)P(A_2)P(A_3)$$

所以 $A_1 A_2 A_3$ 不相互独立.

【例4】 设每门高炮射击飞机的命中率为 0.6,现若干门高炮同时独立地对飞机进行一次射击,问欲以 0.99 的把握击中来犯的一架敌机,至少需要多少门高炮?

解 设是以 0.99 的概率击中敌机所需要的高炮门数,并令 $A_i = \{$第 i 门高炮击中敌机$\}$,$i = 1,2,3,\cdots,n, A = \{$敌机被击中$\}$,则

$$A = A_1 \bigcup A_2 \bigcup \cdots \bigcup A_n$$

题设要求是要找最小的 n,使

$$P(A) = P(A_1 \bigcup A_2 \bigcup \cdots \bigcup A_n) \geqslant 0.99$$

根据德摩根公式及独立性的性质有

$$P(A) = 1 - P(\overline{A}) = 1 - P(\overline{A_1 \bigcup A_2 \bigcup \cdots \bigcup A_n})$$
$$= 1 - P(\overline{A_1}\,\overline{A_2}\cdots\overline{A_n}) = 1 - P(\overline{A_1})P(\overline{A_2})\cdots P(\overline{A_n})$$
$$= 1 - (0.4)^n$$

即要找出最小的 n,使

$$1 - (0.4)^n \geqslant 0.99$$

则

$$(0.4)^n \leqslant 0.01 \qquad n \lg 0.4 \leqslant \lg 0.01$$

所以

$$n \geqslant \frac{\lg 0.01}{\lg 0.4} \approx 5.026$$

故至少需要 6 门高炮才能以 0.99 的把握击中敌机.

【例5】 甲、乙、丙三人参加一家公司的招聘面试,面试合格的可以正式签约,甲表示只要面试合格就签约,乙、丙则约定,两人面试都合格就一同签约,否则两人都不签约,设没人面试合格的概率为 $\frac{1}{2}$,且面试是否合格互不影响. 求:

(1) 至少有一人面试合格的概率;

(2) 甲、乙都签约的概率.

解 设事件 A、B、C 分别为甲、乙、丙面试合格,则

(1) 至少有一人面试合格的概率 $P_1 = 1 - P(\overline{A}\,\overline{B}\,\overline{C}) = 1 - \frac{1}{2} \times \frac{1}{2} \times \frac{1}{2} = \frac{7}{8}$

(2) 甲、乙都要签约,那么就是甲、乙、丙都要面试合格,则甲、乙都要签约的概率为 $P_2 = \frac{1}{2} \times \frac{1}{2} \times \frac{1}{2} = \frac{1}{8}$.

2. 试验的独立性

定义3

设 E_1，E_2 为两个随机试验，且设事件 A_1，A_2 分别是试验 E_1，E_2 的任意两个事件，如果总有 $P(A_1A_2)=P(A_1)P(A_2)$，则称这两个随机试验 E_1，E_2 是相互独立的.

在实际当中常常会遇到下列类型的试验：做 n 个试验，它们是完全重复的一个试验，且它们是互相独立的，称这类试验为重复独立试验.

3. n 重贝努利概型

如果试验 E 的可能结果只有两个：A 与 $\overline{A}$，且记 $P(A)=p$，$P(\overline{A})=1-p=q$，称之为贝努利(Bernoulli)试验，若将试验 E 重复进行 n 次，且每次试验结果互不影响(独立的)，则称为 n 重贝努利试验，相应的数学模型称为 n 重贝努利概型.

例如：(有放回抽样试验)从有一定次品率的一批产品中逐件地抽取 n 件产品，如果每次取出后都立即放回这批产品中再抽下一件，则可以把每取一件产品作为一次试验.

由于每次取出后立即放回这批产品中去再抽下一件，因此：

(1) 每次抽取，面对的产品的次品率是相同的，且试验可能结果只有 {取到次品} 与 {取到正品}；

(2) 各次取得的结果都不能影响其余各次抽到正品或次品的概率. 因此，这是 n 重贝努利试验.

4. 二项概率公式

由于贝努利概型是一个常见、十分有用的概型，有如下重要定理.

定理 3 设事件 A 在每次试验中发生的概率为 $p(0<p<1)$，不发生的概率为 $q(q=1-p)$，则在 n 重贝努利试验中，事件 A 恰好发生 k 次的概率为

$$P_n(k)=C_n^k p^k q^{n-k}, k=0,1,2,\cdots,n$$

证明：设 $A_i=$ {第 i 次试验中 A 发生}$(i=1,2,3,\cdots,n)$，由贝努利概型知，在 n 次试验中，事件 A 在指定的 k 次试验中发生(例如指定在前 k 次发生)，其余 $n-k$ 次试验中不发生的概率为

$$P(A_1A_2\cdots A_k\overline{A}_{k+1}\cdots\overline{A}_n)=P(A_1)P(A_2)\cdots P(A_k)P(\overline{A}_{k+1})\cdots P(\overline{A}_n)=p^k q^{n-k}$$

由于 n 次试验中 A 发生 k 次的方式很多(在前 k 次发生，只是其中一种方式)，其总数相当于 k 个相同质点安排在 n 个位置(每个位置至多安排一个质点)上的所有可能方式，应共有 C_n^k 种方式，而 C_n^k 种方式对应 C_n^k 个事件.

这 C_n^k 个事件中，任何一个发生都导致事件 {在 n 次试验中，事件 A 恰好发生 k 次} 发生，且这 C_n^k 个事件又是互斥的，则由概率的加法公式得

$$P_n(k) = \underbrace{p^k q^{n-k} + p^k q^{n-k} + \cdots + p^k q^{n-k}}_{C_n^k}$$

$$= C_n^k p^k q^{n-k}, \quad k=0, 1, 2, \cdots, n$$

利用牛顿二项式定理即可得到.

即 $$\sum_{k=0}^{n} P_n(k) = \sum_{k=0}^{n} C_n^k p^k q^{n-k} = (p+q)^n = 1$$

由于公式 $P_n(k) = C_n^k p^k q^{n-k} (n=1,2,3,\cdots,n)$ 正好是二项式 $(p+q)^n$ 的展开式中的各项，故称此公式为二项概率公式.

【例6】 一批产品中，有20%的次品，进行重复抽样检查，共取5件样品，计算这5件样品中恰好有3件次品的概率.

解 设 A 为5件样品中恰好有3件次品的事件.

这里，重复抽样检查是5重贝努利试验 $n=5$，$p=0.2$，$q=1-p=0.8$，按二项概率公式，得

$$P(A_3) = C_5^3 \times 0.2^3 \times 0.8^2 = 0.0512$$

【例7】 对某种药物的疗效进行研究，设这种药物对某种疾病有效率为 $p=0.8$，现有10名患此疾病的病人同时服用此药，求其中至少有6名病人服用有效的概率.

解 这是贝努利概型，$n=10$，$p=0.8$，记 $A=\{$至少有6名患者服药有效$\}$，则

$$P(A) = P_{10}(6) + P_{10}(7) + P_{10}(8) + P_{10}(9) + P_{10}(10)$$

$$= \sum_{k=6}^{10} C_{10}^k (0.8)^k (0.2)^{10-k} \approx 0.97$$

四、 模块小结

关键概念：事件独立性；n 重贝努利概型；二项式公式.

关键技能：会应用事件独立性的概念和二项式公式进行概率运算.

五、 思考与练习

(1) 某两实习生独立加工同型号的零件，假如两人加工一等品的概率分别为 $\frac{2}{3}$ 和 $\frac{3}{4}$，求加工出来的两个零件中恰有一个是一等品的概率.

(2) 某单位为绿化环境，从外地购买并移栽甲、乙两种大树各两棵，已知这两种大树移栽的成活率分别为 $\frac{5}{6}$ 和 $\frac{4}{5}$，且大树之间是否成活互不影响，求移栽的四棵大树中：

① 至少有一棵大树成活的概率；

② 两种大树各成活一棵的概率.

(3) 某城市公园共有6个景点，甲、乙两人约定，各自独立地从这6个景点中任选4个游览，每个景点参观一小时，求最后一个小时在同一个景点的概率.

(4) 某公司招聘员工，指定三门考试课程，现有两个方案：

方案一：考试三门课程中，至少有两门课程及格为考试通过；

方案二：三门考试课程中，随机选择两门课程，这两门课程都及格为考试通过．

假设应聘者对指定三门考试课程的及格率分别为 a，b，c，且三门课程考试是否及格相互之间没有影响．

① 分别求应聘者通过方案一、方案二的概率；

② 试比较应聘者通过方案一、方案二概率的大小．

（5）某社区举行奥运知识竞赛，甲、乙、丙三人同时回答一道有关奥运知识的问题，已知甲答对此题的概率为 $\dfrac{3}{4}$，甲、丙两人都答错此题的概率为 $\dfrac{1}{12}$，乙、丙两人都答对此题的概率为 $\dfrac{1}{4}$，求：

① 乙、丙各自都答对此题的概率；

② 甲、乙、丙三人中恰有两人回答对这道题的概率．

复习题

一、填空题

1. 已知事件 A，B 有概率 $P(A)=0.4$，$P(B)=0.5$，条件概率 $P(\overline{B}|A)=0.3$，则 $P(A\cup B)=$ _____．

2. 一个袋子中装有 10 个大小相同的球，其中 3 个黑球，7 个白球，任意抽取两次，每次抽一个，取出后不放回，则第二次取出的是黑球的概率_____，已知第二次取出的是黑球，则第一次取出的也是黑球的概率_____．

3. 甲、乙、丙三人各射一次靶，记 $A=\{$甲中靶$\}$，$B=\{$乙中靶$\}$，$C=\{$丙中靶$\}$，则可用上述三个事件的运算分别表示："三人中至多有一人中靶"_____，"三人中至少一人中靶"_____．

4. 设事件 A，B 互不相容，且 $P(A)=0.4$，$P(B)=0.3$，则 $P(\overline{A}\,\overline{B})=$ _____．

二、选择题

1. 如果 $P(AB)=0$，则下列说法正确的是（   ）．

A. A 与 B 不相容   B. $\overline{A}$ 与 $\overline{B}$ 不相容

C. $P(A-B)=P(A)$ D. $P(A-B)=P(A)-P(B)$

2. 设 $P(A)>0$，$P(B)>0$ 且 $AB\neq\varnothing$，则下列说法正确的是（   ）．

A. $\overline{A}$ 与 $\overline{B}$ 不相容   B. $\overline{A}$ 与 $\overline{B}$ 相容

C. A 与 B 独立   D. $P(A-B)=P(A)$

3. 若 $AB\subset C$，则下列说法正确的是（   ）．

A. $P(C)=P(AB)$ B. $P(C)=P(A\cup B)$

C. $P(C)\leqslant P(A)+P(B)-1$ D. $P(C)\geqslant P(A)+P(B)-1$

4. 设 A、B 为随机事件，且 $A\subset B$，则 $A\cup B=$（   ）．

A. A B. B C. AB D. $A\cup B$

5. 10 件产品中有 3 件次品，随机从中抽取两件，至少抽到一件次品的概率为（   ）．

A. $\dfrac{1}{3}$ B. $\dfrac{2}{5}$ C. $\dfrac{7}{15}$ D. $\dfrac{8}{15}$

6. 某人忘记三位号码锁(每位均有0~9十个数码)的最后一个号码,因此在正确拨出前两个号码后,只能随机地试拨最后一个数码,每拨一次算作试开一次,则他在第4次试开成功的概率是( ).

A. $\dfrac{1}{4}$ B. $\dfrac{1}{6}$ C. $\dfrac{1}{10}$ D. $\dfrac{2}{5}$

三、解答题

1. 将甲、乙、丙三名学生随机地分配到5间空置的宿舍中去,假设每间宿舍最多可住8人,试求这三名学生住不同宿舍的概率.

2. 某宾馆大楼有4部电梯,经过调查,知道在某时刻 T,各电梯正在运行的概率均为0.75,求:

(1) 在此时刻至少有1台电梯在运行的概率;

(2) 在此时刻恰好有一半电梯在运行的概率;

(3) 在此时刻所有电梯都在运行的概率.

3. 甲、乙、丙三人独立地破译一份密码,已知各人能译出的概率分别为0.3,0.4,0.5,求密码被译出的概率.

4. 现有10人依次抽签摸一张球票,记 $A_i=\{$第 i 个人摸到球票$\}$,$i=1$,2,…,10 已知前4人没有摸到,问第5个人摸到的概率是多少?

5. 设盒中有10个同形的水泥球(其中3个红色,7个白色)和6个玻璃球(其中2个红色,4个白色),现从中任取一球,记 $A=\{$取到的是白球$\}$,$B=\{$取到的是玻璃球$\}$,求 $P(B\,|\,A)$.

6. 甲、乙两机空战.甲机先开火,甲机击落乙机的概率为0.2,当乙机未被击落时,乙机击落甲机的概率为0.3,当甲机也未被击落时,甲机击落乙机的概率为0.4,求在此三次交火中,各机击落对方的概率.

7. 某三个地区分别有10名、15名、25名大学生报名参加贫困地区支教活动,现从报名表中得知其中三个地区的女大学生分别有3名、7名、5名,现随机取一个地区中的两份报名表,求先取到的一份报名表是女大学生的概率.

8. 假设有两箱同种零件,第一箱装50件,其中10件一等品;第二箱装30件,其中18件一等品.现从两箱中随机挑出一箱,然后从该箱中先后取出两个零件(取出的零件均不放回).试求:

(1) 先取出的零件是一等品的概率;

(2) 在先取出的零件是一等品的条件下,第二次取出的仍然是一等品的概率.

知识链接

概率论的起源与发展

一、概率的起源

三四百年前在欧洲许多国家, 贵族之间盛行赌博之风。 掷骰子是他们常用的一种赌博方式。 因骰子的形状为小正方体, 当它被掷到桌面上时, 每个面向上的可能性是相等的，即出现 1 点至 6 点中任何一个点数的可能性是相等的。有的参赌者就想：如果同时掷两颗骰子，则点数之和为 9 与点数之和为 10，哪种情况出现的可能性较大？

17 世纪中叶，法国有一位热衷于掷骰子游戏的贵族德·梅耳，发现了这样的事实：将一枚骰子连掷四次至少出现一个六点的机会比较多，而同时将两枚骰子掷 24 次，至少出现一次双六的机会却很少。

这是什么原因呢？后人称此为著名的德·梅耳问题。

二、数学家们参与赌博

又有人提出了"分赌注问题"：两个人决定赌若干局，事先约定谁先赢得 5 局便算赢家。如果在一个人赢 3 局，另一人赢 4 局时因故终止赌博，应如何分赌本？诸如此类的需要计算可能性大小的赌博问题提出了不少，但他们自己无法给出答案。

参赌者将他们遇到的上述问题请教当时法国数学家帕斯卡，帕斯卡接受了这些问题，他没有立即回答，而把它交给另一位法国数学家费尔马。他们频频通信、互相交流，围绕着赌博中的数学问题开始了深入细致的研究。后来，这些问题被来到巴黎的荷兰科学家惠更斯获悉，回荷兰后，他独立地进行研究。

帕斯卡和费尔马两人一边亲自做赌博实验，一边仔细分析计算赌博中出现的各种问题，终于完整地解决了"分赌注问题"——正确的答案是：赢了 4 局的拿这个钱的 $\frac{3}{4}$，赢了 3 局的拿这个钱的 $\frac{1}{4}$。为什么呢？假定他们俩再赌一局，或者 A 赢，或者 B 赢。若是 A 赢满了 5 局，钱应该全归他；A 如果输了，即 A、B 各赢 4 局，这个钱应该对半分。现在，A 赢、输的可能性都是 $\frac{1}{2}$，所以，他拿的钱应该是 $\frac{1}{2} \times 1 + \frac{1}{2} \times \frac{1}{2} = \frac{3}{4}$；当然，B 就应该得 $\frac{1}{4}$。

他们将此题的解法向更一般的情况推广，从而建立了概率论的一个基本概念——数学期望，这是描述随机变量取值的平均水平的一个量。

三、概率论的初步形成

惠更斯经过多年的潜心研究，解决了掷骰子中的一些数学问题。1657 年，他将自己的研究成果写成了专著《论掷骰子游戏中的计算》。这本书迄今为止被认为是概率论中最早的论著。因此可以说早期概率论的真正创立者是帕斯卡、费尔马和惠更斯。这一时期被称为组合概率时期，计算各种古典概率。

在他们之后，对概率论这一学科做出贡献的是瑞士数学家族——贝努利家族的几位成员。雅可布·贝努利在前人研究的基础上，继续分析赌博中的其他问题，给出了"赌徒输光问题"的详尽解法，并证明了被称为"大数定律"的一个定理，这是研究等可能性事件的古典概率论中的极其重要的结果。大数定律证明的发现过程是极其困难的，他做了大量的实验计算，首先猜想到这一事实，然后为了完善这一猜想的证明，雅可布花了 20 年的时光。雅可布将他的全部心血倾注到这一数学研究之中，从中他发展了不少新方法，取得了许多新成果，终于将此定理证实。

四、著名的"圣彼得堡问题"

1713年，雅可布的著作《猜度术》出版。遗憾的是在他的大作问世之时，雅可布已谢世8年之久。雅可布的侄子尼古拉·贝努利也真正地参与了"赌博"。他提出了著名的"圣彼得堡问题"：甲乙两人赌博，甲掷一枚硬币到掷出正面为一局。若甲掷一次出现正面，则乙付给甲一个卢布；若甲第一次掷得反面，第二次掷得正面，乙付给甲2个卢布；若甲前两次掷得反面，第三次得到正面，乙付给甲5个卢布。一般地，若甲前$n-1$次掷得反面，第n次掷得正面，则乙需付给甲$2n-1$个卢布。问在赌博开始前甲应付给乙多少卢布才有权参加赌博而不致乙方亏损？尼古拉同时代的许多数学家研究了这个问题，并给出了一些不同的解法。但其结果是很奇特的，所付的款数竟为无限大。即不管甲事先拿出多少钱给乙，只要赌博不断地进行，乙肯定是要赔钱的。

五、走出赌博——概率的发展

随着18、19世纪科学的发展，人们注意到某些生物、物理和社会现象与机会游戏相似，从而由机会游戏起源的概率论被应用到这些领域中，同时也大大推动了概率论本身的发展。

法国数学家拉普拉斯将古典概率论向近代概率论进行推进，他首先明确给出了概率的古典定义，并在概率论中引入了更有力的数学分析工具，将概率论推向一个新的发展阶段。他还证明了"棣莫弗——拉普拉斯定理"，把棣莫弗的结论推广到一般场合，还建立了观测误差理论和最小二乘法。拉普拉斯于1812年出版了他的著作《分析的概率理论》，这是一部继往开来的作品。这时候人们最想知道的就是概率论是否会有更大的应用价值，是否能有更大的发展成为严谨的学科。

概率论在20世纪再度迅速地发展起来，则是由于科学技术发展的迫切需要而产生的。1906年，俄国数学家马尔科夫提出了所谓"马尔科夫链"的数学模型。1934年，前苏联数学家辛钦又提出一种在时间中均匀进行着的平稳过程理论。

如何把概率论建立在严格的逻辑基础上，这是从概率诞生时起人们就关注的问题，这些年来，好多数学家进行过尝试，终因条件不成熟，一直拖了约300年才得以解决。

六、概率体系正式建立与应用

20世纪初完成的勒贝格测度与积分理论及随后发展的抽象测度和积分理论，为概率公理体系的建立奠定了基础。在这种背景下柯尔莫哥洛夫1933年在他的《概率论基础》一书中首次给出了概率的测度论式定义和一套严密的公理体系。他的公理化方法成为现代概率论的基础，使概率论成为严谨的数学分支。

现在，概率论与以它作为基础的数理统计学科一起，在自然科学、社会科学、工程技术、军事科学及工农业生产等诸多领域中都起着不可或缺的作用。

直观地说，卫星上天，导弹巡航，飞机制造，宇宙飞船遨游太空等都有概率论的一份功劳；及时准确的天气预报，海洋探险，考古研究等更离不开概率论与数理统计；电子技术发展，影视文化的进步，人口普查及教育等同概率论与数理统计也是密不可分的。

根据概率论中用投针试验估计π值的思想产生的蒙特卡罗方法，是一种建立在概率论与数理统计基础上的计算方法。借助于电子计算机这一工具，使这种方法在核物理、表面物理、电子学、生物学、高分子化学等学科的研究中起着重要的作用。

概率论作为理论严谨、应用广泛的数学分支正日益受到人们的重视，并将随着科学技术的发展而得到发展。

统计知识

学习目标

一、 知识目标

（1） 能掌握总体和样本的概念；

（2） 能掌握常用统计量及其分布；

（3） 能掌握点估计的方法；

（4） 能掌握区间估计的方法；

（5） 能掌握单个正态总体的参数假设检验；

（6） 能掌握一元线性回归分析．

二、 能力目标

（1） 会用常用统计量及其分布进行运算；

（2） 会正确使用点估计和区间估计进行计算；

（3） 会用假设检验检验事物的差异性；

（4） 会用一元线性回归分析求变量与变量之间的相关关系．

 项目概述

统计量的分布称为抽样分布．样本是一组随机变量， 一组随机变量的函数一般还是随机变量， 那么它就有分布， 称为抽样分布．在统计中， 用到最多的分布是正态分布．还有三种常见的分布， 它们是 x^2 分布、 t 分布、 F 分布．

统计推断分为两部分： 一部分是参数估计； 另一部分叫假设检验．参数估计包括点估计和区间估计．用点估计来估计总体参数， 会由于样本的随机性， 从样本算得的估计量的值不一定恰好是估计的参数真值．而且， 即使真正相等， 由于参数本身是未知的， 也无从肯定这种相等．因此， 在实际生活中， 有时还需要知道它的精确度， 即找出未知参数 θ 的一个变化区间 $[\theta_1, \theta_2]$， 对区间的可靠性进行讨论， 这就是参数的区间估计问题．

再有， 客观世界上， 事物之间、 现象之间是有联系的， 有时联系很密切．如果事物与现象之间用变量来描述， 那么事物与现象之间的关系就是变量与变量之间的关系．变量之间的关系有两类： 确定性关系和非确定性关系．确定性关系是指变量之间的关系可以用函数关系来表示．非确定性关系就是所谓的相关关系．例如人的身高与体重之间存在关系．一般来说，人的身高越高，体重就越重，但也不一定，同样的体重，有的高，有的矮，身高就有可能不一样．这就是变量与变量之间的相关性．回归分析就是研究这种变量之间的相关性的一种数学工具，它能由一个变量的取值去估计另一变量的取值．

 项目实施

 模块8-1 **常用的统计量及其计算**

一、 教学目的

(1) 掌握总体、样本及其相关概念；

(2) 掌握常用统计量及其分布；

(3) 会用常用的统计量及其分布进行计算．

二、 知识要求

(1) 熟悉常用统计量及其分布；

(2) 会用常用的统计量进行计算．

三、 相关知识

1. 总体与样本

(1) 总体 研究对象的某项数量指标的全体称为总体，组成总体的每个元素称为个体．总体是一个随机变量 X，而所取的每个值就是一个个体．

(2) 样本 从总体 X 中随机抽取 n 个个体 X_1，X_2，…，X_n 称为容量为 n 的样本，是 n 维随机变量．通常指的是简单随机样本，即 X_1，X_2，…，X_n 相互独立，且每一个 X_i 与总体 X 有相同的分布．

2. 常用的统计量

(1) 样本均值
$$\overline{X} = \frac{1}{n}\sum_{i=1}^{n} X_i$$

(2) 样本方差
$$S^2 = \frac{1}{n-1}\sum_{i=1}^{n}(X_i - \overline{X})^2$$

(3) 样本标准差
$$S = \sqrt{\frac{1}{n-1}\sum_{i=1}^{n}(X_i - \overline{X})^2}$$

(4) 样本的 k 阶原点矩
$$A_k = \frac{1}{n}\sum_{i=1}^{n} X_i^k$$

(5) 样本的 k 阶中心矩
$$M_k = \frac{1}{n}\sum_{i=1}^{n}(X_i - \overline{X})^k$$

(6) 顺序统计量　把样本 $X_1, X_2, \cdots, X_n$ 按从小到大的顺序排列起来得到 $X_1^*, X_2^*, \cdots, X_n^*$，其中

$$X_1^* = \min(X_1, X_2, \cdots, X_n), X_n^* = \max(X_1, X_2, \cdots, X_n)$$

X_k^* 称为第 k 顺序统计量 $(k = 1, 2, \cdots, n)$.

3. 常用分布

(1) 正态分布.

① 设 $X \sim N(\mu, \sigma^2)$ 的密度函数 $f(x) = \dfrac{2}{\sqrt{2\pi}\sigma}e^{-\frac{(x-\mu)^2}{2}\sigma^2}$ $(x \in R)$，期望 $EX = \mu$，方差 $DX = \sigma^2$.

② $X \sim N(\mu, \sigma^2), a, b \in R, a \neq 0$ 则

$$Y = aX + b \sim N(a\mu + b, a^2\sigma^2)$$

特别地，

$$Z = \frac{\overline{X} - \mu}{\sigma/\sqrt{n}} \sim N(0, 1)$$

③ $X_i \sim N(\mu_i, \sigma_i^2)(i = 1, 2)$，且 X_1, X_2 相互独立，则
$X_1 + X_2 \sim N(\mu_1 + \mu_2, \sigma_1^2 + \sigma_2^2)$（正态分布可加性）

④ $(X_1, X_2) \sim N(\mu_1, \mu_2, \sigma_1^2, \sigma_2^2, \rho)$，则

$$EX_i = \mu_i, DX_i = \sigma_i^2, (i = 1, 2), \rho_{X_1 X_2} = \rho$$

并且，X_1, X_2 相互独立的充要条件是 $\rho = 0$.

⑤ 临界值　设 $X \sim N(0, 1)$，对给定的 $\alpha(0 < \alpha < 1)$，满足
$$P\{x > U_\alpha\} = \alpha$$
的数值 U_α 称为标准正态分布的上侧 α 临界值. 因为标准正态分布是对称分布，所以在统计推断中常常要用双侧 α 临界值 $U_{\alpha/2}$，它满足

$$P\{|X| > U_{\alpha/2}\} = \alpha$$

(2) χ^2 分布.

① 定义　设 $X_1, X_2, \cdots, X_n$ 相互独立，且均服从 $N(0.1)$ 分布，则称 $\chi^2 = X_1^2 + X_2^2 + \cdots + X_n^2$ 的分布为自由度是 n 的 χ^2 分布，记为

$$\chi^2 = \sum_{i=1}^{n} X_i^2 \sim \chi^2(n)$$

② 期望与方差　若 $\chi^2 \sim \chi^2(n)$，则

$$E\chi^2 = n, D\chi^2 = 2n$$

③ 可加性　若 $X_i \sim \chi^2(n_i)(i = 1, 2)$，且 X_1 与 X_2 相互独立，则

$$X_1 + X_2 \sim \chi^2(n_1 + n_2)$$

④ 临界值　设 $\chi^2 \sim \chi^2(n)$，对给定的 α $(0 < \alpha < 1)$，满足 $P\{\chi^2 > \chi_\alpha^2(n)\} = \alpha$ 的数值 $\chi_\alpha^2(n)$ 称为 $\chi^2(n)$ 分布的上侧 α 临界值.

(3) t 分布.

① 定义 设 $X \sim N(0,1)$, $Y \sim \chi^2(n)$, 且 X 与 Y 相互独立, 则称 $T = \dfrac{X}{\sqrt{Y/n}}$ 的分布为自由度是 n 分布, 记为 $T = \dfrac{X}{\sqrt{Y/n}} \sim t(n)$

② 临界值 设 $T \sim t(n)$, 对给定的 α $(0 < \alpha < 1)$, 满足

$$P\{T > t_\alpha(n)\} = \alpha$$

的数值 $t_\alpha(n)$ 称为 $t(n)$ 分布的上侧 α 临界值. 因为 $t(n)$ 分布也是对称分布, 其双侧 α 临界值为 $t_{\alpha/2}(n)$, 满足

$$P\{|T| > t_{\alpha/2}(n)\} = \alpha$$

(4) F 分布.

① 定义 设 $X_i \sim \chi^2(n_i)$, $i = 1, 2$, 且 X_1 与 X_2 相互独立, 则 $F = \dfrac{X_1/n_1}{X_2/n_2}$ 的分布为自由度是 n_1, n_2 的 F 分布, 记为

$$F = \frac{X_1/n_1}{X_2/n_2} \sim F(n_1, n_2)$$

② 临界值 设 $F \sim F(n_1, n_2)$, 对给定的 α $(0 < \alpha < 1)$, 满足

$$P\{F > F_\alpha(n_1, n_2)\} = \alpha$$

的数值 $F_\alpha(n_1, n_2)$ 称为 $F(n_1, n_2)$ 分布的上侧 α 临界值. 由于 $\dfrac{1}{F} \sim F(n_2, n_1)$, 因此有

$$F_{1-\alpha}(n_1, n_2) = \frac{1}{F_\alpha(n_2, n_1)}$$

【例1】 已知每株梨树的产量 X kg 服从正态分布 $N(\mu, \sigma^2)$, 从一个果园中随机抽取 6 棵梨树, 测得其产量分别为

$$221, 191, 202, 205, 256, 245$$

(1) 求样本均值、样本方差和标准差.

(2) 能否用 6 棵梨树的平均值近似地推断总体均值(即该果园每棵梨树的平均产值)?

解 (1) $\overline{x} = \dfrac{1}{6}\sum\limits_{i=1}^{6} x_i = \dfrac{1}{6}(221 + 191 + 202 + 205 + 256 + 245) \approx 220$

$\quad s^2 = \dfrac{1}{n-1}\sum\limits_{i=1}^{n=6}(x_i - \overline{x})^2$

$\quad\quad = \dfrac{1}{6-1}[(221 - 220)^2 + (191 - 220)^2 + \cdots + (245 - 220)^2] = 662.4$

$\quad s = \sqrt{\dfrac{1}{n-1}\sum\limits_{i=1}^{n=6}(x_i - \overline{x})^2} = 25.74$

(2) 由于样本是总体的代表和反映, 因此, 可以考虑用样本均值推断总体均值, 即认为该果园每棵梨树的平均产值约为 220kg.

【例2】 设 $X_1, X_2, \cdots, X_5$ 相互独立, 且同时服从 $N(0,1)$, 求下列随机变量的

分布：

(1) $X_1^2 + X_2^2 + \cdots + X_5^2$

(2) $\dfrac{3(X_1^2 + X_2^2)}{2(X_3^2 + X_4^2 + X_5^2)}$

(3) $\dfrac{\sqrt{2}\, X_1}{\sqrt{X_2^2 + X_3^2}}$

分析 （1）$X_1^2 + X_2^2 + \cdots + X_5^2$ 是 5 个独立标准正态平方和，就服从 χ^2 分布．

（2）$\dfrac{3(X_1^2 + X_2^2)}{2(X_3^2 + X_4^2 + X_5^2)}$ 分子是 2 个独立标准正态平方和，所以 $X_1^2 + X_2^2$ 就服从自由度是 2 的 χ^2 分布．同样，分母 $X_3^2 + X_4^2 + X_5^2$ 服从自由度是 3 的 χ^2 分布．因 5 个变量相互独立，所以分子 $X_1^2 + X_2^2$ 变量与分母 $X_3^2 + X_4^2 + X_5^2$ 变量取值不影响，相互独立．所以分子 $X_1^2 + X_2^2$ 除以自由度 2，分母 $X_3^2 + X_4^2 + X_5^2$ 除以自由度 3，就是一个 F 分布．

（3）X_1 是一个标准正态变量，$X_2^2 + X_3^2$ 服从自由度是 2 的 χ^2 变量，$\sqrt{\dfrac{X_2^2 + X_3^2}{2}}$ 是 t 变量．$X_1 \sim N(0,1), X_2^2 + X_3^2 \sim \chi^2(2)$，且这两个变量相互独立．

解 （1）$X_1^2 + X_2^2 + \cdots + X_5^2 \sim \chi^2(5)$

（2）$\dfrac{3(X_1^2 + X_2^2)}{2(X_3^2 + X_4^2 + X_5^2)} = \dfrac{(X_1^2 + X_2^2)/2}{(X_3^2 + X_4^2 + X_5^2)/3} \sim F(2,3)$

（3）$\dfrac{\sqrt{2}\, X_1}{\sqrt{X_2^2 + X_3^2}} = \dfrac{X_1}{\sqrt{\dfrac{X_2^2 + X_3^2}{2}}} \sim t(2)$

【例 3】 设随机变量 X 和 Y 相互独立且服从正态分布 $N(0,9)$，

求证：
$$U = \dfrac{X_1 + X_2 + \cdots + X_9}{\sqrt{Y_1^2 + Y_2^2 + \cdots + Y_9^2}} \sim t(9)$$

证明 $\overline{X} = \dfrac{1}{9} \sum_{i=1}^{9} X_i \sim N(0,1), \dfrac{Y_i}{3} \sim N(0,1)$

故 $\widetilde{Y} = \sum_{i=1}^{9} \left(\dfrac{Y_i}{3} \right)^2 = \dfrac{1}{9} \sum_{i=1}^{9} Y_i^2 = \dfrac{1}{9}(Y_1^2 + Y_2^2 + \cdots + Y_9^2) \sim \chi^2(9)$

且 $\overline{X}$ 和 $\widetilde{Y}$ 独立，

所以 $U = \dfrac{\overline{X}}{\sqrt{\dfrac{\widetilde{Y}}{9}}} = \dfrac{X_1 + X_2 + \cdots + X_9}{\sqrt{Y_1^2 + Y_2^2 + \cdots + Y_9^2}} \sim t(9)$

四、模块小结

关键概念：总体；样本；正态分布；χ^2 分布；t 分布；F 分布．

关键技能：用样本的性质估计总体的性质，因样本是进行统计推断的依据．但在实际

应用时，一般不直接应用样本本身，而是对样本进行整理和加工，即针对具体问题构造适当的函数——统计量，利用这些函数来进行统计推断，揭示总体的统计特性.

五、 思考与练习

(1) 设 X_1，X_2，$\cdots$，X_n 为来自正态总体 $N(\mu,\sigma^2)$ 的一个样本，μ 为未知参数，σ^2 为已知，指出 $\frac{1}{n}\sum\limits_{i=1}^{n}X_i,\sum\limits_{i=1}^{n}(X_i-\overline{x})^2,\overline{X}-\mu,(\overline{X}-\mu)^2+\sigma^2,\dfrac{\overline{X}-2}{\sigma/\sqrt{n}}$ 中哪些是统计量.

(2) 计算下列各式.

① $\chi_{0.25}^2(13),\chi_{0.9}^2(40),\chi_{0.995}^2(12)$

② $t_{0.025}(11),t_{0.005}(23)$

③ $F_{0.05}(12,20),F_{0.99}(15,12)$

(3) 已知 $\overline{X}$ 与 S^2 分别为正态总体 $N(\mu,\sigma^2)$ 的样本均值和样本方差.

求证：$\dfrac{\overline{X}-\mu}{S}\sqrt{n}\sim t(n-1)$.

(4) 已知：$X\sim t(n)$，求证：$X^2\sim F(1,n)$.

模块8-2 参数估计

一、 教学目的

(1) 能掌握点估计的方法；

(2) 能掌握区间估计的方法；

(3) 会用区间估计的方法求实际问题的置信区间.

二、 知识要求

(1) 会用点估计的方法解决实际问题；

(2) 会用区间估计的方法解决实际问题.

三、 相关知识

1. 点估计

(1) 参数的估计量、估计值　用来估计未知参数 θ 的统计量 $\hat{\theta}=\hat{\theta}(X_1,\cdots,X_n)$ 称为参数 θ 的点估计或估计量，将样本观察值代入统计量 $\hat{\theta}=\hat{\theta}(X_1,\cdots,X_n)$ 得到的数值称为参数 θ 的估计值.

(2) 矩估计法　用样本矩估计总体矩，用样本矩的相应连续函数估计总体矩的连续函数，这种估计方法称作矩估计法.

特别地，总体 X 的均值 EX 的矩估计量为样本均值 $\overline{X}$，总体方差 DX 的矩估计量为样本二阶中心矩，即

$$\hat{EX}=\overline{X},\hat{DX}=\frac{1}{n}\sum_{i=1}^{n}(X_i-\overline{X})^2$$

(3) 最大似然估计法　设总体 X 服从概率分布 $p(x,\theta)$（当 X 是离散型随机变量时是分布律，当 X 是连续型随机变量时是密度函数），θ 是未知参数，X_1，$\cdots$，X_n 是来自总体 X 的样本，称 $L(\theta)=\prod\limits_{i=1}^{n}p(x_i,\theta)$ 为似然函数，若 $L(\theta)$ 在 $\hat{\theta}$ 处有最大值，则称 $\hat{\theta}$ 是参

数 θ 的最大似然估计量，这种估计方法称为最大似然估计法.

(4) 最大似然估计的不变性 设 $\hat{\theta}$ 是未知参数 θ 的最大似然估计，$g(\theta)$ 是 θ 的连续函数，则 $g(\hat{\theta})$ 是参数 $g(\theta)$ 的最大似然估计，称这性质为最大似然估计的不变性.

【例1】 设总体 X 的密度函数为

$$f(x) = \begin{cases} (\theta+1)x^\theta, & 0 < x < 1 \\ 0, & \text{其他} \end{cases}$$

其中 θ 是未知参数，$X_1，X_2，\cdots，X_n$ 是来自总体 X 的一个样本，求参数 θ 的矩估计量.

解 因为

$$EX = \int_{-\infty}^{+\infty} x f(x) \mathrm{d}x = \int_0^1 (\theta+1)x^{\theta+1} \mathrm{d}x = \frac{\theta+1}{\theta+2}$$

所以 $\theta = \dfrac{2EX-1}{1-EX}$，而 EX 的矩估计是 $\hat{EX} = \overline{X}$，由此得参数 θ 的矩估计量为

$$\hat{\theta} = \frac{2\overline{X}-1}{1-\overline{X}}$$

2. 区间估计法

(1) 置信区间、置信水平和置信限 设 $X_1，\cdots，X_n$ 是来自总体 X 的样本，θ 是总体 X 的一个未知参数，对给定的 $\alpha(0 < \alpha < 1)$，如果存在 2 个统计量 $\hat{\theta}_1 = \hat{\theta}_1(X_1，\cdots，X_n)$ 和 $\hat{\theta}_2 = \hat{\theta}_2(X_1，\cdots，X_n)$，使得 $P(\hat{\theta}_1 < \theta < \hat{\theta}_2) = 1-\alpha$，则称随机区间 $(\hat{\theta}_1，\hat{\theta}_2)$ 是 θ 的置信水平为 $1-\alpha$ 的置信区间，分别称 $\hat{\theta}_1$ 和 $\hat{\theta}_2$ 为置信下限和置信上限.

(2) 总体方差已知时，总体均值的区间估计 正态总体方差已知时，均值 μ 的置信水平为 $1-\alpha$ 的置信区间是

$$\left(\overline{X} - U_{\alpha/2}\frac{\sigma}{\sqrt{n}}，\overline{X} + U_{\alpha/2}\frac{\sigma}{\sqrt{n}} \right)$$

(3) 总体方差未知时，总体均值的区间估计 正态总体方差未知时，均值 μ 的置信水平为 $1-\alpha$ 的置信区间是

$$\left(\overline{X} - t_{\alpha/2}(n-1)\frac{S}{\sqrt{n}}，X + t_{\alpha/2}(n-1)\frac{S}{\sqrt{n}} \right)$$

(4) 总体均值已知时，总体方差的区间估计 正态总体均值已知时，方差 σ^2 的置信水平为 $1-\alpha$ 的置信区间是

$$\left(\frac{\sum\limits_{i=1}^n (X_i-\mu)^2}{\chi_{\alpha/2}^2(n-1)}，\frac{\sum\limits_{i=1}^n (X_i-\mu)^2}{\chi_{1-\alpha/2}^2(n-1)} \right)$$

【例2】 设 $X_1 X_2，\cdots，X_n$ 是来自总体 X 的一个样本，且 X 服从 $N(\mu，\sigma^2)$，为使

$\dfrac{(n-1)S^2}{16}$ 成为 σ^2 的置信水平为 0.9 的置信下限，样本容量至少是多少？

分析 对照置信下限公式和已知置信下限，即可求得所需的样本容量.

解 因为 σ^2 的置信水平为 0.9 的置信下限是 $\dfrac{(n-1)S^2}{\chi^2_{0.05}(n-1)}$，所以

$$\frac{(n-1)S^2}{\chi^2_{0.05}(n-1)} \leqslant \frac{(n-1)S^2}{16}$$

由此得 $\chi^2_{0.05}(n-1) \geqslant 16$，查 χ^2 分布表得：$n \geqslant 10$

【例3】 车间生产滚珠，从长期实践中知道，滚珠直径 X 服从正态分布，且其方差为 0.05. 从某天生产的产品中随机抽取 6 个，测定其直径，经计算得样本均值 $\overline{X}=15$，求滚珠平均直径 μ 的置信水平为 0.95 的置信区间.

分析 在对正态总体中未知参数进行区间估计时，首先应明确是对哪个未知参数，其次应明确另一个参数是已知还是未知，因为在这两种情况下使用的统计量不同的.

解 方差已知时，均值 μ 的置信水平为 0.95 的置信区间为

$$\left(\overline{X}-U_{0.025}\frac{\sigma}{\sqrt{n}},\ \overline{X}+U_{0.025}\frac{\sigma}{\sqrt{n}}\right)$$

而 $U_{0.025}=1.96$，代入得均值 μ 的置信水平为 0.95 的置信区间为 (14.8, 15.18).

【例4】 用仪器间接测量炉子的温度，其测量值服从正态分布，现重复测量 5 次，经计算得样本均值和样本方差分别为：$\overline{X}=1259, S^2=142.5$，求炉子平均温度 μ 的置信水平为 0.95 的置信区间.

解 方差未知时，均值 μ 的置信水平为 0.95 的置信区间为

$$\left(\overline{X}-t_{0.025}(n-1)\frac{S}{\sqrt{n}},\ \overline{X}+t_{0.025}(n-1)\frac{S}{\sqrt{n}}\right)$$

而 $t_{0.025}(4)=2.776$，代入得 μ 的置信水平为 0.95 的置信区间为 (1244.2, 1273.8).

【例5】 为了了解一台测量长度仪器的精度，对一根长为 30mm 的标准金属棒进行 6 次重复测量，结果（mm）是：30.1，29.9，29.8，30.3，30.2，29.6. 假设测量值服从正态分布 $N(30, \sigma^2)$，求标准差 σ 的置信水平为 0.95 的置信区间.

解 均值已知时，标准差 σ 的置信水平为 0.95 的置信区间为

$$\left(\sqrt{\frac{\sum\limits_{i=1}^{n}(X_i-\mu)^2}{\chi^2_{0.025}(n-1)}},\ \sqrt{\frac{\sum\limits_{i=1}^{n}(X_i-\mu)^2}{\chi^2_{0.975}(n-1)}}\right)$$

而 $\sum\limits_{i=1}^{n}(X_i-\mu)^2=0.35, \chi^2_{0.025}(5)=12.833, \chi^2_{0.975}(5)=0.831$，代入得标准差 σ 的置信水平为 0.95 的置信区间为 (0.17, 0.65).

【例6】 设从一批产品中随机抽取 100 个，测得一级品为 60 个，求这批产品一级品率 p 的置信水平为 0.95 的置信区间.

解 一级品率 p 的置信水平为 0.95 的置信区间为

$$\left(\hat{p}-U_{0.025}\sqrt{\frac{\hat{p}(1-\hat{p})}{n}}, \hat{p}+U_{0.025}\sqrt{\frac{\hat{p}(1-\hat{p})}{n}}\right)$$

由于 $\hat{p}=0.6$, $U_{0.025}=1.96$, 代入得一级品率 p 的置信水平为 0.95 的置信区间为 $(0.504, 0.696)$.

四、 模块小结

关键概念: 点估计; 最大似然估计法; 区间估计; 置信区间.

关键技能: 用参数估计解决实际问题. 参数估计包括点估计(用某一数值作为参数的近似值)与区间估计(在要求的精度范围内指出参数所在的区间, 称为置信区间).

五、 思考与练习

(1) 设超大牵伸纺机所纺纱的断裂强度服从 $N(\mu_1, 2.18^2)$, 普通纺机所纺纱的断裂强度服从 $N(\mu_2, 1.76^2)$, 各抽 16 个样品, 算得: $\overline{X}=5.32$, $\overline{Y}=5.76$ 求 $\mu_1-\mu_2$ 的置信水平为 0.95 的置信区间.

(2) 假设对某产品的生产工艺进行了改变, 分别从改变前后生产的产品中各抽取 7 和 8 的两个独立样本, 分别测量其某项指标, 其样本均值和样本方差分别为: $\overline{X}=21.36$, $S_1^2=0.107$, $\overline{Y}=24.12$, $S_2^2=0.282$, 假设工艺改变前后该项指标都服从正态分布, 其均值分别为 μ_1, μ_2, 方差为 σ_1^2, σ_2^2.

① 若方差相等, 求 $\mu_1-\mu_2$ 的置信水平为 0.95 的置信区间;

② 求 $\dfrac{\sigma_1^2}{\sigma_2^2}$ 的置信水平为 0.95 的置信区间.

(3) 从自动车床加工的一批零件中随机抽取 10 个零件, 测量其直径, 经计算得样本均值、样本方差分别为: $\overline{X}=15.2$, $S^2=0.52/9$, 假设零件的直径服从正态分布 $N(\mu, \sigma^2)$, 求其标准差 σ 的置信水平为 0.95 的置信区间.

模块8-3　假设检验

一、 教学目的

(1) 了解假设检验的基本概念;

(2) 掌握单个正态总体的参数假设检验;

(3) 会用假设检验检验事物的差异性.

二、 知识要求

(1) 了解假设检验的基本概念;

(2) 用假设检验对实际问题进行推断.

三、 相关知识

1. 假设检验的基本概念

(1) 实际推断原理(小概率原理)　概率很小的事件在一次试验中几乎是不会发生的.

(2) 原假设和备择假设　待检验的假设称为原假设, 记为 H_0; 当原假设被否定时立即就成立的假设, 称为备择假设或对立假设, 记为 H_1.

（3）假设检验的思想方法　先对检验的对象提出原假设，然后根据抽样结果，利用小概率原理做出拒绝或接受原假设的判断.

（4）拒绝域（否定域）　使检验问题做出否定原假设推断的样本值的全体所构成的区域.

（5）两类错误　若原假设 H_0 为真，但检验结果却否定了 H_0，因而犯了错误，这类错误称为第一类错误，又称为"弃真"错误. 显著性水平 α 就是用来控制犯第一类错误的概率，即 P（拒绝 $H_0 \mid H_0$ 为真）$=\alpha$. 若原假设 H_0 为不真，但检验结果却接受了 H_0，这类错误称为第二类错误，又称为"存伪"错误. 犯第二类错误的概率记为 β，即 P（接收 $H_0 \mid H_0$ 不真）$=\beta$. 在样本容量一定时，α，β 不能同时减小.

2. 假设检验的解题步骤

（1）根据实际问题提出原假设 H_0，必要时给出备选假设 H_1；

（2）选择一个适当的统计量 K，并确定当 H_0 成立时统计量 K 的分布；

（3）对给定的显著性水平 α，查出相应的临界值，以定出一个小概率事件，从而确定检验问题的拒绝域；

（4）由给定的样本观测值计算出统计量的值，并且与临界值作比较，如果小概率事件发生，则拒绝 H_0，否则接收 H_0.

3. 单个正态总体的假设检验

单个正态总体的假设检验见表 8-1.

表 8-1

总体条件	假设		统计量	H_0 成立时统计量的分布	拒绝区域
	H_0	H_1			
σ^2 已知	$\mu=\mu_0$	$\mu\neq\mu_0$	$U=\dfrac{\overline{X}-\mu_0}{\sigma}\sqrt{n}$	$N(0,1)$	$|U|>U_{\alpha/2}$
	$\mu\leqslant\mu_0$	$\mu>\mu_0$			$U>U_\alpha$
	$\mu\geqslant\mu_0$	$\mu<\mu_0$			$U<-U_\alpha$
σ^2 未知	$\mu=\mu_0$	$\mu\neq\mu_0$	$T=\dfrac{\overline{X}-\mu_0}{S}\sqrt{n}$	$t(n-1)$	$|T|>t_{\alpha/2}$
	$\mu\leqslant\mu_0$	$\mu>\mu_0$			$T>t_\alpha$
	$\mu\geqslant\mu_0$	$\mu<\mu_0$			$T<-t_\alpha$
μ,σ^2 均未知	$\sigma^2=\sigma_0^2$	$\sigma^2\neq\sigma_0^2$	$\chi^2=\dfrac{(n-1)S^2}{\sigma_0^2}$	$\chi^2(n-1)$	$\chi^2>\chi_{\alpha/2}^2$ 或 $\chi^2<\chi_{1-\alpha/2}^2$
	$\sigma^2\leqslant\sigma_0^2$	$\sigma^2>\sigma_0^2$			$\chi^2>\chi_\alpha^2$
	$\sigma^2\geqslant\sigma_0^2$	$\sigma^2<\sigma_0^2$			$\chi^2<\chi_{1-\alpha}^2$

表中的 $\overline{X}$，S^2 分别是总体 $X\sim N(\mu,\sigma^2)$ 的样本均值与样本方差：

$$\overline{X}=\frac{1}{n}\sum_{i=1}^{n}X_i,\quad S^2=\frac{1}{n-1}\sum_{i=1}^{n}(X_i-\overline{X})^2$$

其中 n 是样本容量.

【例 1】　假设随机变量 X 服从正态分布 $N(\mu,1)$，$X_1,X_2,\cdots,X_{10}$ 是取自 X 的样本，在 $\alpha=0.05$ 的水平下，检验：$H_0:\mu=0$，$H_1:\mu\neq0$，记拒绝域为 $W=\{|\overline{X}|\geqslant c\}$.

（1）求常数 c；

（2）若已知 $\overline{x}=1$，是否可以据此样本推断 $\mu=0$（$\alpha=0.05$）?

(3) 如果以 $W = \{|\overline{X}| \geqslant 1.15\}$ 作为检验 $H_0: \mu = 0$ 的拒绝域，试求检验的显著性水平 α.

解 此题是单个正态总体均值的双侧检验问题，因总体方差已知，所以应用 U 检验.

(1) $H_0: \mu = 0 \quad H_1: \mu \neq 0$,

选取统计量

$$U = \frac{\overline{X}}{\sigma/\sqrt{n}} = \sqrt{10}\,\overline{X}, \text{在 } H_0 \text{ 成立时}, U \sim N(0,1),$$

根据 $\alpha = 0.05$，查表知标准正态分布的双侧临界值 $U_{\alpha/2} = U_{0.025} = 1.96$，因此拒绝域为

$$W = (|U| \geqslant 1.96) = \{|\sqrt{10}\,\overline{X}| \geqslant 1.96\} = \{|\overline{X}| \geqslant 0.62\}$$

从而得出常数 $c = 0.62$.

(2) 对于 $\overline{x} = 1$，由于 $|\overline{x}| > 0.62$，即 $\overline{x} \in W$，因此不能据此样本推断 $\mu = 0$.

(3) 检验的显著水平 α 就是在 $\mu = 0$ 成立时拒绝 H_0 的概率，因此所求的显著水平为：

$$\alpha = P\{U \in W\} = P\{|\overline{X}| \geqslant 1.15\}$$

$$= P\{|\sqrt{10}\,\overline{X}| \geqslant 1.15\sqrt{10}\} = 1 - P\{|\sqrt{10}\,\overline{X}| \leqslant 1.15\sqrt{10}\}$$

$$= 1 - [2\Phi(3.64) - 1] \approx 0.0003$$

【例2】 设对某种产品的直径进行测量的测量值服从正态分布，原直径规格为 3.278cm，进行 10 次测量所得数据为(cm)：

3.281，3.276，3.278，3.286，3.279，3.281，3.278，3.279，3.280，3.277，

在下列给定的情况下检验产品的直径与原规格有无显著差异：

(1) $\sigma = 0.002$；(2) σ 未知 $(\alpha = 0.05)$

分析 这是单个正态总体的均值检验问题，σ 已知时，用 U 检验；σ 未知时，用 T 检验.

解 由样本数据知：$n = 10$，$\overline{x} = 3.2795$，$s^2 = 0.0028^2$

(1) $H_0: \mu = 3.278$，$H_1: \mu \neq 3.278$

由于总体方差已知，选择统计量

$$U = \frac{\overline{X} - 3.278}{0.002/\sqrt{10}} \sim N(0,1)(H_0 \text{ 成立时})$$

由 $\alpha = 0.05$，查表得 $U_{\alpha/2} = 1.96$，从而确定 H_0 的拒绝域为 $|U| > 1.96$，由样本观察值算得

$$|U| = \left| \frac{3.2795 - 3.278}{0.002/\sqrt{10}} \right| = 2.3717 > 1.96$$

所以拒绝 H_0，即认为产品直径与原规格有显著差异.

（2） H_0： $\mu = 3.278$，H_1： $\mu \neq 3.278$

由于总体 σ 未知，选择统计量

$$T = \frac{\overline{X} - 3.278}{S/\sqrt{10}} \sim t(9)（H_0 \text{ 成立时}）$$

由 $\alpha = 0.05$，查表得 $t_{\alpha/2}(9) = 2.262$，从而确定 H_0 的否定域为 $|T| > 2.262$，由样本观察值算得

$$|T| = \left| \frac{3.2795 - 3.278}{0.0028/\sqrt{10}} \right| = 1.694 < 2.262$$

故接受 H_0，即认为产品直径与原规格无显著差异.

四、 模块小结

关键概念：小概率原理；拒绝域；单个正态总体；假设检验.

关键技能：用假设检验检验总体的参数有无明显变化，或是否达到既定的要求，即对（已知）参数有怀疑猜测需要证明时，能准确应用假设检验进行判断.

五、 思考与练习

（1）在假设检验中，拒绝域与两类错误之间有什么关系？

（2）设 $X_1, X_2, \cdots, X_{20}$ 是来自正态总体 $N(\mu, \sigma^2)$ 的样本，其中参数 μ 和 σ^2 未知，若
$\overline{x} = \frac{1}{20}\sum_{i=1}^{20} x_i = 14.75$，$\sum_{i=1}^{20}(x_i - \overline{x})^2 = 53.5$，则在假设 H_0： $\mu = 15$ 的检验问题中应选用
_____ 为统计量，该统计量服从 _____ 分布，统计量的值是 _____.

（3）正常人的脉搏平均为 72 次/分，现某医生测得 10 例慢性中毒患者的脉搏如下：

$$54，67，68，78，70，66，67，70，65，69$$

问：中毒者与正常人的脉搏有无显著性差异（已知中毒者的脉搏服从正态分布，$\alpha = 0.05$）？

模块8-4 回归分析和一元线性分析

一、 教学目的

（1）理解回归分析法；

（2）掌握一元线性回归分析.

二、 知识要求

（1）了解变量与变量之间的关系；

（2）用一元线性回归分析解决实际问题.

三、 相关知识

具有相关关系的变量虽然不具有确定的函数关系，但是可以借助函数关系来表示它们

之间的规律性,这种近似地表示它们之间的相关关系的函数称为回归函数.回归分析法是研究两个及两个以上变量相关关系的一种重要的统计方法,主要包括一元回归、多元回归和非线性回归模式.本节重点讲解一元回归分析方法中的一元线性分析法,也称为一元回归直线法.

一元回归直线法是将企业的业务量和混合成本分别作为混合成本函数的自变量和函数,通过对一定时期内反映两者关系的一系列观察值的统计处理,建立描述业务量和混合成本相互关系的回归方程,用以确定混合成本中的固定成本和变动成本的一种方法.

其基本原理是在散点图的基础上,找到一条与全部观察值误差的平方和最小的直线.反映这条直线的方程在统计上被称为回归直线方程.其具体步骤是:

(1) 根据目的搜集若干混合成本数据,并依此建立直线方程 $\hat{y} = a + bx$;

(2) 用最小二乘法可以求得参数 a、b;

$$b = \frac{n \sum xy - \sum x \sum y}{n \sum x^2 - (\sum x)^2}$$

$$a = \bar{y} - b \, \bar{x} = \frac{1}{n} \sum y - b \, \frac{1}{n} \sum x$$

(3) 将 a、b 值代入 $\hat{y} = a + bx$ 中,可得到具体预测模型.

【例1】 根据表中工作量 X 与维修成本 Y 的数据,计算维修成本中的固定成本和变动成本见表 8-2.

表 8-2

月份	工作量 X	维修成本 Y	月份	工作量 X	维修成本 Y
1	55	67	7	100	80
2	60	64	8	95	79
3	70	66	9	90	76
4	75	70	10	72	67
5	80	72	11	64	69
6	85	71	12	50	60

解 根据公式,先将公式中用到的数据 xy、x^2 算出,结果如表 8-3 所示.

表 8-3

月份	xy	x^2	月份	xy	x^2
1	3685	3025	7	8000	10000
2	3840	3600	8	7505	9025
3	4620	4900	9	6840	8100
4	5250	5625	10	4824	5184
5	5670	6400	11	4416	4096
6	6035	7225	12	3000	2500

再计算以下数据:

$$\sum x = 896 \quad \sum y = 841 \quad \sum xy = 63775 \quad \sum x^2 = 69680$$

其中 $n = 12$.

（1）计算单位变动成本 b:

$$b = \frac{12 \times 63775 - 896 \times 841}{12 \times 69680 - 896^2} = 0.3528$$

（2）计算固定成本总额 a:

$$a = (841 - 0.3528 \times 896)/12 = 43.7409$$

（3）其混合成本的分解方程:

$$y = 43.7409 + 0.3528x$$

四、 模块小结

关键概念：回归分析法；一元线性回归；最小二乘法；预测模型.

关键技能：用一元线性分析法解决变量与变量之间的非确定性关系，也即相关关系. 我们虽然不能找出变量之间精确的函数关系，但是通过大量的观察数据，可以发现它们之间存在一定的规律性，在一条直线上和这条直线附近波动，从而用一条直线来反映这种规律性建立变量与变量之间的非确定性关系.

五、 思考与练习

（1）某地区 1988～1998 年居民货币收入 x 与社会商品零售额 y 的调查资料如表 8-4 所示.

表 8-4

年份	1988	1989	1990	1991	1992	1993	1994	1995	1996	1997	1998
x/亿元	35	36	41	44	47	50	54	57	64	70	68
y/亿元	45	46	54	60	65	72	77	80	85	97	114

求社会商品零售额 y 与居民货币收入 x 的一元线性回归方程.

（2）为了研究化肥用量 x 对水稻产量 y 的影响，测得数据如表 8-5 所示.

表 8-5　　　　　　　　　　　　　　单位：kg

化肥用量 x	15	20	25	30	35	40	45
水稻产量 y	330	345	365	405	445	490	455

求水稻产量 y 与化肥用量 x 的一元线性回归方程.

复习题

1. χ^2 分布、t 分布、F 分布及正态分布之间有哪些常见的关系？

2. 假设 $(X_1, X_2, \cdots, X_9)$ 是来自总体 $X \sim N(0, 4)$ 的简单随机样本，求系数 a，b，c，使 $X = a(X_1 + X_2)^2 + b(X_3 + X_4 + X_5)^2 + c(X_6 + X_7 + X_8 + X_9)^2$ 服从 χ^2 分布，

并求其自由度.

3. 设 X 服从 $N(0, 1)$, $(X_1, X_2, \cdots, X_6)$ 为来自总体 X 的简单随机样本, $Y = (X_1 + X_2 + X_3)^2 + (X_4 + X_5 + X_6)^2$, 试决定常数 C, 使得随机变量 CY 服从 χ^2 分布.

4. 设 $X_1, X_2, \cdots, X_n$ 和 $Y_1, Y_2, \cdots, Y_n$ 分别来自正态总体 $X \sim N(\mu_1, \sigma^2)$ 和 $Y \sim N(\mu_2, \sigma^2)$ 且相互独立, 则下列统计量服从什么分布?

$$(1) \frac{(n-1)(S_1^2 + S_2^2)}{\sigma^2} \qquad (2) \frac{n[(\overline{X} - \overline{Y}) - (\mu_1 - \mu_2)]^2}{S_1^2 + S_2^2}$$

5. 设总体 X 的概率密度函数为

$$f(x) = \begin{cases} \theta x^{\theta+1}, & 0 < x < 1 \\ 0, & \text{其他} \end{cases} \quad (\theta > 0)$$

求参数 θ 的矩估计.

6. 设总体 X 的分布律为

$$P(X = x) = (1-p)^{x-1} p, \quad x = 1, 2, \cdots$$

$X_1, X_2, \cdots, X_n$ 是总体 X 的样本.

求 (1) p 的矩估计量;

(2) p 的极大似然估计量.

7. 设来自正态总体 $X \sim N(\mu_1, 0.06)$, 容量为 6 的简单随机样本, 样本均值 $\overline{X} = 14.95$, 求未知参数 μ 的置信水平近似于 0.95 的置信区间.

8. 某自动包装机包装洗衣粉, 其重量服从正态分布, 今随机抽查 12 袋测得其重量 (单位: g) 分别为

1001, 1004, 1004, 1000, 997, 999, 1004, 1000, 996, 1002, 998, 999

(1) 求平均袋重 μ 的点估计值;

(2) 求方差 σ^2 的点估计值;

(3) 求 μ 的置信水平为 0.95 的置信区间;

(4) 求 σ^2 的置信水平为 0.95 的置信区间;

(5) 若已知 $\sigma^2 = 9$, 求 μ 的 0.95 的置信区间.

9. 按规定, 每 100g 的罐头, 番茄汁中维生素 C 的含量不得少于 21mg, 现从某厂生产的一批罐头中抽取 17 个, 得维生素 C 的含量 (单位: mg) 为

16, 22, 21, 20, 23, 21, 19, 15, 13, 23, 17, 20, 29, 18, 22, 16, 25

已知维生素 C 的含量服从正态分布, 试以 0.025 的检验水平检验该批罐头的维生素 C 的含量是否合格.

10. 由累计资料知, 甲、乙两煤矿的含灰率分别服从 $N(\mu_1, 7.5)$ 及 $N(\mu_2, 2.6)$. 现从两矿各抽几个试件, 分析其含灰率 (%) 为

甲矿: 24.3 20.8 23.7 21.3 17.4

乙矿: 18.2 16.9 20.2 16.7

问甲、乙两矿所采煤的含灰率的数学期望 μ_1、μ_2 有无显著差异（显著性水平 $\alpha = 0.10$）.

11. 下面的数据给出了三个地区人的血液中胆固醇的含量：

地区	测量值
1	403　311　269　336　259
2	312　222　302　420　420　386　353　210　286　290
3	403　244　53　235　319　260

试检验这三个地区人的血液中胆固醇的平均值之间是否存在显著性差异.

12. 在镁合金 X 射线探伤中，要考虑透视电压 U 与透视厚度 L 的关系，做了 5 次试验，对应数据如下：

L	8	16	20	34	54
U	45	52.5	55	62.5	70

求 U 对 L 的回归直线方程，并检验回归方程的显著性.

知识链接

有关虚拟变量系数的检验

多元回归分析中各虚拟变量的系数代表的是回归模型包含的类（取值为 1 的类）与回归模型不包含的类对回归模型的影响的差异。因此，用 t 检验对被包含的类和没被包含的类具有相同的影响的原假设进行检验。如果模型中包含两组或多组虚拟变量，则回归结果就会变得比较难以解释和检验。例如，假设我们用收入和孩子数目的函数来预测住房的总支出，收入和孩子数目都被分成若干类。为了更确切起见，令

$H =$ 住房的年度支出

$$I_1 = \begin{cases} 1; & \text{收入} \leqslant 10000 \text{ 美元（低收入）} \\ 0; & \text{其他} \end{cases}$$

$$I_2 = \begin{cases} 1; & 10000 \text{ 美元} < \text{收入} \leqslant 20000 \text{ 美元（中等收入）} \\ 0; & \text{其他} \end{cases}$$

$$I_3 = \begin{cases} 1; & \text{收入} > 20000 \text{ 美元（高收入）} \\ 0; & \text{其他} \end{cases}$$

$$c_1 = \begin{cases} 1; & \text{没有孩子} \\ 0; & \text{其他} \end{cases} ; \quad c_2 = \begin{cases} 1; & \text{1 个或 2 个孩子} \\ 0; & \text{其他} \end{cases} ; \quad c_3 = \begin{cases} 1; & \text{多于 2 个孩子} \\ 0; & \text{其他} \end{cases}$$

如果在每个分类中都去掉第一个虚拟变量，但保留常数项，则该问题的模型是

$$H = \alpha + \beta_2 I_2 + \beta_3 I_3 + \gamma_2 c_2 + \gamma_3 c_3 + \varepsilon$$

在这个模型中，β_2 反映了没有孩子、中等收入的人与没有孩子、低收入的人在住房消费上的差异。用 t 检验对这两类人住房消费无差异的原假设进行检验，这个比较是对从模型中去掉的虚拟变量所代表的那些类别进行的。这种比较往往不是特别有用。更有建设性意义的分析是对具有样本平均孩子数、中等收入的人与低收入的人住房消费差别的度量。

为了了解多元回归如何处理这种情况，考虑以下变量和修改了的模型：

$$J_1 = \begin{cases} 1; & \text{低收入} \\ 0; & \text{中等收入} \\ -1; & \text{高收入} \end{cases} \quad J_2 = \begin{cases} 1; & \text{中等收入} \\ 0; & \text{低收入} \\ -1; & \text{高收入} \end{cases}$$

$$D_1 = \begin{cases} 1; & \text{没有孩子} \\ 0; & \text{1个或2个孩子} \\ -1; & \text{多于2个孩子} \end{cases} \quad D_2 = \begin{cases} 1; & \text{1个或2个孩子} \\ 0; & \text{没有孩子} \\ -1; & \text{多于2个孩子} \end{cases}$$

$$I_2 = \begin{cases} 1; & 10000\,\text{美元} < \text{收入} \leq 20000\,\text{美元（中等收入）} \\ 0; & \text{其他} \end{cases}$$

$$H = \alpha + b_1 J_1 + b_2 J_2 + c_1 D_1 + c_2 D_2 + \varepsilon$$

对于家庭特征的所有可能组合，因变量的期望值如下：

组合	期望值 $E(H)$
低收入，没有孩子	$a + b_1 + c_1$
中等收入，没有孩子	$a + b_2 + c_1$
高收入，没有孩子	$a - b_1 - b_2 + c_1$
低收入，1个或2个孩子	$a + b_1 + c_2$
中等收入，1个或2个孩子	$a + b_2 + c_2$
高收入，1个或2个孩子	$a - b_1 - b_2 + c_1$
低收入，多于2个孩子	$a + b_1 - c_1 - c_2$
中等收入，多于2个孩子	$a + b_2 - c_1 - c_2$
高收入，多于2个孩子	$a - b_1 - b_2 - c_1 - c_2$

如果把 9 种情况全部加起来的话，我们发现总的期望值（平均影响或效应）等于 α，即常数项。如果我们按三种情况分类求和（如：没有孩子，1个或 2 个孩子，多于一个孩子），就可以得出各类或各组的平均影响。

对这些系数的解释很简单，例如 b_1 是低收入的人住房消费与样本平均消费的差异程度，c_1 是没有孩子的人住房消费与样本平均消费的差异。对于没有孩子、低收入的人来说，差异为 $b_1 + c_1$。对 b_1 的 t 检验就是关于低收入阶层的住房消费与平均消费不同的原假设的检验，而对 c_1 的 t 检验就是关于没有孩子家庭的住房消费与平均消费是否不同的检验。

当然，上述两个模型之间存在着密切的关系。特别地，

$$\beta_2 = b_2 - b_1; \quad \beta_3 = -2b_1 - b_2$$

$$\gamma_2 = c_2 - c_1 \qquad \gamma_2 = c_2 - c_1 \qquad \alpha = a + b_1 + c_1$$

我们应该选择哪一种虚拟变量的定义方式呢？答案取决于我们想要检验的原假设。在许多情形下，与第二种定义相关的原假设比通常定义所隐含的原假设更实际、更有用。事实上，后一种定义在模型中包含多个虚拟解释变量的时候更加有用，因为这样的定义使得它们的解释更加简单明了。不过，如果有一个或多个解释变量是连续变量的话，解释就不那么容易了，这种做法的优越性也就不那么明显了。

参考文献

［1］任利民．工程数学基础．第 2 版．北京：化学工业出版社，2015.

［2］周忠荣．工程数学．北京：化学工业出版社，2009.

［3］李士雨．工程数学基础——数据处理与数值计算．北京：化学工业出版社，2005.

［4］阎章杭．高等数学与工程数学．第 2 版．北京：化学工业出版社，2007.

［5］祁忠斌．高等数学．北京：高等教育出版社，2010.

［6］王志龙，石国春．经济数学．北京：中国轻工业出版社，2008.

［7］刘学才．应用数学基础．北京：化学工业出版社，2015.